怀山柔水，万物共生：

北京市怀柔区
生物多样性

李 果 朱 玥 王 平 编著

中国环境出版集团·北京

图书在版编目（CIP）数据

怀山柔水，万物共生：北京市怀柔区生物多样性 /
李果，朱玥，王平编著 . -- 北京：中国环境出版集团，
2025.6. -- ISBN 978-7-5111-6202-1

Ⅰ . Q16

中国国家版本馆 CIP 数据核字第 2025RA4484 号

策划编辑　王素娟
责任编辑　王　洋
封面设计　彭　杉

出版发行　中国环境出版集团　（100062 北京市东城区广渠门内大街 16 号）
　　　　　网　　　址：http://www.cesp.com.cn
　　　　　电子邮箱：bjgl@cesp.com.cn
　　　　　联系电话：010-67112765　编辑管理部
　　　　　　　　　　010-67113412　第二分社
　　　　　发行热线：010-67125803　010-67113405（传真）
印　　刷　北京建宏印刷有限公司
经　　销　各地新华书店
版　　次　2025 年 6 月第 1 版
印　　次　2025 年 6 月第 1 次印刷
开　　本　787×960　1/16
印　　张　19.5
字　　数　430 千字
定　　价　152.00 元

中国环境出版集团郑重承诺：
中国环境出版集团合作的印刷单位、材料单位均具有中国环境标志产品认证。

《怀山柔水，万物共生：北京市怀柔区生物多样性》

编 委 会

主 编：李果 朱玥 王平

成 员（按汉语拼音排序）：

曹槟	陈籽元	董文攀	冯胜宏	高畅	高晓奇 葛杰
郭畅	郭义军	韩明旭	韩西茜	何强	侯翠萍 贾渝
姜冰	焦晓菊	康凯	康玲玲	李贾鑫	李俊生 李茂良
李雯娟	李雪琪	刘冬梅	刘浩宇	刘婧	刘文娜 刘雨薇
柳晓燕	卢彬	鲁剑	罗遵兰	穆佳侬	宁宏勃 彭明军
秦铭烁	阮奕霖	宋大昭	宋卓凝	孙光	孙玉辉 谭玉军
汤清峰	万妍	王金雨	王鹏哲	王诗慧	吴汾奇 吴量
武阅	肖能文	肖文宏	徐悦	颜鹏鹏	燕鑫 杨文强
药政源	于海波	张钢民	张思宇	赵彩云	赵利军 赵瑞琳
朱金方	朱新宇				

　　生物多样性为人类生产生活提供了重要生物资源，也为维护区域生态安全奠定了根基。2020 年 9 月，习近平主席在联合国生物多样性峰会上的讲话特别强调："生物多样性既是可持续发展基础，也是目标和手段。我们要以自然之道，养万物之生，从保护自然中寻找发展机遇，实现生态环境保护和经济高质量发展双赢。"生物物种的丰富程度已成为评估生态环境质量的重要指标之一，也成为衡量可持续发展能力的重要标志之一。保护生物多样性已经上升为国家战略，成为生态文明建设的重要内容。

　　怀柔区位于北京市东北部，北依燕山山脉，南偎华北平原，境内多山，水系丰富，植被覆盖度高，景观类型多样，是首都北部重要生态屏障和水源保护区，也是北京市生物多样性保护的关键区域。北部的喇叭沟门 - 帽山区域位于我国暖温带与寒温带交接处，保存着北京面积最大的一片原始次生林，其生物区系在北京地区具有一定独特性，并保存了多种珍稀野生动植物。中部的慕田峪 - 黑坨山 - 云蒙山 - 琉璃河上游山区是怀柔区的生物多样性热点区域，也是丁香叶忍冬、紫椴等易危物种的集中分布区。怀柔水库、雁栖湖、怀沙河、怀九河等湿地为数量丰富的湿地鸟类与水生生物提供了重要栖息生境。怀沙河、怀九河也是北京特有水生植物北京水毛茛的主要分布区之一。

　　北京市怀柔区生态环境局为深入贯彻落实中共中央办公厅、国务院办公厅《关于进一步加强生物多样性保护的意见》，更好落实《北京市生物多样性保护规划（2021—2035 年）》，紧密围绕《"十四五"时期怀柔区生态保护行动计划》《北京市怀柔区国家生态文明建设示范区规划（2020—2030 年）》的工作部署，组织开展了全区生物多样性本底调查，调查对象包括苔藓植物、维管植物、哺乳类、鸟类、爬行类、两栖类、鱼类、昆虫、大型真菌、大型底栖无脊椎动物、浮游生物共 11 个生物类群。中国环境科学研究院、中国地质调查局自然资源综合调查指挥中心等六家单位的科研人员参加了此项调查工作。该项目于 2023—2024 年开展了生物多样性野外调查，并对 2019—2022 年怀柔区境内开展的各类野生动植物调查数据进行了系统梳理，整理出基于 2019—2024 年野外实地调查的全区生物物种名录与物种分布数据，累计记录怀柔区生物物种 3024 种，并分析识别了怀柔区优先保护物种与优先保护区域。本书对怀柔区生物多样性调查评估结果进行了梳理，并收录了野外调查拍摄的物种照片，以期为怀柔区生物多样性保护与生态环境监管提供基础支撑。

本书共包括十六章。各章作者如下：第一章、第二章由王平、朱玥、李果编写；第三章～第五章由李果、赵彩云、柳晓燕、张思宇编写；第六章由肖文宏、武阅、宋大昭、秦铭烁编写；第七章由高晓奇、肖能文、高畅编写；第八章、第九章由药政源、卢彬、李茂良、焦晓菊编写；第十章由康玲玲、罗遵兰、孙光编写；第十一章由刘浩宇、葛杰、刘雨薇、孙玉辉、张钢民编写；第十二章由何强、贾渝编写；第十三章由董文攀、颜鹏鹏、燕鑫、郭畅编写；第十四章由刘冬梅、赵瑞琳、曹槟、杨文强编写；第十五章、第十六章由朱玥、李果、朱金方编写。李果、朱玥、王平参与了本书统稿与校稿。康凯、于海波、郭义军、李俊生、谭玉军、侯翠萍、吴量、汤清峰、冯胜宏等为本次调查工作的组织实施与本书的编写提供了重要支持。

鉴于工作条件、时间和作者水平有限，本次调查工作未能尽善。相信随着对生物多样性保护工作的更加重视、未来生物多样性调查研究的持续展开，怀柔区生物多样性"家底"会进一步刷新，生态监管数据也将进一步充实。书中难免存在不足与疏漏之处，恳请广大读者批评指正。

编写组

2024 年 11 月

总　论

各　论

总 论

第一章　怀柔区自然地理概况

一、地理位置

怀柔区位于北京市东北部，距市区 50 km，东临密云区，南与顺义区、昌平区相连，西与延庆区交界，北与河北省丰宁满族自治县、滦平县、赤城县三县接壤。东西宽 37 km，南北长 90 km，地理坐标位于东经 116°17′ ~ 116°53′、北纬 40°41′ ~ 41°04′，全区总面积为 2 122.8 km²，是北京市面积第二大的区。

二、地质地貌

怀柔区地处燕山南麓、华北平原北端，属华北经燕山山脉向内蒙古高原递升的阶梯地带。境内地形南低北高。全区山区面积占总面积的 89%，海拔超过 1 000 m 的山峰有 24 座，最高峰为位于喇叭沟门满族乡的南猴顶山（1 705 m）。

怀柔区东南部为冲积平原区，属潮白河冲洪积扇中上部、怀河冲洪积扇顶部。平原区最低海拔 34 m。地势由西北向东南缓倾斜。地貌形态属怀河、雁栖河、沙河近代河流冲洪积扇一级阶地、河漫滩，地表岩性为砂、砂砾石，局部地段为薄层黏质砂土。

三、气候条件

怀柔区属暖温带大陆性季风气候区，四季分明。春季干旱多风，夏季温热湿润，秋季天高气爽，冬季寒冷干燥。全区多年平均气温 10.7℃。多年最低月平均气温为 -6.5℃，多年最高月平均气温为 25.1℃。多年平均降水量 540.9 mm。降水年内分配不均，6—9 月降水量约占全年降水量的 80%。全年无霜期在 200 天左右，全年日照时数在 2 354 ~ 2 669 小时。冬季主导风向为西北风，夏季主导风向为东南风。

四、水文特征

怀柔区境内河流大部分隶属海河流域的潮白河水系，并由云蒙山 - 黑坨山 - 凤凰坨分为岭南和岭北两系。全区五级以上河流共 64 条，境内河流总长约 911.2 km。岭南水系主要包括潮白河、怀河、怀九河、怀沙河、雁栖河、长园河、沙河、牤牛河、小泉河、庙城牤牛河和平原河网等；岭北水系主要包括白河及其支流汤河、天河、琉璃河、菜食河、大黑柳沟、庄户沟和科汰沟等。怀柔区境内属于北运河水系的有 1 条，为白浪河。白浪河为温榆河支流蔺沟的上源之一，又名沙峪沟。

全区拥有大型、中小型水库 16 座，塘坝 46 个、橡胶坝 6 个。其中：大型水库 1 座，即怀柔水库；中型水库 2 座，分别是北台上水库（雁栖湖）、大水峪水库；小（1）型水库 3 座，分别是沙峪口水库、红螺镇水库、西水峪水库；小（2）型水库 10 座。

五、土壤特征

怀柔区土壤包括褐土、棕壤、潮土、水稻土 4 个土类，12 个亚类，28 个土属，102 个土种。褐土为全区分布最广、面积最大的土类，主要分布于低山丘陵的坡地上，总面积 247.7 万亩（1 亩 ≈ 666.67m²）。包括淋溶褐土、碳酸盐褐土、褐土性土、非碳酸盐褐土、潮褐土 5 个亚类，13 个土属，65 个土种。棕壤为中山区分布的主要土壤类型，分布面积 42.5 万亩，包括 5 个土属，12 个土种。潮土主要分布于河谷和平原，分布面积 6.9 万亩，包括褐潮土、潮土、湿潮土 3 个亚类，5 个土属，16 个土种。水稻土主要分布于唐自口、南房、花园一带，面积较小，共 1.5 万亩，包括 3 个亚类，5 个土属，9 个土种。

六、生态系统

利用 2022 年 Landsat 8/9 的卫星影像数据进行遥感解译，按生态系统一级分类将怀柔区生态系统划分为森林、灌丛、草地、湿地、农田、城镇与其他 7 种类型。怀柔区森林面积占全区总面积的 59.8%，灌丛面积占 0.8%，草地面积占 26.7%，湿地面积占 1.1%，农田面积占 6.7%，城镇面积占 4.8%，其他类型面积占 0.1%。（图 1、图 2）。

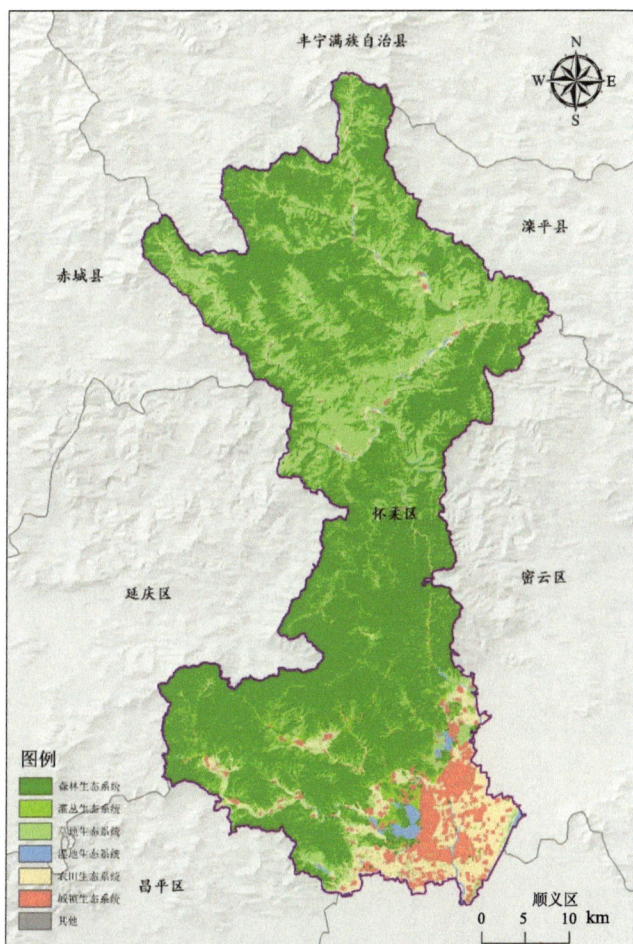

图 1 怀柔区 2022 年生态系统一级分类空间分布

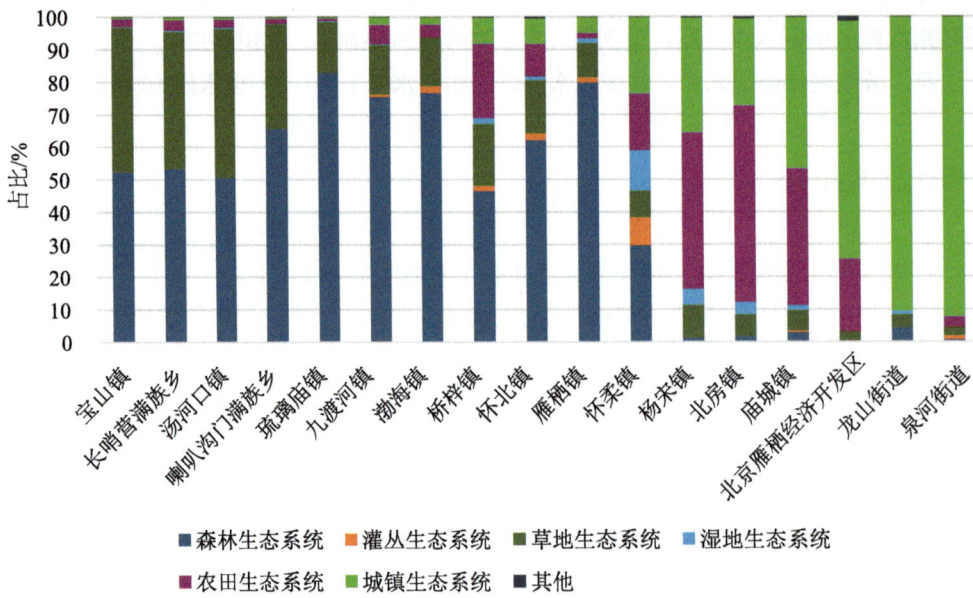

图 2　怀柔区 2022 年各类生态系统面积占比

　怀山柔水，万物共生：北京市怀柔区生物多样性

第二章　调查方法概述

一、野外调查方法

本次生物多样性野外调查方法与调查频次参考原环境保护部发布的《县域生物多样性调查与评估技术规定》，以样线法、样方法、样点法、红外相机法为主，辅以陷阱法、灯诱法、网捕法等技术方法。基于规划的 10 km×10 km 调查网格，结合怀柔区森林、灌丛、草地、湿地、城镇等生态系统空间分布，采用空间分层抽样法，布设生物多样性调查样区 52 处（图 3）。野外调查采样共覆盖 32 个 10 km×10 km 调查网格。

在项目实施过程中，在调查样区中累计布设各类调查点位 554 处，获取观测记录超过 7.2 万条（图 4）。红外相机布设共计 25 412 相机日，获得 7 万余份图像，其中独立有效照片 10 644 张。

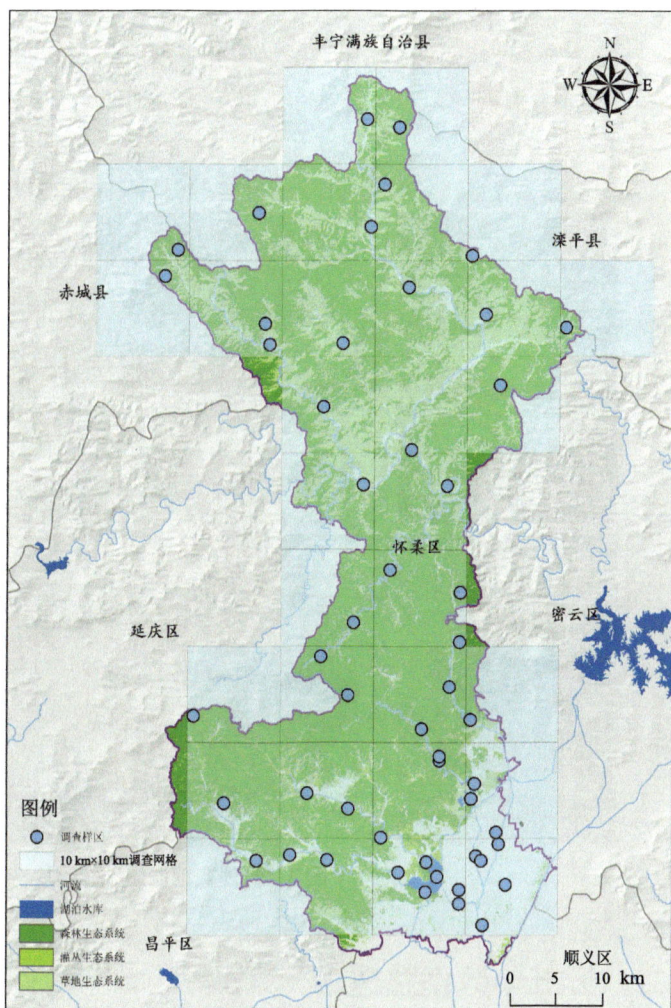

图 3　怀柔区生物多样性调查样区空间分布

图 4　野外实地调查工作照片

二、近五年数据整理

　　本项目系统收集与整理了 2019—2022 年怀柔区开展的各类野生动植物调查数据。包括喇叭沟门自然保护区科考报告、怀沙河 - 怀九河自然保护区科考报告、中国知网论文以及中国科学院植物研究所、中国科学院动物研究所、北京林业大学、河北大学、中国环境科学研究院、中国观鸟记录中心等科研院所与机构的相关调查记录数据。

第三章 怀柔区物种多样性及其空间分布

一、怀柔区物种丰富度

怀柔区生物多样性丰富，2019—2024 年累计调查记录各类生物 3 024 种。其中，高等植物 172 科 590 属 1 205 种，大型真菌 18 目 65 科 261 种，脊椎动物 37 目 102 科 396 种，昆虫 14 目 164 科 985 种，大型底栖无脊椎动物 14 目 29 科 42 种，浮游生物 25 目 59 科 135 种。区内分布有国家一级保护物种 14 种、国家二级保护物种 60 种、北京市重点保护物种 148 种。野外调查发现赤狐、大鸨、猎隼、褐头鸫等罕见种类；记录猛禽 35 种，占全国猛禽总种数的 35.4%，占北京市猛禽总种数的 67.3%；调查发现高山赤藓、小克氏苔等 23 种北京市苔藓植物新记录种，以及北京市昆虫新记录种异色球柄囊花萤；首次发现并记录到黑背白环蛇、黑头剑蛇和皮氏小刀锹 3 种北京市重点保护野生动物在怀柔区的分布信息。

二、调查网格的物种丰富度与组成差异

（一）调查记录物种数

按 10 km×10 km 调查网格统计野外观测记录到的物种数（S_{obs}）（图 5）。统计的生物类群包括苔藓植物、维管植物、哺乳类、鸟类、爬行类、两栖类、鱼类、昆虫和大型真菌。结果显示，怀柔区各调查网格野外调查记录物种数在 11～521 种。调查网格 59404460（涉及喇叭沟门自然保护区部分区域）与调查网格 59604420（分布有云蒙山、崎峰山、幽谷神潭等）的 S_{obs} 均超过 500 种；调查网格 59604400（分布有慕田峪、神堂峪、雁栖湖、红螺湖等）

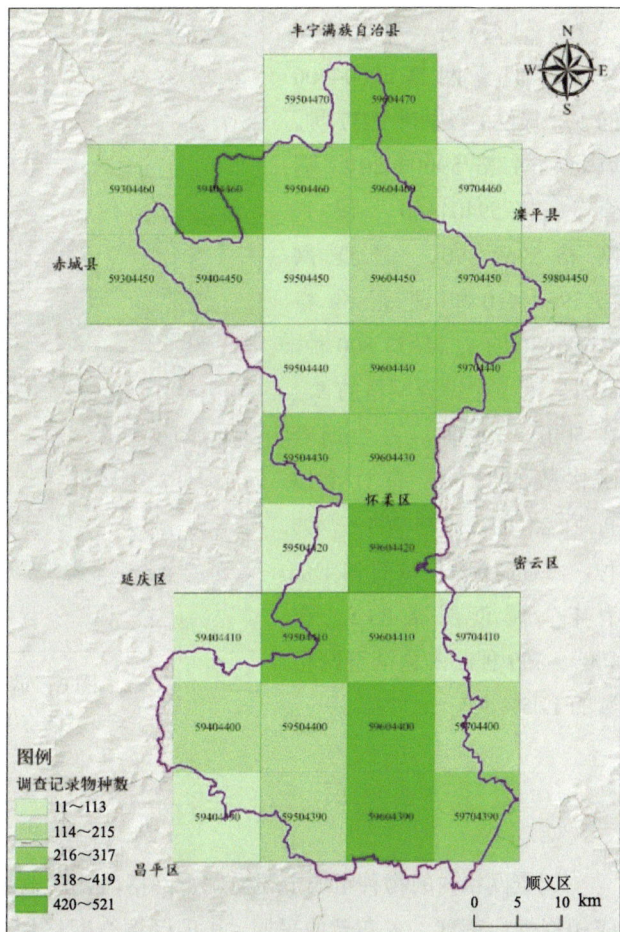

图 5 调查网格野外调查记录物种总数

与调查网格 59604390（分布有怀柔水库）的 S_{obs} 均在 400～499 种；调查网格 59504410（分布有黑坨山）与调查网格 59604470（涉及喇叭沟门自然保护区部分区域）的 S_{obs} 均在 300～399 种。此外，有 9 个调查网格的 S_{obs} 在 200～299 种，占总调查网格数的 28.1%；有 10 个调查网格的 S_{obs} 在 100～199 种，占总调查网格数的 31.2%；有 4 个调查网格的 S_{obs} 在 50～99 种，占总调查网格数的 12.5%。调查网格 59704460、调查网格 59404410 和调查网格 59704410 位于怀柔区与其他区县交界地区，在怀柔区所涉面积较小，且受地形地势、交通等可达性影响，调查记录到的物种数量有限（＜ 50 种）。

（二）最大估计物种数

基于调查记录结果与抽样强度，利用 Chao-2、Jacknife-1、Jacknife-2、Michaelis-Menten 算法估算调查网格内的最大估计物种数（S_{max}）（图6）。各调查网格 S_{max} 中位值在 20～1 237 种。分析结果显示，调查网格 59604400 的 S_{max} 最大，达到 1 237 种。调查网格 59604420、调查网格 59404460、调查网格 59604390、调查网格 59504410 和调查网格 59604470 的 S_{max} 超过 800 种。此外，有 9 个调查网格的 S_{max} 在 500～799 种，占总调查网格数的 28.1%；有 11 个调查网格的 S_{max} 在 200～499 种，占总调查网格数的 34.4%；有 4 个调查网格的 S_{max} 在 100～199 种，占总调查网格数的 12.5%。

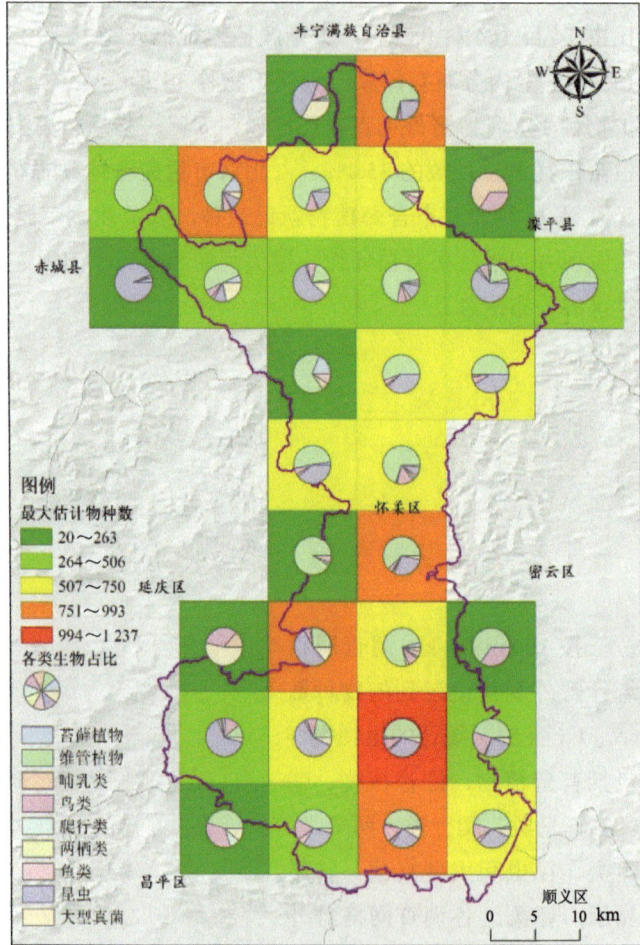

图 6 调查网格最大估计物种数

（三）物种组成差异

调查网格内的物种组成主要受调查网格内地形地貌与植被类型的影响。根据物种组成相似性，南部、东南部的平原 - 浅山区调查网格划分为一类（类型Ⅰ），北部、西北部的丘陵 - 山地区调查网格主要可分为两类，一类为丘陵生物群落类型（类型Ⅱ），另一

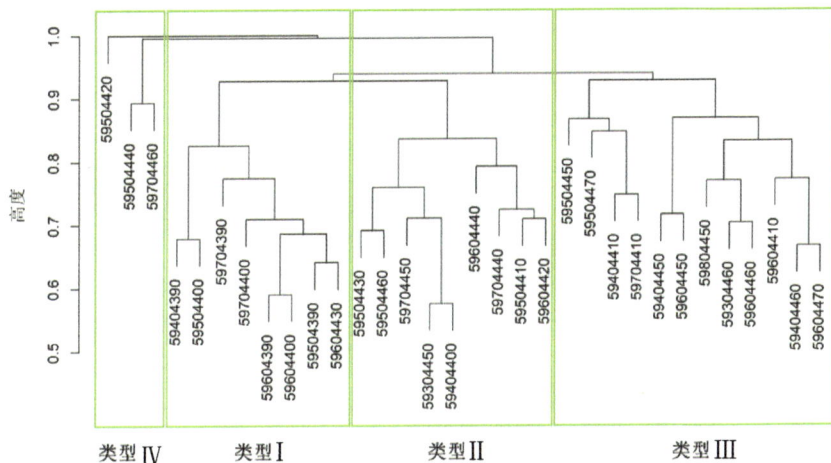

图7 基于 Jaccard 相似性指数的调查网格生物群落聚类

类为山地生物群落类型（类型Ⅲ）。而位于怀柔区与其他区县交界的 3 个调查网格（网格 59504420、网格 59504440 和网格 59704460）被划分为类型Ⅳ，这可能是受调查数据不充分的影响（图7、图8）。

三、海拔梯度的物种丰富度与组成差异

（一）调查记录物种数

怀柔区中、低海拔区域的物种组成丰富。海拔 400 ～ 600 m 区域调查记录的物种数最多，达到 963 种，且高等植物、爬行类、昆虫的种类数在各海拔段中也为最高。海拔小于 100 m 的区域调查记录到的物种数排第二位，达到 909 种，且鸟类、鱼类的物种丰富度在各海拔段中最高。海拔高于 1 000 m 区域的物种数相对较低。1 000 ～ 1 200 m 区域与大于 1 200 m 区域的调查记录物种均为 312 种，但其哺乳类物种丰富度在各海拔段中最高（图9）。

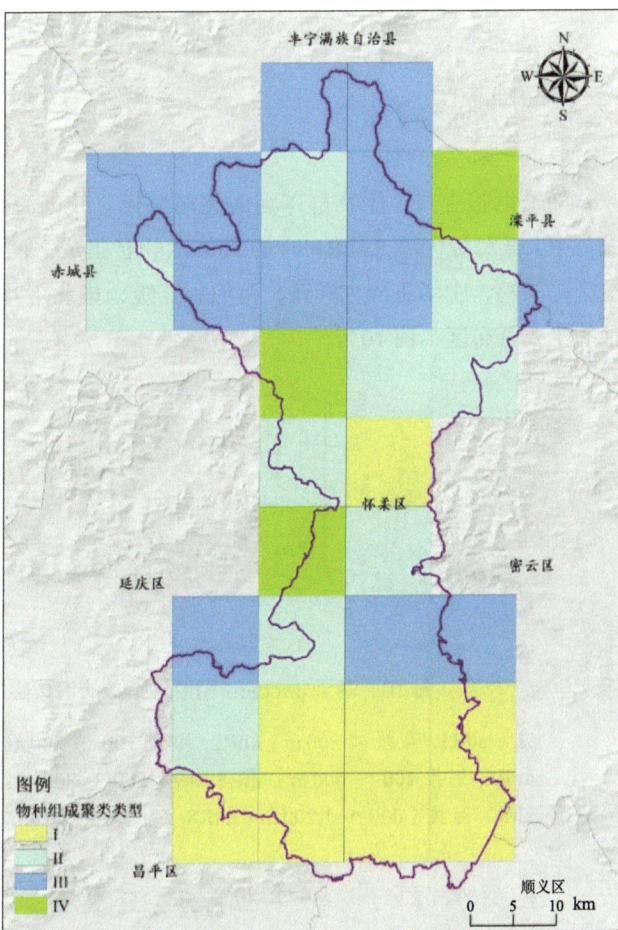

图8 调查网格生物群落组成类型空间分布

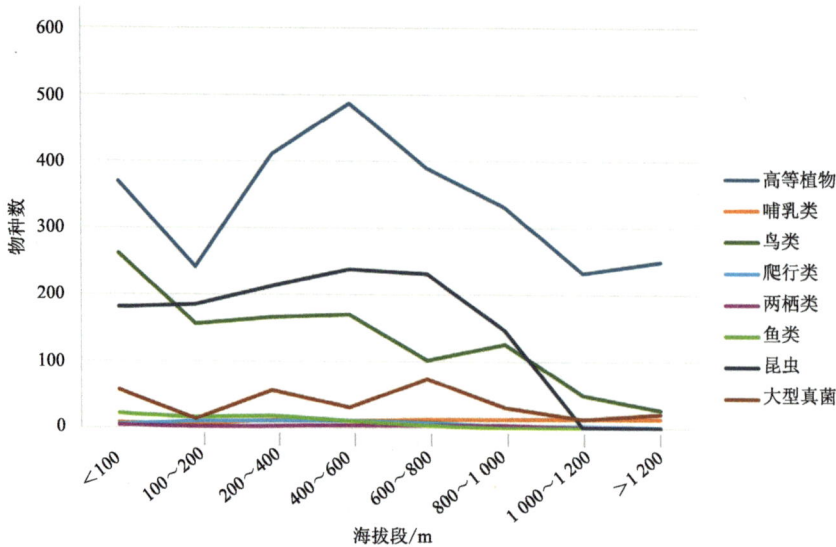

图9　怀柔区地形变化与物种丰富度沿海拔梯度的变化

（二）物种组成差异

随着海拔上升，生物群落组成逐渐变化。较高海拔区域（altR7、altR8）的物种组成与中 - 低海拔区域（altR1 ~ altR6）的物种组成之间有显著差异。较高海拔区域是怀柔区褐头鸫、中华斑羚、赤狐、西伯利亚蝮、华北落叶松、东北多足蕨、香鳞毛蕨等物种的主要分布区（图10）。

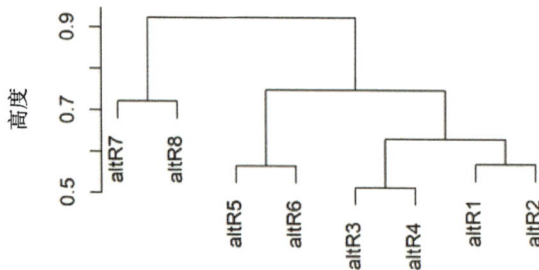

图10　基于Jaccard相似性指数的海拔梯度上生物群落聚类

注：altR1, 海拔 < 100 m；altR2, 海拔 100 ~ 200 m；altR3, 海拔 200 ~ 400 m；altR4, 海拔 400 ~ 600 m；altR5, 海拔 600 ~ 800 m；altR6, 海拔 800 ~ 1 000 m；altR7, 海拔 1 000 ~ 1 200 m；altR8, 海拔 > 1 200 m。

四、主要水体的物种丰富度与组成差异

（一）调查记录物种数

怀柔区主要湿地中记录的湿地植物物种数为31 ~ 142 种，湿地植物物种数排在前五位的湿地分别为怀柔水库、汤河、琉璃河、白河、天河；记录的鱼类物种数为5 ~ 19 种，

鱼类物种数排在前五位的湿地为怀九河、雁栖河、怀柔水库、怀沙河、汤河；记录的大型底栖无脊椎动物物种数为 3～22 种，大型底栖无脊椎动物物种数排在前五位的湿地为怀沙河、怀九河、怀柔水库、雁栖湖、雁栖河／汤河；记录的浮游生物物种数为 19～67 种，浮游生物物种数排在前五位的湿地为怀九河、怀沙河、怀柔水库、汤河、天河（表 1）。

表 1　怀柔区主要水体生物物种数统计

水体	物种数				
	湿地植物	鱼类	大型底栖无脊椎动物	浮游生物	合计
白河	92	11	9	26	138
雁栖湖	85	11	13	19	128
大水峪水库	34	7	3	23	67
怀柔水库	142	17	14	45	218
怀河	73	12	7	24	116
怀九河	62	19	19	67	167
怀沙河	77	15	22	46	160
琉璃河	100	7	10	31	148
沙河	31	5	8	27	71
汤河	115	14	12	44	185
天河	88	12	6	38	144
雁栖河	78	18	12	33	141

（二）物种组成差异

根据物种组成相似性，怀柔区主要水体的生物群落主要划分为两种类型：类型 I 包括天河、琉璃河、白河、汤河和沙河。除沙河外，其余河流位于怀柔区北部，为云蒙山至凤凰坨一线岭北水系，为潮白河水系密云水库上游。类型 II 包括怀柔水库、北台上水库（雁栖湖）、大水峪水库（青龙峡）、怀九河、怀沙河、怀河和雁栖河。这些水体位于怀柔区南部，为云蒙山至凤凰坨一线岭南水系，汇入密云水库下游潮白河。在本次野外调查中，受大水峪水库除险加固施工的影响，沙河采样点布设于大水峪水库上游，大水峪水库采样点布设在坝下水塘。沙河水生生物群落表现出山溪段水体特征（图 11）。

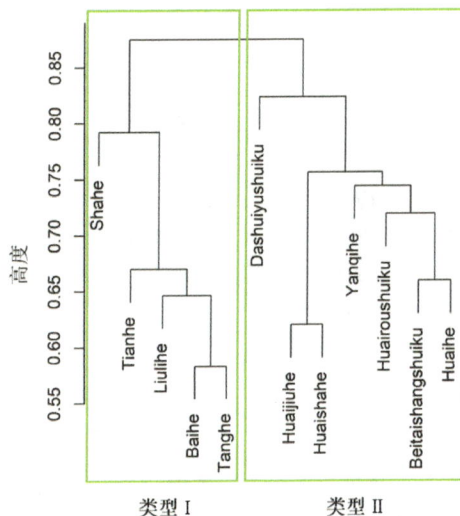

注：Shahe，沙河；Tianhe，天河；Liulihe，琉璃河；Baihe，白河；Tanghe，汤河；Dashuiyushuiku，大水峪水库；Huaijiuhe，怀九河；Huaishahe，怀沙河；Yanqihe，雁栖河；Huairoushuiku，怀柔水库；Beitaishangshuiku，北台上水库；Huaihe，怀河。

图 11　基于 Jaccard 相似性指数的主要水体生物群落聚类

第四章　优先保护物种

一、国家与地方重点保护物种

（一）国家重点保护物种

怀柔区分布有国家一级保护物种共 14 种，均为鸟类。国家二级保护物种共 60 种，其中：植物 7 种，占全区二级保护物种总数的 11.7%；哺乳类 4 种，占 6.7%；鸟类 48 种，占 80.0%；爬行类 1 种，占 1.7%（表 2）。

表 2　怀柔区分布的国家重点保护物种名单

序号	科	物种	拉丁名	保护等级
一、植物				
1	忍冬科	丁香叶忍冬	*Lonicera oblata*	二级
2	豆科	野大豆	*Glycine soja*	二级
3	猕猴桃科	软枣猕猴桃	*Actinidia arguta*	二级
4	锦葵科	紫椴	*Tilia amurensis*	二级
5	毛茛科	北京水毛茛	*Ranunculus pekinensis*	二级
6	兰科	大花杓兰	*Cypripedium macranthos*	二级
7	芸香科	黄檗	*Phellodendron amurense*	二级
二、动物				
（一）哺乳类				
1	牛科	中华斑羚	*Naemorhedus griseus*	二级
2	猫科	豹猫	*Prionailurus bengalensis*	二级
3	犬科	赤狐	*Vulpes vulpes*	二级
4	犬科	貉	*Nyctereutes procyonoides*	二级
（二）鸟类				
1	鸨科	大鸨	*Otis tarda*	一级
2	鹳科	黑鹳	*Ciconia nigra*	一级
3	鹤科	白头鹤	*Grus monacha*	一级
4	鹤科	白枕鹤	*Antigone vipio*	一级
5	鸥科	遗鸥	*Ichthyaetus relictus*	一级
6	隼科	猎隼	*Falco cherrug*	一级
7	鸭科	青头潜鸭	*Aythya baeri*	一级
8	鸭科	中华秋沙鸭	*Mergus squamatus*	一级
9	鹰科	白肩雕	*Aquila heliaca*	一级
10	鹰科	草原雕	*Aquila nipalensis*	一级
11	鹰科	乌雕	*Clanga clanga*	一级

怀山柔水，万物共生：北京市怀柔区生物多样性

序号	科	物种	拉丁名	保护等级
12	鹰科	金雕	*Aquila chrysaetos*	一级
13	鹰科	秃鹫	*Aegypius monachus*	一级
14	鹰科	白尾海雕	*Haliaeetus albicilla*	一级
15	鹤科	灰鹤	*Grus grus*	二级
16	鹮嘴鹬科	鹮嘴鹬	*Ibidorhyncha struthersii*	二级
17	雉科	勺鸡	*Pucrasia macrolopha*	二级
18	鹏䴙科	黑颈鹏䴙	*Podiceps nigricollis*	二级
19	百灵科	云雀	*Alauda arvensis*	二级
20	鸫科	褐头鸫	*Turdus feae*	二级
21	鹟科	蓝喉歌鸲	*Luscinia svecica*	二级
22	鹟科	红喉歌鸲	*Calliope calliope*	二级
23	绣眼鸟科	红胁绣眼鸟	*Zosterops erythropleurus*	二级
24	燕雀科	北朱雀	*Carpodacus roseus*	二级
25	鸦雀科	震旦鸦雀	*Paradoxornis heudei*	二级
26	隼科	灰背隼	*Falco columbarius*	二级
27	隼科	游隼	*Falco peregrinus*	二级
28	隼科	红脚隼	*Falco amurensis*	二级
29	隼科	红隼	*Falco tinnunculus*	二级
30	隼科	燕隼	*Falco subbuteo*	二级
31	鹮科	白琵鹭	*Platalea leucorodia*	二级
32	鸱鸮科	灰林鸮	*Strix nivicolum*	二级
33	鸱鸮科	雕鸮	*Bubo bubo*	二级
34	鸱鸮科	日本鹰鸮	*Ninox japonica*	二级
35	鸱鸮科	长耳鸮	*Asio otus*	二级
36	鸱鸮科	纵纹腹小鸮	*Athene noctua*	二级
37	鸱鸮科	红角鸮	*Otus sunia*	二级
38	鸭科	棉凫	*Nettapus coromandelianus*	二级
39	鸭科	白额雁	*Anser albifrons*	二级
40	鸭科	鸿雁	*Anser cygnoides*	二级
41	鸭科	花脸鸭	*Sibirionetta formosa*	二级
42	鸭科	小天鹅	*Cygnus columbianus*	二级
43	鸭科	斑头秋沙鸭	*Mergellus albellus*	二级
44	鸭科	大天鹅	*Cygnus cygnus*	二级
45	鸭科	鸳鸯	*Aix galericulata*	二级
46	鹗科	鹗	*Pandion haliaetus*	二级
47	鹰科	靴隼雕	*Hieraaetus pennatus*	二级
48	鹰科	鹊鹞	*Circus melanoleucos*	二级
49	鹰科	大鵟	*Buteo hemilasius*	二级
50	鹰科	白腹鹞	*Circus spilonotus*	二级
51	鹰科	松雀鹰	*Accipiter virgatus*	二级
52	鹰科	黑翅鸢	*Elanus caeruleus*	二级
53	鹰科	短趾雕	*Circaetus gallicus*	二级
54	鹰科	苍鹰	*Accipiter gentilis*	二级
55	鹰科	凤头蜂鹰	*Pernis ptilorhynchus*	二级

序号	科	物种	拉丁名	保护等级
56	鹰科	白尾鹞	*Circus cyaneus*	二级
57	鹰科	日本松雀鹰	*Accipiter gularis*	二级
58	鹰科	赤腹鹰	*Accipiter soloensis*	二级
59	鹰科	灰脸鵟鹰	*Butastur indicus*	二级
60	鹰科	黑鸢	*Milvus migrans*	二级
61	鹰科	雀鹰	*Accipiter nisus*	二级
62	鹰科	普通鵟	*Buteo japonicus*	二级
（三）爬行类				
1	游蛇科	团花锦蛇	*Elaphe davidi*	二级

（二）北京市重点保护物种

　　怀柔区分布有北京市重点保护野生植物共 31 种，其中：蕨类植物 2 种，占总数的 6.5%；裸子植物 3 种，占 9.7%；被子植物 26 种，占 83.9%。北京市重点保护野生动物共 117 种，其中：哺乳类 10 种，占总数的 8.5%；鸟类 89 种，占 76.1%；爬行类 10 种，占 8.5%；两栖类 1 种，占 0.9%；鱼类 4 种，占 3.4%；昆虫 3 种，占 2.6%（表 3）。

表 3　怀柔区分布的北京市重点保护物种名单

序号	科	物种	拉丁名
（一）植物			
1	球子蕨科	球子蕨	*Onoclea sensibilis* var. *interrupta*
2	凤尾蕨科	小叶中国蕨	*Aleuritopteris albofusca*
3	柏科	杜松	*Juniperus rigida*
4	松科	华北落叶松	*Larix gmelinii* var. *principis-rupprechtii*
5	松科	白杆	*Picea meyeri*
6	五加科	楤木	*Aralia elata*
7	五加科	刺五加	*Eleutherococcus senticosus*
8	五加科	无梗五加	*Eleutherococcus sessiliflorus*
9	五加科	刺楸	*Kalopanax septemlobus*
10	兰科	裂瓣角盘兰	*Herminium alaschanicum*
11	兰科	角盘兰	*Herminium monorchis*
12	兰科	尖唇鸟巢兰	*Neottia acuminata*
13	兰科	二叶兜被兰	*Neottianthe cucullata*
14	兰科	绶草	*Spiranthes sinensis*
15	桔梗科	羊乳	*Codonopsis lanceolata*
16	省沽油科	省沽油	*Staphylea bumalda*
17	杜鹃花科	鹿蹄草	*Pyrola calliantha*
18	杜鹃花科	迎红杜鹃	*Rhododendron mucronulatum*
19	夹竹桃科	紫花杯冠藤	*Cynanchum purpureum*
20	龙胆科	秦艽	*Gentiana macrophylla*
21	木樨科	流苏树	*Chionanthus retusus*
22	百合科	有斑百合	*Lilium concolor* var. *pulchellum*

序号	科	物种	拉丁名
23	百合科	山丹	*Lilium pumilum*
24	禾本科	菰	*Zizania latifolia*
25	桑科	柘	*Maclura tricuspidata*
26	蔷薇科	齿叶白鹃梅	*Exochorda serratifolia*
27	蔷薇科	水榆花楸	*Sorbus alnifolia*
28	榆科	脱皮榆	*Ulmus lamellosa*
29	无患子科	葛萝槭	*Acer davidii* subsp. *grosseri*
30	景天科	狭叶红景天	*Rhodiola kirilowii*
31	芍药科	草芍药	*Paeonia obovata*

（二）哺乳类

序号	科	物种	拉丁名
1	松鼠科	隐纹花鼠	*Tamiops swinhoei*
2	鼩鼱科	山东小麝鼩	*Crocidura shantungensis*
3	猬科	东北刺猬	*Erinaceus amurensis*
4	鹿科	狍	*Capreolus pygargus*
5	猪科	野猪	*Sus scrofa*
6	鼬科	亚洲狗獾	*Meles leucurus*
7	鼬科	猪獾	*Arctonyx collaris*
8	鼬科	黄鼬	*Mustela sibirica*
9	鼬科	艾鼬	*Mustela eversmanii*
10	灵猫科	花面狸	*Paguma larvata*

（三）鸟类

序号	科	物种	拉丁名
1	鸭科	针尾鸭	*Anas acuta*
2	鸭科	灰雁	*Anser anser*
3	鸭科	豆雁	*Anser fabalis*
4	鸭科	红头潜鸭	*Aythya ferina*
5	鸭科	凤头潜鸭	*Aythya fuligula*
6	鸭科	白眼潜鸭	*Aythya nyroca*
7	鸭科	鹊鸭	*Bucephala clangula*
8	鸭科	长尾鸭	*Clangula hyemalis*
9	鸭科	罗纹鸭	*Mareca falcata*
10	鸭科	赤膀鸭	*Mareca strepera*
11	鸭科	普通秋沙鸭	*Mergus merganser*
12	鸭科	红胸秋沙鸭	*Mergus serrator*
13	鸭科	琵嘴鸭	*Spatula clypeata*
14	鸭科	白眉鸭	*Spatula querquedula*
15	鸭科	赤麻鸭	*Tadorna ferruginea*
16	戴胜科	戴胜	*Upupa epops*
17	雨燕科	普通雨燕	*Apus apus*
18	夜鹰科	普通夜鹰	*Caprimulgus jotaka*
19	鸻科	金眶鸻	*Charadrius dubius*
20	鸠鸽科	岩鸽	*Columba rupestris*
21	翠鸟科	普通翠鸟	*Alcedo atthis*
22	翠鸟科	蓝翡翠	*Halcyon pileata*
23	佛法僧科	三宝鸟	*Eurystomus orientalis*

序号	科	物种	拉丁名
24	杜鹃科	大杜鹃	*Cuculus canorus*
25	杜鹃科	四声杜鹃	*Cuculus micropterus*
26	雉科	石鸡	*Alectoris chukar*
27	苇莺科	黑眉苇莺	*Acrocephalus bistrigiceps*
28	苇莺科	东方大苇莺	*Acrocephalus orientalis*
29	长尾山雀科	银喉长尾山雀	*Aegithalos glaucogularis*
30	百灵科	凤头百灵	*Galerida cristata*
31	太平鸟科	太平鸟	*Bombycilla garrulus*
32	太平鸟科	小太平鸟	*Bombycilla japonica*
33	山椒鸟科	长尾山椒鸟	*Pericrocotus ethologus*
34	鸦科	红嘴蓝鹊	*Urocissa erythroryncha*
35	卷尾科	发冠卷尾	*Dicrurus hottentottus*
36	卷尾科	黑卷尾	*Dicrurus macrocercus*
37	鹀科	三道眉草鹀	*Emberiza cioides*
38	鹀科	黄喉鹀	*Emberiza elegans*
39	鹀科	小鹀	*Emberiza pusilla*
40	燕雀科	白腰朱顶雀	*Acanthis flammea*
41	燕雀科	中华朱雀	*Carpodacus davidianus*
42	燕雀科	长尾雀	*Carpodacus sibiricus*
43	燕雀科	金翅雀	*Chloris sinica*
44	燕雀科	锡嘴雀	*Coccothraustes coccothraustes*
45	燕雀科	黑尾蜡嘴雀	*Eophona migratoria*
46	燕雀科	黑头蜡嘴雀	*Eophona personata*
47	燕雀科	燕雀	*Fringilla montifringilla*
48	燕雀科	黄雀	*Spinus spinus*
49	燕科	金腰燕	*Cecropis daurica*
50	燕科	家燕	*Hirundo rustica*
51	伯劳科	红尾伯劳	*Lanius cristatus*
52	伯劳科	灰伯劳	*Lanius borealis*
53	伯劳科	楔尾伯劳	*Lanius sphenocercus*
54	噪鹛科	山噪鹛	*Pterorhinus davidi*
55	王鹟科	寿带	*Terpsiphone incei*
56	鹟科	白腹暗蓝鹟	*Cyanoptila cumatilis*
57	鹟科	绿背姬鹟	*Ficedula elisae*
58	鹟科	白眉姬鹟	*Ficedula zanthopygia*
59	鹟科	红胁蓝尾鸲	*Tarsiger cyanurus*
60	黄鹂科	黑枕黄鹂	*Oriolus chinensis*
61	山雀科	黄腹山雀	*Pardaliparus venustulus*
62	山雀科	煤山雀	*Periparus ater*
63	柳莺科	冠纹柳莺	*Phylloscopus claudiae*
64	柳莺科	冕柳莺	*Phylloscopus coronatus*
65	柳莺科	淡眉柳莺	*Phylloscopus humei*
66	柳莺科	黄腰柳莺	*Phylloscopus proregulus*
67	戴菊科	戴菊	*Regulus regulus*

怀山柔水，万物共生：北京市怀柔区生物多样性

序号	科	物种	拉丁名
68	鸸科	普通鸸	*Sitta europaea*
69	鸸科	黑头鸸	*Sitta villosa*
70	椋鸟科	丝光椋鸟	*Spodiopsar sericeus*
71	鸦雀科	山鹛	*Rhopophilus pekinensis*
72	鸦雀科	棕头鸦雀	*Sinosuthora webbiana*
73	鸫科	乌鸫	*Turdus mandarinus*
74	鸫科	宝兴歌鸫	*Turdus mupinensis*
75	绣眼鸟科	暗绿绣眼鸟	*Zosterops simplex*
76	鹭科	大白鹭	*Ardea alba*
77	鹭科	草鹭	*Ardea purpurea*
78	鹭科	大麻鳽	*Botaurus stellaris*
79	鹭科	牛背鹭	*Bubulcus coromandus*
80	鹭科	绿鹭	*Butorides striata*
81	啄木鸟科	星头啄木鸟	*Picoides canicapillus*
82	啄木鸟科	棕腹啄木鸟	*Dendrocopos hyperythrus*
83	啄木鸟科	白背啄木鸟	*Dendrocopos leucotos*
84	啄木鸟科	大斑啄木鸟	*Dendrocopos major*
85	啄木鸟科	灰头绿啄木鸟	*Picus canus*
86	䴙䴘科	凤头䴙䴘	*Podiceps cristatus*
87	䴙䴘科	小䴙䴘	*Tachybaptus ruficollis*
88	沙鸡科	毛腿沙鸡	*Syrrhaptes paradoxus*
89	鸬鹚科	普通鸬鹚	*Phalacrocorax carbo*

（四）爬行类

序号	科	物种	拉丁名
1	石龙子科	黄纹石龙子	*Plestiodon capito*
2	石龙子科	宁波滑蜥	*Scincella modesta*
3	游蛇科	王锦蛇	*Elaphe carinata*
4	游蛇科	黑眉锦蛇	*Elaphe taeniura*
5	游蛇科	乌梢蛇	*Ptyas dhumnades*
6	游蛇科	玉斑锦蛇	*Euprepiophis mandarinus*
7	游蛇科	黑背白环蛇	*Lycodon ruhstrati*
8	游蛇科	刘氏白环蛇	*Lycodon liuchengchaoi*
9	蝰科	短尾蝮	*Gloydius brevicaudus*
10	游蛇科	黑头剑蛇	*Sibynophis chinensis*

（五）两栖类

序号	科	物种	拉丁名
1	姬蛙科	北方狭口蛙	*Kaloula borealis*

（六）鱼类

序号	科	物种	拉丁名
1	鲤科	东北颌须鮈	*Gnathopogon mantschuricus*
2	鲤科	棒花鮈	*Gobio rivuloides*
3	条鳅科	达里湖高原鳅	*Triplophysa dalaica*
4	刺鱼科	中华多刺鱼	*Pungitius sinensis*

（七）昆虫

序号	科	物种	拉丁名
1	蜜蜂科	中华蜜蜂	*Apis cerana*
2	锹甲科	皮氏小刀锹	*Falcicornis tenuecostatus*
3	大蜓科	北京大蜓	*Cordulegaster pekinensis*

二、怀柔区优先关注物种

采用模糊综合评价法，从物种的濒危程度、物种价值和受干扰强度三个方面设置评估指标，结合物种分布点数据与物种分布模型对适生生境模拟的结果进行打分（表4）。分别计算物种的濒危系数、价值系数和干扰系数，然后根据指标权重求得物种的综合评价分值。最后根据综合评价分值进行排序，以此确定怀柔区222种国家与北京市重点保护物种的区域优先关注等级。

濒危系数（C_t）计算公式：

$$C_t = \sum_{i=1}^{n} X_i / \sum_{i=1}^{n} X_{max,i}$$

价值系数（C_w）计算公式：

$$C_w = \sum_{i=1}^{n} Y_i / \sum_{i=1}^{n} Y_{max,i}$$

干扰系数（C_d）计算公式：

$$C_d = \sum_{i=1}^{n} Z_i / \sum_{i=1}^{n} Z_{max,i}$$

综合评价值（C_s）计算公式：

$$C_s = 0.6C_t + 0.2C_w + 0.2C_d$$

n 为评估指标的个数；X_i 为目标物种第 i 个濒危系数评估指标的分值；$X_{max,i}$ 为第 i 个濒危系数评估指标的最大值；Y_i 为目标物种第 i 个价值系数评估指标的分值；$Y_{max,i}$ 为第 i 个价值系数评估指标的最大值；Z_i 为目标物种第 i 个干扰系数评估指标的分值，$Z_{max,i}$ 为第 i 个干扰系数评估指标的最大值。

表4　重点保护物种优先关注等级评价指标

指标类型	指标	分级	得分
濒危系数评估指标	研究区内稀有程度	分布范围极狭窄，仅在1～2个调查地点有分布，个体数量极少	5
		分布范围狭窄，仅在3～5个调查地点有分布，个体数量稀少	4
		分布范围较狭窄，仅在6～15个调查地点有分布，个体数量较少	3
		分布范围较宽，在16～30个调查地点有分布，个体数量较少	2
		分布范围宽，在30个以上调查地点有分布，有一定的种群数量	1
	中国生物多样性红色名录等级	极危	5
		濒危	4
		易危	3
		近危	2
		数据缺乏	1
		无危	0
价值系数评估指标	特有性	华北地区特有	3
		中国特有	2

指标类型	指标	分级	得分
价值系数评估指标	特有性	非中国特有	1
	保护等级	国家一级保护	3
		国家二级保护	2
		北京市重点保护	1
	利用价值	重要的用材树种、绿化观赏或药用植物；按照《陆生野生动物基准价值标准目录》所列该种野生动物的基准价值，基准价值＞3 000 元的种类；有经济价值，没有人工养殖或难养殖的鱼类	3
		较好的用材树种、绿化观赏或药用植物；按照《陆生野生动物基准价值标准目录》所列该种野生动物的基准价值，基准价值 300 ～ 3 000 元的种类；有经济价值，有人工养殖的鱼类	2
		无特殊经济用途的植物；按照《陆生野生动物基准价值标准目录》所列该种野生动物的基准价值，基准价值＜300 元的种类；无特殊经济用途的鱼类	1
干扰系数评估指标	适生生境在生态保护红线外的面积比例或分布点在生态保护红线外的点位数占比	≥75%	5
		50% ～ 75%	4
		25% ～ 50%	3
		10% ～ 25%	2
		＜10%	1

根据物种综合评价值由大到小排序，将怀柔区分布的重点保护物种划分为四个优先关注等级。属于一级优先关注（C_s 值大于 0.7）的物种有 19 种，包括植物 2 种、鸟类 17 种；属于二级优先关注（C_s 值大于 0.5 且小于等于 0.7）的物种有 71 种，包括植物 15 种、哺乳类 3 种、鸟类 44 种、爬行类 7 种、鱼类 2 种；属于三级优先关注（C_s 值大于 0.3 且小于等于 0.5）的物种有 124 种，包括植物 21 种、哺乳类 10 种、鸟类 83 种、爬行类 4 种、两栖类 1 种、鱼类 2 种、昆虫 3 种；属于四级优先关注（C_s 值小于等于 0.3）的物种有 8 种，包括哺乳类 1 种、鸟类 7 种（表 5）。

表 5　怀柔区重点保护物种优先关注等级分析结果

优先关注等级	生物类群	物种数	物种名称
一级	植物	2	大花杓兰、华北落叶松
	鸟类	17	白肩雕、白头鹤、白枕鹤、草原雕、大鸨、黑头蜡嘴雀、鹮嘴鹬、灰背隼、灰鹤、猎隼、棉凫、青头潜鸭、乌雕、靴隼雕、长尾鸭、震旦鸦雀、中华秋沙鸭
二级	植物	15	北京水毛茛、黄檗、紫椴、白杆、齿叶白鹃梅、丁香叶忍冬、杜松、二叶兜被兰、葛萝槭、角盘兰、裂瓣角盘兰、山丹、水榆花楸、脱皮榆、柘
	哺乳类	3	赤狐、中华斑羚、艾鼬

优先关注 等级	生物类群	物种数	物种名称
二级	鸟类	44	白额雁、白腹鹞、白琵鹭、白尾海雕、白尾鹞、白眼潜鸭、斑头秋沙鸭、苍鹰、赤腹鹰、大鵟、大天鹅、戴菊、雕鸮、短趾雕、鹗、凤头蜂鹰、褐头鸫、黑翅鸢、黑鹳、黑颈䴙䴘、红喉歌鸲、红胁绣眼鸟、鸿雁、花脸鸭、灰林鸮、灰雁、金雕、蓝翡翠、蓝喉歌鸲、毛腿沙鸡、普通夜鹰、鹊鹞、日本松雀鹰、日本鹰鸮、寿带、丝光椋鸟、松雀鹰、秃鹫、小天鹅、遗鸥、游隼、长耳鸮、长尾雀、纵纹腹小鸮
	爬行类	7	团花锦蛇、黑背白环蛇、黑眉锦蛇、王锦蛇、乌梢蛇、玉斑锦蛇、短尾蝮
	鱼类	2	中华多刺鱼、达里湖高原鳅
三级	植物	21	野大豆、软枣猕猴桃、草芍药、刺楸、刺五加、櫷木、菰、尖唇鸟巢兰、流苏树、鹿蹄草、秦艽、球子蕨、省沽油、绶草、无梗五加、狭叶红景天、小叶中国蕨、羊乳、迎红杜鹃、有斑百合、紫花杯冠藤
	哺乳类	10	豹猫、貉、东北刺猬、花面狸、黄鼬、狍、山东小麝鼩、亚洲狗獾、隐纹花鼠、猪獾
	鸟类	83	白背啄木鸟、白腹暗蓝鹟、白眉姬鹟、白眉鸭、白腰朱顶雀、宝兴歌鸫、北朱雀、草鹭、赤膀鸭、赤麻鸭、大白鹭、大斑啄木鸟、大杜鹃、大麻鸦、戴胜、淡眉柳莺、东方大苇莺、豆雁、发冠卷尾、凤头百灵、凤头䴙䴘、凤头潜鸭、黑卷尾、黑眉苇莺、黑头鸫、黑尾蜡嘴雀、黑鸢、黑枕黄鹂、红角鸮、红脚隼、红隼、红头潜鸭、红尾伯劳、红胁蓝尾鸲、红胸秋沙鸭、红嘴蓝鹊、黄喉鸫、黄雀、黄腰柳莺、灰伯劳、灰脸鵟鹰、灰头绿啄木鸟、家燕、金翅雀、金眶鸻、金腰燕、罗纹鸭、绿背姬鹟、绿鹭、煤山雀、牛背鹭、琵嘴鸭、普通翠鸟、普通鵟、普通䴓、普通秋沙鸭、普通雨燕、雀鹰、鹊鸭、三宝鸟、三道眉草鹀、勺鸡、石鸡、四声杜鹃、太平鸟、乌鸫、锡嘴雀、小䴙䴘、小太平鸟、小鸦、楔尾伯劳、星头啄木鸟、岩鸽、燕雀、燕隼、银喉长尾山雀、鸳鸯、云雀、长尾山椒鸟、针尾鸭、中华朱雀、棕腹啄木鸟、棕头鸦雀
	爬行类	4	黄纹石龙子、刘氏白环蛇、宁波滑蜥、黑头剑蛇
	两栖类	1	北方狭口蛙
	鱼类	2	棒花鮈、东北颌须鮈
	昆虫	3	北京大蜓、皮氏小刀锹、中华蜜蜂
四级	哺乳类	1	野猪
	鸟类	7	暗绿绣眼鸟、冠纹柳莺、黄腹山雀、冕柳莺、普通鸭、山鹛、山噪鹛

第五章　生物多样性优先保护区域

一、怀柔区生物多样性热点区域

识别生物多样性分布热点区域是进行生物保护的重要基础。本项目利用 Maxent 模型，结合气候（19 个生物气候变量）、地形地貌（海拔、坡度、距离水体距离）、植被状况（植被覆盖度）、人为干扰（土地利用类型、距离道路距离、距离居民点距离）共 4 类 26 个因子，对物种适生生境进行模拟分析。Maxent 模型是一种基于最大熵原理的生态位模型。该模型通过分析物种分布点位的环境变量特征的制约条件，探索在该制约条件下物种生境的空间分布和适宜程度。为降低环境变量多重共线性的影响，剔除相关性较高的环境因子（Pearson 相关系数 $|r| \geqslant 0.7$）。本项目建模过程中选取分布点位数多于 5 个点位的物种进行分析。利用受试者工作特征（the Receiver Operating Characteristic, ROC）曲线下面积（the Area Under the Curve, AUC）来评价模型的有效性。最终纳入热点区域分析的物种共计 1 320 个。本项目设定概率大于 0.5 的区域为潜在物种适生区。分析数据空

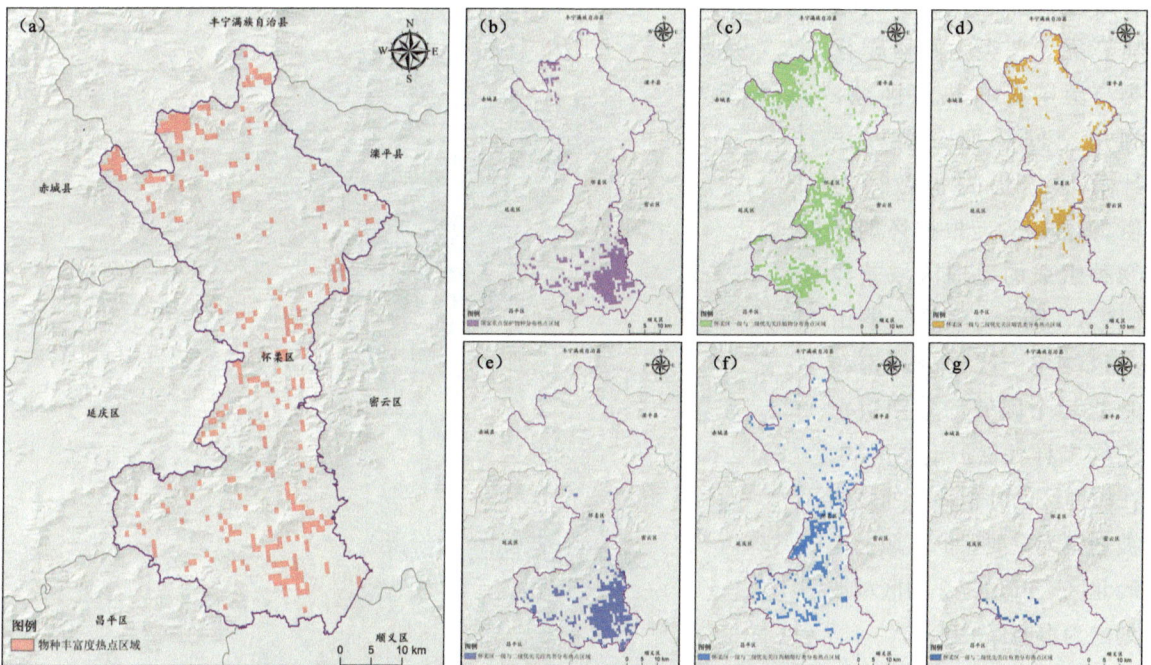

注：（a）物种丰富度热点区域；（b）国家重点保护物种分布热点区域；（c）怀柔区一级与二级优先关注植物分布热点区域；（d）怀柔区一级与二级优先关注哺乳类分布热点区域；（e）怀柔区一级与二级优先关注鸟类分布热点区域；（f）怀柔区一级与二级优先关注两栖爬行类分布热点区域；（g）怀柔区一级与二级优先关注鱼类分布热点区域。

图 12　怀柔区生物多样性热点区域空间分布

间分辨率为 30 秒（约 1 km²）。在地理信息系统中对物种适生区进行空间叠加分析，并基于面积 10% 原则获得总的物种丰富度热点区域、国家重点保护物种分布热点区域以及怀柔区一级与二级优先关注物种分布热点区域（图 12）。

怀柔区物种丰富度热点区域主要分布于中部与北部的山地以及南部怀柔水库、雁栖湖等重要湿地及其周边区域。怀柔区分布的国家重点保护物种中鸟类占比较高，其分布热点区域主要位于南部重要湿地及其周边区域以及北部喇叭沟门自然保护区。怀柔区一级与二级优先关注植物分布热点区域主要位于北部与中部山区及西南部怀沙河 - 怀九河自然保护区；怀柔区一级与二级优先关注哺乳类分布热点区域主要位于北部与中部的山地；怀柔区一级与二级优先关注鸟类分布热点区域主要位于南部重要湿地及其周边区域；怀柔区一级与二级优先关注两栖爬行类分布热点区域主要位于中部与西南部的山地与河流；怀柔区一级与二级优先关注鱼类分布热点区域集中在怀沙河 - 怀九河自然保护区。

二、怀柔区生物多样性优先保护区域

根据区域物种丰富度热点区域、国家重点保护物种分布热点区域和怀柔区一级与二级优先关注植物、哺乳类、鸟类、两栖爬行类与鱼类分布热点区域，利用空间叠加分析方法计算保护优先指数（PI 值）（图 13）。根据怀柔区物种组成的地理区域差异（图 8、图 11），沿云蒙山至凤凰坨一线划分岭南和岭北两个区域，分别识别生物多样性保护重要区域。在岭南区，PI 值 ≥ 3 的区域被划定为重要保护区域；在岭北区，PI 值 ≥ 2 的区域被划定为重要保护区域。

怀柔区生物多样性优先保护区域主要分布在北部的喇叭沟门自然保护区、温栅子 - 老朝阳、南石门 - 东石门 - 项栅子，中部的黑

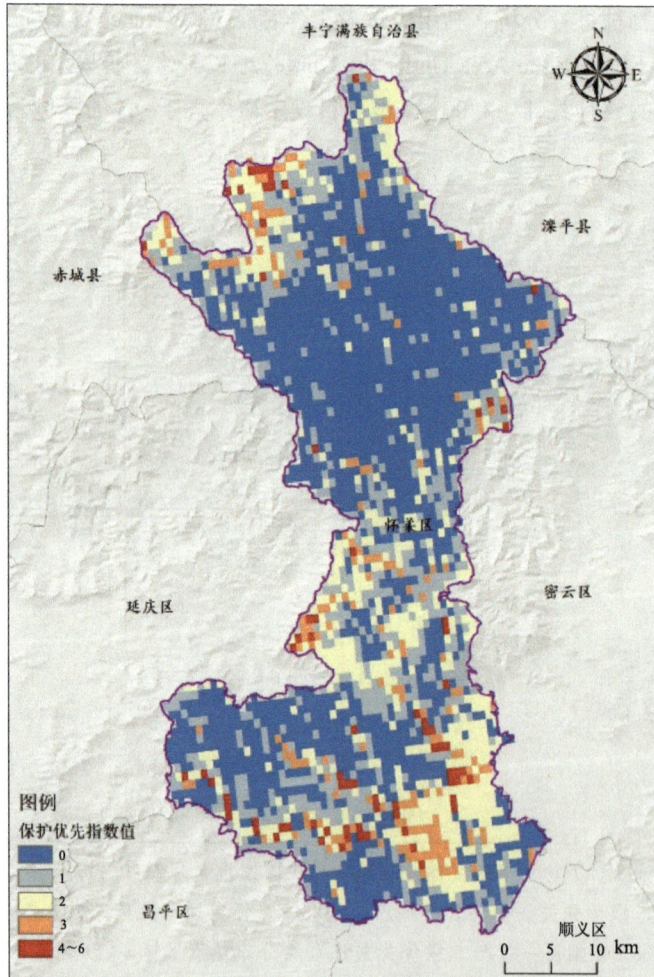

图 13　怀柔区生物多样性保护优先指数值空间分布

坨山 - 头道梁 - 云蒙山、慕田峪 - 田仙峪、雁栖湖 - 雁栖河、琉璃河上游山区，南部的怀柔水库、怀沙河、怀九河等区域（图14）。

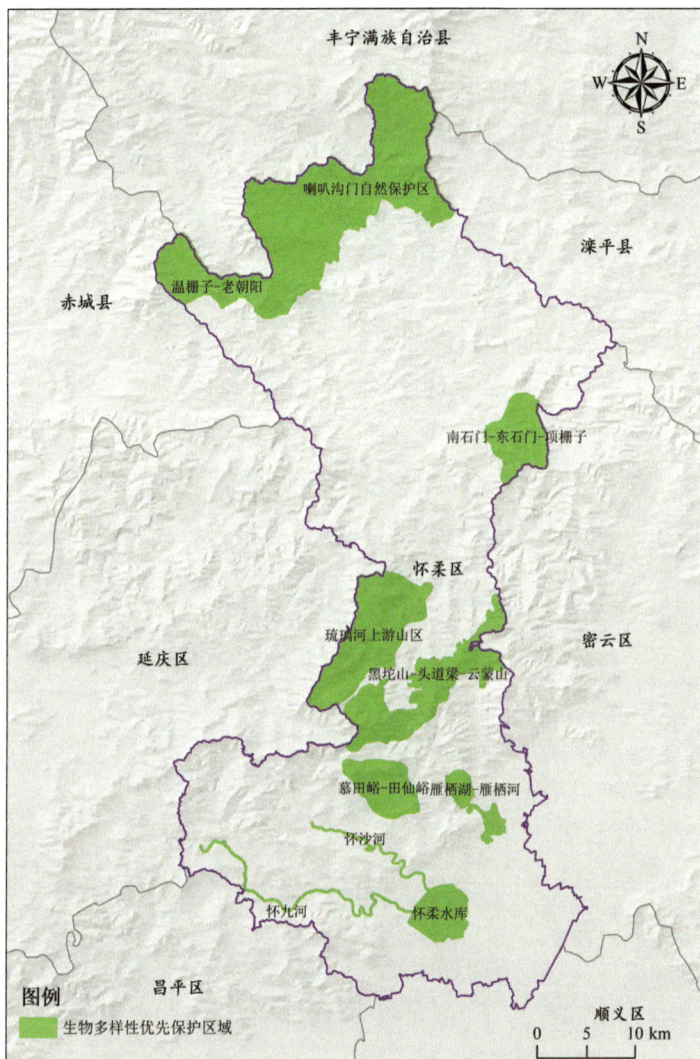

图 14   怀柔区生物多样性优先保护区域空间分布

各论

第六章　哺乳类

一、怀柔区哺乳类多样性

怀柔区现有哺乳类共 6 目 16 科 26 属 31 种。其中，食肉目 8 种，鲸偶蹄目 3 种，兔形目 1 种，啮齿目 13 种，劳亚食虫目 3 种，翼手目 3 种。中国特有哺乳类有 3 种，分别为中华鼢鼠（*Eospalax fontanierii*）、岩松鼠（*Sciurotamias davidianus*）、麝鼹（*Scaptochirus moschatus*）。怀柔区哺乳类目、科、属、种数量分别占北京市哺乳类的 85.7%、76.2%、51.0%、49.2%（表 6）。

表 6　怀柔区现有哺乳类分类群统计与比较

目	怀柔区			北京市 *		
	科	属	种	科	属	种
啮齿目	4	9	13	5	18	22
灵长目	0	0	0	1	1	1
劳亚食虫目	3	3	3	3	5	5
鲸偶蹄目	3	3	3	3	4	4
食肉目	4	7	8	4	10	12
兔形目	1	1	1	1	1	1
翼手目	1	3	3	4	12	18
合计	16	26	31	21	51	63

* 数据来源为北京市园林绿化局《北京市陆生野生动物名录（2024）》。

根据文献调研结果，怀柔区曾分布有豹（*Panthera pardus*）、豺（*Cuon alpinus*）、狼（*Canis lupus*）、黄喉貂（*Martes flavigula*）、北小麝鼩（*Crocidura suaveolens*）、复齿鼯鼠（*Trogopterus xanthipes*）等。豹、豺、狼在北京地区已消失多年。黄喉貂、北小麝鼩和复齿鼯鼠在本次调查及近年来怀柔区开展的其他调查中未有发现。

二、怀柔区哺乳类名录

		中文名	拉丁名
（一）		兔形目	Lagomorpha
	1.	兔科	Leporidae
		蒙古兔	*Lepus tolai*
（二）		啮齿目	Rodentia
	2.	鼹型鼠科	Spalacidae
		中华鼢鼠	*Eospalax fontanierii*
	3.	鼠科	Muridae
		黑线姬鼠	*Apodemus agrarius*
		中华姬鼠	*Apodemus draco*

		中文名	拉丁名
		大林姬鼠	*Apodemus peninsulae*
		小家鼠	*Mus musculus*
		北社鼠	*Niviventer confucianus*
		褐家鼠	*Rattus norvegicus*
	4.	仓鼠科	Circetidae
		棕背䶄	*Craseomys rufocanus*
		大仓鼠	*Tscherskia triton*
	5.	松鼠科	Sciuridae
		岩松鼠	*Sciurotamias davidianus*
		北松鼠	*Sciurus vulgaris*
		花鼠	*Tamias sibiricus*
		隐纹花鼠	*Tamiops swinhoei*
（三）		劳亚食虫目	Eulipotyphla
	6.	鼹科	Talpidae
		麝鼹	*Scaptochirus moschatus*
	7.	猬科	Erinaceidae
		东北刺猬	*Erinaceus amurensis*
	8.	鼩鼱科	Soricidae
		山东小麝鼩	*Crocidura shantungensis*
（四）		翼手目	Chiroptera
	9.	蝙蝠科	Vespertilionidae
		褐山蝠	*Nyctalus noctula*
		普通伏翼	*Pipistrellus pipistrellus*
		东方蝙蝠	*Vespertilio sinensis*
（五）		鲸偶蹄目	Cetartiodactyla
	10.	猪科	Suidae
		野猪	*Sus scrofa*
	11.	鹿科	Cervidae
		狍	*Capreolus pygargus*
	12.	牛科	Bovidae
		中华斑羚	*Naemorhedus griseus*
（六）		食肉目	Carnivora
	13.	猫科	Felidae
		豹猫	*Prionailurus bengalensis*
	14.	灵猫科	Viverridae
		花面狸	*Paguma larvata*
	15.	犬科	Canidae
		赤狐	*Vulpes vulpes*
		貉	*Nyctereutes procyonoides*
	16.	鼬科	Mustelidae
		猪獾	*Arctonyx collaris*
		亚洲狗獾	*Meles leucurus*
		艾鼬	*Mustela eversmanii*
		黄鼬	*Mustela sibirica*

三、怀柔区哺乳类图集

（一）食肉目

赤狐

拉丁学名： *Vulpes vulpes*

物种简介： 犬科中型食肉动物，主要以鼠类、鸟类、兔、昆虫和水果为食，其食物中植物性果实可占很大比例，甚至超过 50%。赤狐在所有狐狸中分布最广，分布于整个北半球，包括欧洲、北美洲、亚洲等地，在我国除台湾和海南以外均有历史分布的记录。二十世纪八九十年代，由于其皮毛的珍贵遭受大量非法猎杀，分布范围在逐渐缩小。

分布状况： 喇叭沟门满族乡。

保护等级： 国家二级保护。

中国生物多样性红色名录等级： 近危。

貉

拉丁学名： *Nyctereutes procyonoides*

物种简介： 犬科貉属哺乳类，体型大小如猫，食性复杂，在北京地区取食植物性食物比例很大，也食啮齿类动物和蛙、鱼、蛇、昆虫等。其为山区常见物种，栖息于阔叶林中开阔、接近水源的地方或开阔草甸、茂密的灌丛带和芦苇地；很少见于高山的茂密森林。貉是东亚特有动物，原产于俄罗斯和亚洲的朝鲜、日本、中国、蒙古等国，在中国的一些地方已经灭绝。

分布状况： 怀柔区各乡镇均有分布。

保护等级： 国家二级保护。

中国生物多样性红色名录等级： 近危。

豹猫

拉丁学名：*Prionailurus bengalensis*

物种简介：猫科豹猫属动物，中型食肉动物，主要以鼠类、兔类、蛙类、蜥蜴、蛇类、小型鸟类、昆虫等为食。主要栖息于山地林区、郊野灌丛和林缘村寨附近。豹猫的窝穴多在树洞、土洞、石块下或石缝中。主要为地栖，但攀爬能力强，在树上活动灵敏自如。夜行性，晨昏活动较多。广泛分布于中国（除了北部和西部的干旱区），但在捕猎毒杀、毛皮贸易、宠物贸易、路杀、栖息地减少和片段化等人类活动的威胁下，野生种群受到了严重的影响。

分布状况：怀柔区各乡镇均有分布。

保护等级：国家二级保护。

中国生物多样性红色名录等级：易危。

亚洲狗獾

拉丁学名：*Meles leucurus*

物种简介：鼬科狗獾属哺乳类，体形肥胖，四肢粗健，杂食，以植物根茎、果实和土壤中昆虫、蚯蚓以及蛙、蜥蜴为食。栖息在森林、山坡、灌丛、田野、荒地、水渠及河谷溪流等环境中。爪强，善掘土，掘洞而居，洞长可达数十尺，其间有洞道相通。黄昏或夜间活动，性较凶猛。

分布状况：怀柔区各乡镇均有分布。

保护等级：北京市重点保护。

中国生物多样性红色名录等级：近危。

猪獾

拉丁学名：*Arctonyx collaris*

物种简介：鼬科猪獾属哺乳动物，体形肥胖，四肢短粗，杂食。栖息于森林、灌丛、荒野等处，在平原、丘陵、高山、中山、低山地区均能发现其踪迹。昼伏夜行，多单独活动，具有冬眠的习性。视觉较差，嗅觉敏锐。

分布状况：怀柔区各乡镇均有分布。

保护等级：北京市重点保护。

中国生物多样性红色名录等级：近危。

黄鼬

拉丁学名： *Mustela sibirica*

物种简介： 鼬科鼬属，体型小，身体细长，食性很广，从昆虫到哺乳动物，其中以啮齿动物为多。黄鼬栖息环境多样，平原、丘陵、山地、高原均有分布，尤以平原地区数量大，甚至可在村庄和城市中生存、繁殖。在自然界中大量捕食啮齿动物，对鼠害鼠疫控制有积极作用。城镇中黄鼬数量可能受投药灭鼠的影响。

分布状况： 喇叭沟门满族乡、长哨营满族乡、雁栖镇、九渡河镇。

保护等级： 北京市重点保护。

中国生物多样性红色名录等级： 无危。

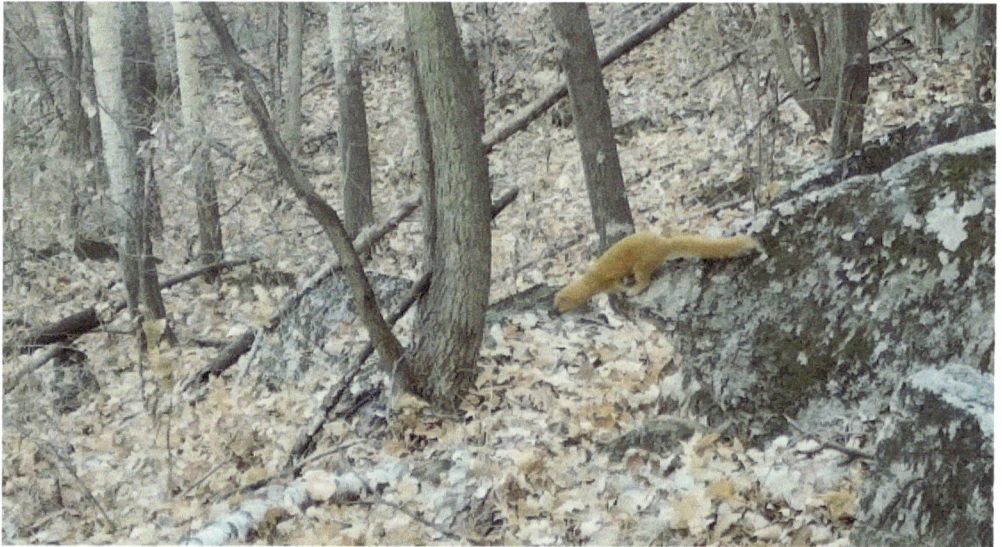

花面狸

拉丁学名：*Paguma larvata*

物种简介：灵猫科花面狸属动物，也称果子狸，体形细长，自鼻中向头顶有一条白色的纵纹。植食性为主，但也会取食一些动物性食物。花面狸是常见的林缘哺乳动物，主要栖居于常绿或落叶阔叶林、稀疏灌丛或间杂石山稀疏裸岩地。花面狸常在果园附近偷吃水果作物，造成经济损失。此外，花面狸已被证实是多种动物传染病毒（如 SARS 病毒）的重要中间宿主，可能对人类和其他动物构成健康威胁。

分布状况：在怀柔区广泛分布，特别是在中低山区果园附近常有踪迹。

保护等级：北京市重点保护。

中国生物多样性红色名录等级：近危。

（二）鲸偶蹄目

中华斑羚

拉丁学名：*Naemorhedus griseus*

物种简介：牛科斑羚属食草动物，形似山羊，以草、灌木枝叶、坚果和水果为食。常栖息于山顶的岩石堆且向阳的地方，夏天居岩洞或垂岩下，冬天由山顶下至森林中生活。生性胆小，且活动范围较小，栖息地比较固定，受惊动后一般不向远处转移。

分布状况：宝山镇、喇叭沟门满族乡、长哨营满族乡、琉璃庙镇、汤河口镇、雁栖镇。

保护等级：国家二级保护。

中国生物多样性红色名录等级：易危。

狍

拉丁学名：*Capreolus pygargus*

物种简介：鹿科狍属中型哺乳动物，主要采食白桦、山杨、榆、栎、柳、胡枝子等树木的幼枝和叶，以及苔草和禾本科植物。多栖息于疏林和多草的灌丛地带、山地林缘，在河谷、沼泽地也有它们的身影。由雌狍及其后代构成家族群，通常 3～5 只。晨昏活动，新陈代谢率高，消化快，采食频繁。

分布状况：喇叭沟门满族乡、长哨营满族乡、宝山镇、汤河口镇、琉璃庙镇、怀北镇、雁栖镇、九渡河镇、桥梓镇。

保护等级：北京市重点保护。

中国生物多样性红色名录等级：近危。

野猪

拉丁学名： *Sus scrofa*

物种简介： 鲸偶蹄目猪科猪属，体型非常像家猪，杂食性，主要取食植物性食物，也会吃些动物性食物，如蚯蚓、昆虫及鼠类。野猪栖息于山地阔叶林或灌木丛，有时也到较低的草地活动，其活动范围常与环境条件和食物丰富程度有关。夏季活动范围小，冬季活动范围大。除极个别成年孤独的公野猪单独行动外，都是群居。野猪胆小怕人，视觉差，但嗅觉和听觉灵敏。

分布状况： 怀柔区各乡镇均有分布。

保护等级： 北京市重点保护。

中国生物多样性红色名录等级： 无危。

（三）兔形目

蒙古兔

拉丁学名： *Lepus tolai*

物种简介： 兔科兔属哺乳动物，毛色多变，鼻骨长而宽，眶上突很发达，几乎呈三角形，稍低平或向上翘，听泡通常圆且大，腭桥狭窄，吻突短而宽。喜欢在高草或灌丛有隐藏的地方。一般见于低海拔区域。吃禾本科植物和其他草本植物。夜行性动物。

分布状况： 怀柔区各乡镇均有分布。

中国生物多样性红色名录等级： 无危。

（四）啮齿目

隐纹花鼠

拉丁学名：*Tamiops swinhoei*

物种简介：松鼠科花松鼠属小型哺乳动物。体型似花鼠，以各种浆果、坚果为食，也食昆虫。隐纹花鼠为树栖动物，亦常在地面活动，栖息于森林、林缘、灌丛及竹林等处。大多在树枝分叉处筑巢，也利用树洞，树根处作窝。晨昏活动频繁，中午较少活动。喜成群，也单独或成对活动，一年可繁殖 2 次。隐纹花鼠因其取食活动，常对农作物、果树、森林更新及树木播种造成一定的危害，但数量较少，故危害程度不甚显著。

分布状况：喇叭沟门满族乡、雁栖镇。

保护等级：北京市重点保护。

中国生物多样性红色名录等级：无危。

北松鼠

拉丁学名：*Sciurus vulgaris*

物种简介：松鼠科松鼠属小型哺乳动物。冬季耳尖有竖直的长毛簇；夏季耳无毛簇，但尾毛很长且浓密。随季节改变有两种毛色，冬季皮毛背部灰色或棕色，腹部浅白；夏季皮毛背部黑色或棕黑色，腹部浅白。尾长而蓬松，超过体长之半。食物由针叶树种子、橡树籽、菌类、树皮和树液组成。北松鼠会将食物储藏在树洞中，分散储藏在浅穴或枯枝层下。

分布状况：喇叭沟门满族乡、长哨营满族乡、雁栖镇。

中国生物多样性红色名录等级：近危。

岩松鼠

拉丁学名： *Sciurotamias davidianus*

物种简介： 松鼠科岩松鼠属小型哺乳动物。背部橄榄灰色；腹毛浅黄白色或赭石色。体侧无灰白色条纹，一道暗线横过颊部。尾长超过体长之半，尾毛蓬松而较稀疏。后足跖被毛。耳端无簇毛。常在岩石处或树上活动，行动敏捷，筑窝于岩石隙缝中。主要食物为坚果、胡桃、山桃、杏及其他种子以及农作物。

分布状况： 喇叭沟门满族乡、长哨营满族乡、雁栖镇。

中国生物多样性红色名录等级： 无危。

花鼠

拉丁学名： *Tamias sibiricus*

物种简介： 松鼠科花鼠属小型哺乳动物，也称北花松鼠。体背赤褐色，有 5 条明显的棕色或棕黑色条纹，腹部浅黄白色。食物主要有松籽、植物的嫩芽和叶。在夏秋季还吃花、蘑菇，偶食昆虫。

分布状况： 喇叭沟门满族乡、长哨营满族乡。

中国生物多样性红色名录等级： 无危。

第七章　鸟类

一、怀柔区鸟类多样性

怀柔区鸟类共 21 目 62 科 166 属 296 种，分别占北京市鸟类目、科、属、种数量的 91.3%、80.5%、66.9%、57.0%（表 7）。雀形目鸟类最多，有 145 种，包括中国特有鸟类 5 种，为银喉长尾山雀（*Aegithalos glaucogularis*）、中华朱雀（*Carpodacus davidianus*）、山噪鹛（*Pterorhinus davidi*）、山鹛（*Rhopophilus pekinensis*）、乌鸫（*Turdus mandarinus*）。其余目的鸟类物种数均不超过 50 种。

表 7　怀柔区鸟类分类群统计与比较

目	怀柔区			北京市 *		
	科	属	种	科	属	种
鸡形目	1	4	4	1	6	6
雁形目	1	15	33	1	18	41
鸊鷉目	1	2	3	1	2	5
红鹳目	0	0	0	1	1	1
鸽形目	1	2	5	1	3	5
沙鸡目	1	1	1	1	1	1
夜鹰目	2	2	2	2	4	5
鹃形目	1	3	7	1	5	10
鸨形目	1	1	1	1	1	1
鹤形目	2	5	7	2	11	18
鸻形目	5	17	28	10	34	80
潜鸟目	1	1	1	1	1	3
鹱形目	0	0	0	1	1	1
鹳形目	1	1	1	1	1	2
鲣鸟目	1	1	1	2	2	3
鹈形目	2	9	12	3	12	20
鹰形目	2	14	23	2	19	35
鸮形目	1	6	6	1	7	10
犀鸟目	1	1	1	1	1	1
佛法僧目	2	4	4	2	5	6
啄木鸟目	1	2	5	1	6	9
隼形目	1	1	6	1	1	7
雀形目	33	74	145	39	106	249
合 计	62	166	296	77	248	519

*数据来源为北京市园林绿化局《北京市陆生野生动物名录（2024）》。

按生态型统计，怀柔区鸟类中鸣禽有 33 科 145 种，占总种数的 48.99%。其中，鹟科、鸫科、鹟鸲科、燕雀科、鹀科、柳莺科、鸦科等 7 科的物种数均为 10 种或 10 种以上；伯劳科、椋鸟科、山雀科、燕科等 4 科物种数均为 5 种；苇莺科、鸦雀科、百灵科、鹡鸰科、卷尾科等 22 科的物种数在 1 ～ 3 种。涉禽 9 科 37 种，占总种数的 12.50%。其中，鹭科鸟类为 11 种，鹬科鸟类为 10 种，鸻科、秧鸡科、鹤科、反嘴鹬科、鹮嘴鹬科、鸥科、鹮科的物种数在 1 ～ 4 种。游禽 5 科 49 种，占总种数的 16.55%。其中，鸭科物种数为 33 种，鸥科为 11 种，鸊鷉科 3 种，潜鸟科、鸬鹚科各 1 种。攀禽 7 科 19 种，占总种数的 6.42%。其中，杜鹃科鸟类 7 种，啄木鸟科鸟类 5 种，翠鸟科鸟类 3 种，佛法僧科、雨燕科、戴胜科、夜鹰科各 1 种。陆禽 4 科 11 种，占总种数的 3.72%。其中，鸠鸽科鸟类 5 种，雉科鸟类 4 种，沙鸡科、鹑科鸟类各 1 种。猛禽 4 科 35 种，占总种数的 11.82%。其中，鹰科 22 种，鸱鸮科、隼科均为 6 种，鹗科 1 种。

按居留型统计，怀柔区鸟类中共有留鸟 64 种、夏候鸟 83 种、冬候鸟 59 种、旅鸟 178 种（表 8）。

表 8　怀柔区鸟类居留型统计

居留型	雀形目		非雀形目		总计	
	物种数	占比 /%	物种数	占比 %	物种数	占比 %
留鸟	36	56.3	28	43.8	64	100.0
夏候鸟	38	45.8	45	54.2	83	100.0
冬候鸟	34	57.6	25	42.4	59	100.0
旅鸟	74	41.6	104	58.4	178	100.0

二、怀柔区鸟类名录

	中文名	拉丁名		中文名	拉丁名
（一）	鸡形目	Galliformes		棉凫	*Nettapus coromandelianus*
1.	雉科	Phasianidae		花脸鸭	*Sibirionetta formosa*
	勺鸡	*Pucrasia macrolopha*		白眉鸭	*Spatula querquedula*
	环颈雉	*Phasianus colchicus*		琵嘴鸭	*Spatula clypeata*
	鹌鹑	*Coturnix japonica*		赤膀鸭	*Mareca strepera*
	石鸡	*Alectoris chukar*		赤颈鸭	*Mareca penelope*
（二）	雁形目	Anseriformes		罗纹鸭	*Mareca falcata*
2.	鸭科	Anatidae		斑嘴鸭	*Anas zonorhyncha*
	白额雁	*Anser albifrons*		绿翅鸭	*Anas crecca*
	豆雁	*Anser fabalis*		绿头鸭	*Anas platyrhynchos*
	短嘴豆雁	*Anser serrirostris*		针尾鸭	*Anas acuta*
	鸿雁	*Anser cygnoides*		赤嘴潜鸭	*Netta rufina*
	灰雁	*Anser anser*		白眼潜鸭	*Aythya nyroca*
	大天鹅	*Cygnus cygnus*		斑背潜鸭	*Aythya marila*
	小天鹅	*Cygnus columbianus*		凤头潜鸭	*Aythya fuligula*
	赤麻鸭	*Tadorna ferruginea*		红头潜鸭	*Aythya ferina*
	翘鼻麻鸭	*Tadorna tadorna*		青头潜鸭	*Aythya baeri*
	鸳鸯	*Aix galericulata*		长尾鸭	*Clangula hyemalis*

中文名	拉丁名		中文名	拉丁名
鹊鸭	*Bucephala clangula*		白头鹤	*Grus monacha*
斑头秋沙鸭	*Mergellus albellus*		白枕鹤	*Antigone vipio*
红胸秋沙鸭	*Mergus serrator*		灰鹤	*Grus grus*
普通秋沙鸭	*Mergus merganser*	（十）	鸻形目	Charadriiformes
中华秋沙鸭	*Mergus squamatus*	12.	鹮嘴鹬科	Ibidorhynchidae
（三）	䴙䴘目	Podicipediformes		鹮嘴鹬	*Ibidorhyncha struthersii*
3.	䴙䴘科	Podicipedidae	13.	反嘴鹬科	Recurvirostridae
小䴙䴘	*Tachybaptus ruficollis*		黑翅长脚鹬	*Himantopus himantopus*
凤头䴙䴘	*Podiceps cristatus*		反嘴鹬	*Recurvirostra avosetta*
黑颈䴙䴘	*Podiceps nigricollis*	14.	鸻科	Charadriidae
（四）	鸽形目	Columbiformes		凤头麦鸡	*Vanellus vanellus*
4.	鸠鸽科	Columbidae		灰头麦鸡	*Vanellus cinereus*
岩鸽	*Columba rupestris*		金眶鸻	*Charadrius dubius*
灰斑鸠	*Streptopelia decaocto*		长嘴剑鸻	*Charadrius placidus*
火斑鸠	*Streptopelia tranquebarica*	15.	鹬科	Scolopacidae
山斑鸠	*Streptopelia orientalis*		斑尾塍鹬	*Limosa lapponica*
珠颈斑鸠	*Spilopelia chinensis*		青脚滨鹬	*Calidris temminckii*
（五）	沙鸡目	Pterocliformes		丘鹬	*Scolopax rusticola*
5.	沙鸡科	Pteroclidae		孤沙锥	*Gallinago solitaria*
毛腿沙鸡	*Syrrhaptes paradoxus*		扇尾沙锥	*Gallinago gallinago*
（六）	夜鹰目	Caprimulgiformes		矶鹬	*Actitis hypoleucos*
6.	夜鹰科	Caprimulgidae		白腰草鹬	*Tringa ochropus*
普通夜鹰	*Caprimulgus jotaka*		红脚鹬	*Tringa totanus*
7.	雨燕科	Apodidae		林鹬	*Tringa glareola*
普通雨燕	*Apus apus*		青脚鹬	*Tringa nebularia*
（七）	鹃形目	Cuculiformes	16.	鸥科	Laridae
8.	杜鹃科	Cuculidae		红嘴鸥	*Chroicocephalus ridibundus*
噪鹃	*Eudynamys scolopaceus*		棕头鸥	*Chroicocephalus brunnicephalus*
北棕腹鹰鹃	*Hierococcyx hyperythrus*		遗鸥	*Ichthyaetus relictus*
大鹰鹃	*Hierococcyx sparverioides*		渔鸥	*Ichthyaetus ichthyaetus*
大杜鹃	*Cuculus canorus*		黑尾鸥	*Larus crassirostris*
东方中杜鹃	*Cuculus optatus*		普通海鸥	*Larus canus*
四声杜鹃	*Cuculus micropterus*		西伯利亚银鸥	*Larus vegae*
小杜鹃	*Cuculus poliocephalus*		鸥嘴噪鸥	*Gelochelidon nilotica*
（八）	鸨形目	Otidiformes		普通燕鸥	*Sterna hirundo*
9.	鸨科	Otididae		白翅浮鸥	*Chlidonias leucopterus*
大鸨	*Otis tarda*		灰翅浮鸥	*Chlidonias hybrida*
（九）	鹤形目	Gruiformes	（十一）	潜鸟目	Gaviiformes
10.	秧鸡科	Rallidae	17.	潜鸟科	Gaviidae
普通秧鸡	*Rallus indicus*		太平洋潜鸟	*Gavia pacifica*
黑水鸡	*Gallinula chloropus*	（十二）	鹳形目	Ciconiiformes
白骨顶	*Fulica atra*	18.	鹳科	Ciconiidae
白胸苦恶鸟	*Amaurornis phoenicurus*		黑鹳	*Ciconia nigra*
11.	鹤科	Gruidae	（十三）	鲣鸟目	Suliformes

	中文名	拉丁名		中文名	拉丁名
19.	鸬鹚科	Phalacrocoracidae	24.	鸱鸮科	Strigidae
	普通鸬鹚	*Phalacrocorax carbo*		日本鹰鸮	*Ninox japonica*
（十四）	鹈形目	Pelecaniformes		纵纹腹小鸮	*Athene noctua*
20.	鹮科	Threskiornithidae		红角鸮	*Otus sunia*
	白琵鹭	*Platalea leucorodia*		长耳鸮	*Asio otus*
21.	鹭科	Ardeidae		雕鸮	*Bubo bubo*
	大麻鳽	*Botaurus stellaris*		灰林鸮	*Strix nivicolum*
	夜鹭	*Nycticorax nycticorax*	（十七）	犀鸟目	Bucerotiformes
	绿鹭	*Butorides striata*	25.	戴胜科	Upupidae
	池鹭	*Ardeola bacchus*		戴胜	*Upupa epops*
	苍鹭	*Ardea cinerea*	（十八）	佛法僧目	Coraciiformes
	草鹭	*Ardea purpurea*	26.	佛法僧科	Coraciidae
	大白鹭	*Ardea alba*		三宝鸟	*Eurystomus orientalis*
	中白鹭	*Ardea intermedia*	27.	翠鸟科	Alcedinidae
	白鹭	*Egretta garzetta*		蓝翡翠	*Halcyon pileata*
	黄斑苇鳽	*Ixobrychus sinensis*		普通翠鸟	*Alcedo atthis*
	牛背鹭	*Bubulcus coromandus*		冠鱼狗	*Megaceryle lugubris*
（十五）	鹰形目	Accipitriformes	（十九）	啄木鸟目	Piciformes
22.	鹗科	Pandionidae	28.	啄木鸟科	Picidae
	鹗	*Pandion haliaetus*		白背啄木鸟	*Dendrocopos leucotos*
23.	鹰科	Accipitridae		大斑啄木鸟	*Dendrocopos major*
	黑翅鸢	*Elanus caeruleus*		星头啄木鸟	*Picoides canicapillus*
	凤头蜂鹰	*Pernis ptilorhynchus*		棕腹啄木鸟	*Dendrocopos hyperythrus*
	秃鹫	*Aegypius monachus*		灰头绿啄木鸟	*Picus canus*
	短趾雕	*Circaetus gallicus*	（二十）	隼形目	Falconiformes
	乌雕	*Clanga clanga*	29.	隼科	Falconidae
	靴隼雕	*Hieraaetus pennatus*		红脚隼	*Falco amurensis*
	白肩雕	*Aquila heliaca*		红隼	*Falco tinnunculus*
	草原雕	*Aquila nipalensis*		灰背隼	*Falco columbarius*
	金雕	*Aquila chrysaetos*		猎隼	*Falco cherrug*
	苍鹰	*Accipiter gentilis*		燕隼	*Falco subbuteo*
	赤腹鹰	*Accipiter soloensis*		游隼	*Falco peregrinus*
	雀鹰	*Accipiter nisus*	（二十一）	雀形目	Passeriformes
	日本松雀鹰	*Accipiter gularis*	30.	山椒鸟科	Campephagidae
	松雀鹰	*Accipiter virgatus*		小灰山椒鸟	*Pericrocotus cantonensis*
	白腹鹞	*Circus spilonotus*		长尾山椒鸟	*Pericrocotus ethologus*
	白尾鹞	*Circus cyaneus*	31.	黄鹂科	Oriolidae
	鹊鹞	*Circus melanoleucos*		黑枕黄鹂	*Oriolus chinensis*
	黑鸢	*Milvus migrans*	32.	卷尾科	Dicruridae
	白尾海雕	*Haliaeetus albicilla*		发冠卷尾	*Dicrurus hottentottus*
	灰脸鵟鹰	*Butastur indicus*		黑卷尾	*Dicrurus macrocercus*
	大鵟	*Buteo hemilasius*	33.	王鹟科	Monarchidae
	普通鵟	*Buteo japonicus*		寿带	*Terpsiphone incei*
（十六）	鸮形目	Strigiformes	34.	伯劳科	Laniidae

中文名	拉丁名		中文名	拉丁名
红尾伯劳	*Lanius cristatus*	44. 长尾山雀科	Aegithalidae
灰伯劳	*Lanius borealis*		北长尾山雀	*Aegithalos caudatus*
牛头伯劳	*Lanius bucephalus*		银喉长尾山雀	*Aegithalos glaucogularis*
楔尾伯劳	*Lanius sphenocercus*	45. 柳莺科	Phylloscopidae
棕背伯劳	*Lanius schach*		淡眉柳莺	*Phylloscopus humei*
35. 鸦科	Corvidae		冠纹柳莺	*Phylloscopus claudiae*
松鸦	*Garrulus glandarius*		褐柳莺	*Phylloscopus fuscatus*
灰喜鹊	*Cyanopica cyanus*		黄眉柳莺	*Phylloscopus inornatus*
红嘴蓝鹊	*Urocissa erythroryncha*		黄腰柳莺	*Phylloscopus proregulus*
喜鹊	*Pica serica*		极北柳莺	*Phylloscopus borealis*
星鸦	*Nucifraga caryocatactes*		巨嘴柳莺	*Phylloscopus schwarzi*
红嘴山鸦	*Pyrrhocorax pyrrhocorax*		冕柳莺	*Phylloscopus coronatus*
达乌里寒鸦	*Corvus dauuricus*		双斑绿柳莺	*Phylloscopus plumbeitarsus*
大嘴乌鸦	*Corvus macrorhynchos*		云南柳莺	*Phylloscopus yunnanensis*
秃鼻乌鸦	*Corvus frugilegus*		棕眉柳莺	*Phylloscopus armandii*
小嘴乌鸦	*Corvus corone*	46. 苇莺科	Acrocephalidae
36. 太平鸟科	Bombycillidae		东方大苇莺	*Acrocephalus orientalis*
太平鸟	*Bombycilla garrulus*		黑眉苇莺	*Acrocephalus bistrigiceps*
小太平鸟	*Bombycilla japonica*		厚嘴苇莺	*Arundinax aedon*
37. 山雀科	Paridae	47. 蝗莺科	Locustellidae
煤山雀	*Periparus ater*		小蝗莺	*Locustella certhiola*
黄腹山雀	*Pardaliparus venustulus*	48. 扇尾莺科	Cisticolidae
褐头山雀	*Poecile montanus*		棕扇尾莺	*Cisticola juncidis*
沼泽山雀	*Poecile palustris*	49. 鸦雀科	Paradoxornithidae
大山雀	*Parus minor*		山鹛	*Rhopophilus pekinensis*
38. 攀雀科	Remizidae		震旦鸦雀	*Paradoxornis heudei*
中华攀雀	*Remiz consobrinus*		棕头鸦雀	*Sinosuthora webbiana*
39. 文须雀科	Panuridae	50. 绣眼鸟科	Zosteropidae
文须雀	*Panurus biarmicus*		暗绿绣眼鸟	*Zosterops simplex*
40. 百灵科	Alaudidae		红胁绣眼鸟	*Zosterops erythropleurus*
云雀	*Alauda arvensis*	51. 噪鹛科	Leiothrichidae
凤头百灵	*Galerida cristata*		山噪鹛	*Pterorhinus davidi*
41. 鹎科	Pycnonotidae	52. 戴菊科	Regulidae
领雀嘴鹎	*Spizixos semitorques*		戴菊	*Regulus regulus*
白头鹎	*Pycnonotus sinensis*	53. 鹪鹩科	Troglodytidae
42. 燕科	Hirundinidae		鹪鹩	*Troglodytes troglodytes*
崖沙燕	*Riparia riparia*	54. 䴓科	Sittidae
岩燕	*Ptyonoprogne rupestris*		黑头䴓	*Sitta villosa*
家燕	*Hirundo rustica*		普通䴓	*Sitta europaea*
毛脚燕	*Delichon urbicum*	55. 椋鸟科	Sturnidae
金腰燕	*Cecropis daurica*		八哥	*Acridotheres cristatellus*
43. 树莺科	Cettiidae		灰椋鸟	*Spodiopsar cineraceus*
远东树莺	*Horornis canturians*		丝光椋鸟	*Spodiopsar sericeus*
鳞头树莺	*Urosphena squameiceps*		北椋鸟	*Agropsar sturninus*

中文名	拉丁名		中文名	拉丁名
紫翅椋鸟	*Sturnus vulgaris*		白鹡鸰	*Motacilla alba*
56. 鸫科	Turdidae		黄鹡鸰	*Motacilla tschutschensis*
白腹鸫	*Turdus pallidus*		黄头鹡鸰	*Motacilla citreola*
白眉鸫	*Turdus obscurus*		灰鹡鸰	*Motacilla cinerea*
斑鸫	*Turdus eunomus*		布氏鹨	*Anthus godlewskii*
宝兴歌鸫	*Turdus mupinensis*		粉红胸鹨	*Anthus roseatus*
赤颈鸫	*Turdus ruficollis*		红喉鹨	*Anthus cervinus*
褐头鸫	*Turdus feae*		黄腹鹨	*Anthus rubescens*
黑喉鸫	*Turdus atrogularis*		树鹨	*Anthus hodgsoni*
红尾斑鸫	*Turdus naumanni*		水鹨	*Anthus spinoletta*
灰背鸫	*Turdus hortulorum*		田鹨	*Anthus richardi*
田鸫	*Turdus pilaris*		**61.** 燕雀科	Fringillidae
乌鸫	*Turdus mandarinus*		苍头燕雀	*Fringilla coelebs*
57. 鹟科	Muscicapidae		燕雀	*Fringilla montifringilla*
北灰鹟	*Muscicapa dauurica*		锡嘴雀	*Coccothraustes coccothraustes*
灰纹鹟	*Muscicapa griseisticta*		黑头蜡嘴雀	*Eophona personata*
乌鹟	*Muscicapa sibirica*		黑尾蜡嘴雀	*Eophona migratoria*
白腹暗蓝鹟	*Cyanoptila cumatilis*		北朱雀	*Carpodacus roseus*
蓝喉歌鸲	*Luscinia svecica*		普通朱雀	*Carpodacus erythrinus*
红喉歌鸲	*Calliope calliope*		长尾雀	*Carpodacus sibiricus*
蓝歌鸲	*Larvivora cyane*		中华朱雀	*Carpodacus davidianus*
白眉姬鹟	*Ficedula zanthopygia*		金翅雀	*Chloris sinica*
红喉姬鹟	*Ficedula albicilla*		白腰朱顶雀	*Acanthis flammea*
绿背姬鹟	*Ficedula elisae*		黄雀	*Spinus spinus*
鸲姬鹟	*Ficedula mugimaki*		**62.** 鹀科	Emberizidae
红胁蓝尾鸲	*Tarsiger cyanurus*		白眉鹀	*Emberiza tristrami*
北红尾鸲	*Phoenicurus auroreus*		白头鹀	*Emberiza leucocephalos*
白喉矶鸫	*Monticola gularis*		红颈苇鹀	*Emberiza yessoensis*
蓝矶鸫	*Monticola solitarius*		黄喉鹀	*Emberiza elegans*
黑喉石䳭	*Saxicola maurus*		黄眉鹀	*Emberiza chrysophrys*
白顶溪鸲	*Chaimarrornis leucocephalus*		灰眉岩鹀	*Emberiza godlewskii*
红尾水鸲	*Rhyacornis fuliginosa*		灰头鹀	*Emberiza spodocephala*
58. 雀科	Passeridae		栗耳鹀	*Emberiza fucata*
麻雀	*Passer montanus*		栗鹀	*Emberiza rutila*
山麻雀	*Passer cinnamomeus*		芦鹀	*Emberiza schoeniclus*
59. 岩鹨科	Prunellidae		三道眉草鹀	*Emberiza cioides*
领岩鹨	*Prunella collaris*		田鹀	*Emberiza rustica*
棕眉山岩鹨	*Prunella montanella*		苇鹀	*Emberiza pallasi*
60. 鹡鸰科	Motacillidae		小鹀	*Emberiza pusilla*
山鹡鸰	*Dendronanthus indicus*			

怀山柔水，万物共生：北京市怀柔区生物多样性

三、怀柔区鸟类图集

（一）鹰形目

白尾海雕

拉丁学名：*Haliaeetus albicilla*

物种简介：鹰科鸟类。雄鸟体长 84～85 cm，雌鸟体长 86～91 cm。体羽多为暗褐色，头部、颈部羽色较淡，呈沙褐色或淡黄褐色，尾羽纯白色，形成鲜明对比。喜沿海、河流及淡水湖泊的栖息环境，以鱼类为主要食物。白尾海雕在北京为旅鸟/冬候鸟，秋冬季节少量出现在山区河流及开阔湿地。

分布状况：汤河口镇、琉璃庙镇、怀北镇、怀柔镇、九渡河镇、桥梓镇。

保护等级：国家一级保护。

中国生物多样性红色名录等级：易危。

金雕

拉丁学名：*Aquila chrysaetos*

物种简介：鹰科鸟类，成鸟体长 80～100 cm，属大型猛禽。金雕上体主要为棕褐色，后头、枕和后颈等部位有金黄色披针状羽毛。趾黄色，爪黑色。喜栖息于多山或丘陵地区，活动于开阔的草原、荒漠和丘陵。多营巢于岩洞里或山丘悬崖之处。

分布状况：琉璃庙镇、汤河口镇。

保护等级：国家一级保护。

中国生物多样性红色名录等级：易危。

乌雕

拉丁学名：*Clanga clanga*

物种简介：鹰科鸟类。雄鸟体长 61 ～ 69 cm，雌鸟体长 66 ～ 73 cm。成鸟呈深褐色，翼宽，尾短，翼下有逗号形白斑。幼鸟羽毛斑驳，背部及翼上有明显污白色斑点。喙黑色，蜡膜和脚黄色，虹膜深褐色。喜栖息于开阔的湿地森林、湿地草甸、沼泽，也栖息于红树林地区。乌雕在北京为旅鸟，迁徙时偶见于北京的山区及湿地。

分布状况：汤河口镇、琉璃庙镇、怀柔镇、桥梓镇。

保护等级：国家一级保护。

中国生物多样性红色名录等级：濒危。

秃鹫

拉丁学名：*Aegypius monachus*

物种简介：鹰科鸟类。雄鸟体长 110 ～ 115 cm，雌鸟体长 108 ～ 116 cm。全身呈棕黑色，仅成年个体头部覆盖有细黑绒毛。头部和颈部皮肤呈蓝灰色，眼睛为棕色，喙、蜡膜及腿均为淡蓝色。巨大的喙为所有现存鹰科鸟类中最大。主要栖息于低山丘陵和高山荒原与森林中的荒岩草地、山谷溪流和林缘地带。秃鹫在北京为旅鸟 / 留鸟 / 冬候鸟，出现在偏远山区，偶见于近山的园林。

分布状况：喇叭沟门满族乡、琉璃庙镇、怀北镇、渤海镇、九渡河镇、桥梓镇、怀柔镇。

保护等级：国家一级保护。

中国生物多样性红色名录等级：易危。

白腹鹞

拉丁学名：*Circus spilonotus*

物种简介：鹰科鸟类。雄鸟体长 50 ～ 54 cm，雌鸟体长 55 ～ 59 cm。上体深褐色，下体近白色。雄鸟头顶至上背白色，具宽阔的黑褐色纵纹。白腹鹞在北京为旅鸟，迁徙季节多见于各大开阔湿地。

分布状况：琉璃庙镇、怀北镇、怀柔镇、雁栖镇、九渡河镇、桥梓镇。

保护等级：国家二级保护。

中国生物多样性红色名录等级：近危。

白尾鹞

拉丁学名：*Circus cyaneus*

物种简介：鹰科鸟类。雄鸟体长 45 ～ 49 cm，雌鸟体长 44 ～ 53 cm。雄鸟上体蓝灰色、头和胸较暗，翅尖黑色，尾上覆羽白色，腹、两胁和翅下覆羽白色。雌鸟上体暗褐色，尾上覆羽白色，下体皮黄白色或棕黄褐色，杂以粗的红褐色或暗棕褐色纵纹。白尾鹞在北京为旅鸟 / 冬候鸟，可见于各大开阔湿地。

分布状况：琉璃庙镇、九渡河镇、桥梓镇、怀柔镇、北房镇、杨宋镇。

保护等级：国家二级保护。

中国生物多样性红色名录等级：近危。

苍鹰

拉丁学名：*Accipiter gentilis*

物种简介：鹰科鸟类。雄鸟体长 46 ～ 57 cm，雌鸟体长 53 ～ 60 cm。上体深苍灰色，后颈杂有白色细纹，下体污白色。额、喉和前颈具黑褐色细纵纹，胸、腹部布满暗灰褐色纤细的横斑。苍鹰在北京为旅鸟 / 冬候鸟，迁徙季节可出现在北京全境。

分布状况：喇叭沟门满族乡、宝山镇、汤河口镇、琉璃庙镇、九渡河镇、怀北镇、雁栖镇、怀柔镇、桥梓镇。

保护等级：国家二级保护。

中国生物多样性红色名录等级：近危。

赤腹鹰

拉丁学名：*Accipiter soloensis*

物种简介：鹰科鸟类。雄鸟体长 26 ～ 28 cm，雌鸟体长 29 ～ 36 cm。上体淡蓝灰色，背部羽尖略具白色，外侧尾羽具不明显黑色横斑。下体白色，胸及两胁略沾粉色，两胁具浅灰色横纹，腿上也略具横纹。赤腹鹰在北京为旅鸟 / 夏候鸟，在北京山区及园林有繁殖记录，迁徙季节时常见。

分布状况：宝山镇、琉璃庙镇、怀北镇、渤海镇、雁栖镇、怀柔镇。

保护等级：国家二级保护。

中国生物多样性红色名录等级：无危。

大鵟

拉丁学名：*Buteo hemilasius*

物种简介：鹰科鸟类。雄鸟体长 58 ～ 62 cm，雌鸟体长 56 ～ 67 cm。体色变化较大，上体通常为暗褐色，下体白色至棕黄色而具暗色斑纹。尾具 3 ～ 11 条暗色横斑。大鵟在北京为旅鸟 / 冬候鸟，迁徙季节偶见于北京全境，冬季偶见于郊野。

分布状况：汤河口镇、琉璃庙镇、九渡河镇、怀柔镇。

保护等级：国家二级保护。

中国生物多样性红色名录等级：易危。

凤头蜂鹰

拉丁学名：*Pernis ptilorhynchus*

物种简介：鹰科鸟类。雄鸟体长 50 ～ 60 cm，雌鸟体长 50 ～ 60 cm。上体通常为黑褐色，头侧为灰色，喉部白色，具有黑色的中央斑纹，其余下体为棕褐色或栗褐色，具有淡红褐色和白色相间排列的横带和粗著的黑色中央纹。凤头蜂鹰在北京为旅鸟，迁徙季节可观测到的个体较多，途经山区及园林。

分布状况：喇叭沟门满族乡、长哨营满族乡、宝山镇、雁栖镇、渤海镇、怀北镇、九渡河镇、桥梓镇、怀柔镇。

保护等级：国家二级保护。

中国生物多样性红色名录等级：近危。

黑翅鸢

拉丁学名：*Elanus caeruleus*

物种简介：鹰科鸟类。雄鸟体长31～34 cm，雌鸟体长31～34 cm。上体蓝灰色，下体白色。眼先和眼上有黑斑，前额白色，到头顶逐渐变为灰色。翅上小覆羽和中覆羽黑色，大覆羽后缘、次级和初级覆羽蓝灰色，初级飞羽暗灰色。黑翅鸢在北京为迷鸟，近年来在北京多处有出现，一般见于湿地环境。

分布状况：怀北镇、怀柔镇、桥梓镇。

保护等级：国家二级保护。

中国生物多样性红色名录等级：近危。

黑鸢

拉丁学名：*Milvus migrans*

物种简介：鹰科鸟类。雄鸟体长54～66 cm，雌鸟体长58～69 cm。尾浅叉型。前额及脸颊棕色。黑鸢在北京为旅鸟/留鸟，迁徙季节在湿地及山区常见。

分布状况：喇叭沟门满族乡、长哨营满族乡、琉璃庙镇、怀北镇、雁栖镇、渤海镇、怀柔镇、九渡河镇、桥梓镇。

保护等级：国家二级保护。

中国生物多样性红色名录等级：无危。

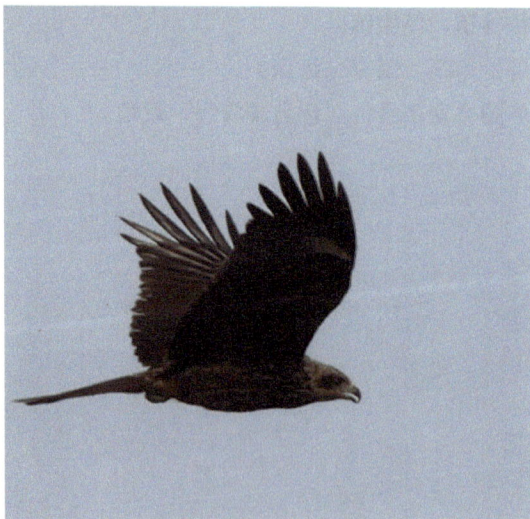

灰脸鵟鹰

拉丁学名：*Butastur indicus*

物种简介：鹰科鸟类。雄鸟体长 39 ～ 46 cm，雌鸟体长 43 ～ 44 cm。上体为暗棕褐色，尾羽为灰褐色，具有 3 条宽的黑褐色横斑。脸颊和耳区为灰色，眼先和喉部均为白色。灰脸鵟鹰在北京为旅鸟 / 夏候鸟，夏季在北京山区繁殖，迁徙季节见于北京全境。

分布状况：怀柔区各乡镇均有分布。

保护等级：国家二级保护。

中国生物多样性红色名录等级：近危。

普通鵟

拉丁学名：*Buteo japonicus*

物种简介：鹰科鸟类。雄鸟体长 50 ～ 59 cm，雌鸟体长 48 ～ 56 cm。上体多呈灰褐色，羽缘白色，头具窄的暗色羽缘，尾羽暗灰褐色，具数道不清晰的黑褐色横斑和灰白色端斑。内侧飞羽黑褐色，内翈基部和羽缘白色，展翅时形成显著的翼下大型白斑。普通鵟在北京为旅鸟 / 冬候鸟，迁徙季节常见于北京全境，冬季多见于郊野。

分布状况：怀柔区各乡镇均有分布。

保护等级：国家二级保护。

中国生物多样性红色名录等级：无危。

雀鹰

拉丁学名：*Accipiter nisus*

物种简介：鹰科鸟类。雄鸟体长 31 ～ 35 cm，雌鸟体长 36 ～ 41 cm。上体褐色，下体白色，胸、腹部及腿上具灰褐色横斑。雀鹰在北京为旅鸟 / 冬候鸟，迁徙季节常见于北京全境，冬季多见于园林。

分布状况：怀柔区各乡镇均有分布。

保护等级：国家二级保护。

中国生物多样性红色名录等级：无危。

鹊鹞

拉丁学名：*Circus melanoleucos*

物种简介：鹰科鸟类。雄鸟体长 42 ～ 48 cm，雌鸟体长 43 ～ 47 cm。雄鸟体羽主要呈亮黑色，翅上具灰白色块斑，尾上覆羽和腹部纯白。雌鸟上体暗褐色并具纵纹，腰白，尾具横斑，下体皮黄色且具棕色纵纹。鹊鹞在北京为旅鸟，迁徙季节可见于山区和各大开阔湿地，数量不多。

分布状况：怀北镇、雁栖镇、怀柔镇、九渡河镇。

保护等级：国家二级保护。

中国生物多样性红色名录等级：近危。

日本松雀鹰

拉丁学名：*Accipiter gularis*

物种简介：鹰科鸟类。雄鸟体长25～28 cm，雌鸟体长29～33 cm。雄鸟上体深灰，尾灰并具几条深色带，胸浅棕色，腹部具非常细羽干纹。雌鸟上体褐色，下体少棕色但具浓密的褐色横斑。日本松雀鹰在北京为旅鸟/夏候鸟，迁徙季节常见于北京全境。

分布状况：喇叭沟门满族乡、怀北镇、雁栖镇、桥梓镇、怀柔镇。

保护等级：国家二级保护。

中国生物多样性红色名录等级：无危。

鹗

拉丁学名：*Pandion haliaetus*

物种简介：鹗科鸟类，又称鱼鹰。雄鸟体长51～56 cm，雌鸟体长58～64 cm。头部白色，头顶具有黑褐色的纵纹。头的侧面有一条宽阔的黑带，从前额的基部经过眼睛到后颈部。上体为暗褐色，下体为白色，胸部具有赤褐色的斑纹。鹗在北京为旅鸟，迁徙季节出现在各处开阔湿地。

分布状况：琉璃庙镇、怀北镇、雁栖镇、怀柔镇、桥梓镇。

保护等级：国家二级保护。

中国生物多样性红色名录等级：近危。

（二）隼形目

猎隼

拉丁学名： *Falco cherrug*

物种简介： 隼科鸟类。体长40～78 cm，属中大型猛禽。猎隼整个身体背部暗褐色，有纵行条纹，尾上具横斑，头顶棕红色，眉纹、颊、下体棕白色，具细纵纹，蜡膜浅黄色，脚浅黄色。猎隼在北京为旅鸟／冬候鸟，是北京地区体型最大的隼。

分布状况： 渤海镇、雁栖镇、怀北镇、怀柔镇、北房镇。

保护等级： 国家一级保护。

中国生物多样性红色名录等级： 濒危。

红脚隼

拉丁学名： *Falco amurensis*

物种简介： 隼科鸟类。雄鸟体长25～30 cm，雌鸟体长26～29 cm。雄鸟上体石板黑色，下体淡石板灰色。雌鸟上体石板灰色，额、喉、颈侧乳白色，其余下体淡黄白色或棕白色，胸部具黑褐色纵纹。红脚隼在北京为旅鸟／夏候鸟，在北京北部繁殖，迁徙季节常见于北京全境。

分布状况： 宝山镇、喇叭沟门满族乡、怀北镇、雁栖镇、渤海镇、九渡河镇、怀柔镇、桥梓镇、北房镇、北京雁栖经济开发区。

保护等级： 国家二级保护。

中国生物多样性红色名录等级： 近危。

红隼

拉丁学名：*Falco tinnunculus*

物种简介：隼科鸟类。雄鸟体长 31 ～ 34 cm，雌鸟体长 30 ～ 36 cm。雄鸟头顶及颈背灰色，尾蓝灰无横斑，上体赤褐略具黑色横斑，下体皮黄而具黑色纵纹。雌鸟上体全褐，比雄鸟少赤褐色而多粗横斑。红隼在北京为留鸟 / 夏候鸟，广泛分布北京全境。

分布状况：怀柔区各乡镇均有分布。

保护等级：国家二级保护。

中国生物多样性红色名录等级：无危。

燕隼

拉丁学名：*Falco subbuteo*

物种简介：隼科鸟类。雄鸟体长 29 ～ 33 cm，雌鸟体长 29 ～ 35 cm。上体深蓝褐色，下体白色，具暗色条纹。燕隼在北京为旅鸟，在北京有繁殖记录，迁徙季节常见。

分布状况：怀柔区各乡镇均有分布。

保护等级：国家二级保护。

中国生物多样性红色名录等级：无危。

游隼

拉丁学名： *Falco peregrinus*

物种简介： 隼科鸟类。雄鸟体长 41～46 cm，雌鸟体长 45～50 cm。头至后颈灰黑色，其余上体蓝灰色，尾具数条黑色横带。下体白色，上胸有黑色细斑点，下胸至尾下覆羽密被黑色横斑。游隼在北京为旅鸟/冬候鸟，可见于北京全境，多在湿地及郊野出现。

分布状况： 琉璃庙镇、怀北镇、渤海镇、雁栖镇、九渡河镇、桥梓镇、怀柔镇、北房镇、杨宋镇。

保护等级： 国家二级保护。

中国生物多样性红色名录等级： 近危。

（三）鸮形目

灰林鸮

拉丁学名： *Strix nivicolum*

物种简介： 鸱鸮科鸟类。雄鸟体长 37～49 cm，雌鸟体长 38～40 cm。上体暗灰，呈棕、褐斑杂状。下体白或皮黄色，胸部沾黄，有浓密条纹及细小虫蠹纹。灰林鸮在北京为留鸟，栖息在山区林中，偶见于园林。

分布状况： 喇叭沟门满族乡、长哨营满族乡、雁栖镇、怀北镇、琉璃庙镇、桥梓镇。

保护等级： 国家二级保护。

中国生物多样性红色名录等级： 近危。

纵纹腹小鸮

拉丁学名：*Athene noctua*

物种简介：鸱鸮科鸟类。雄鸟体长 20 ～ 26 cm，雌鸟体长 21 ～ 25 cm。上体褐色，具白色纵纹及点斑。下体白色，具褐色杂斑及纵纹。肩上有两道白色或皮黄色的横斑。具浅色的平眉及宽阔的白色髭纹。纵纹腹小鸮在北京为留鸟，出现在郊野环境。

分布状况：琉璃庙镇、九渡河镇。

保护等级：国家二级保护。

中国生物多样性红色名录等级：无危。

雕鸮

拉丁学名：*Bubo bubo*

物种简介：鸱鸮科鸟类。雄鸟体长 55 ～ 73 cm，雌鸟体长 65 ～ 89 cm。前额至头顶羽片黑色，羽缘缀以淡棕色。枕部两侧具凸形羽簇，形如双耳。背部及翅上覆羽密布浅棕黄色、灰白色和黑褐色相杂的虫蠹状细小点斑和横斑，呈斑杂状。喉部呈棕黄色具黑色纵纹及横纹，下喉部白色。雕鸮在北京为留鸟，多见于近山的荒野及湿地。

分布状况：琉璃庙镇。

保护等级：国家二级保护。

中国生物多样性红色名录等级：近危。

（四）鸨形目

大鸨

拉丁学名：*Otis tarda*

物种简介：鸨科大型地栖鸟类。雄鸟体长可达 1 m，体重可达 15 kg，是世界上最大的飞行鸟类之一。雄鸟的头、颈及前胸灰色，其余下体栗棕色，密布宽阔的黑色横斑。下体灰白色，颏下有细长向两侧伸出的须状纤羽。大鸨一般栖息于开阔平原、草地和半荒地区，也会出现于河流、湖泊沿岸和邻近的农田与荒草地。北京是大鸨的越冬地与迁徙停歇地。

分布状况：北房镇、琉璃庙镇。

保护等级：国家一级保护。

中国生物多样性红色名录等级：濒危。

（五）鹳形目

黑鹳

拉丁学名：*Ciconia nigra*

物种简介：鹳科鸟类。雄鸟体长 100～110 cm，雌鸟体长 104～117 cm，为大型涉禽。鸟嘴粗长呈红色，头、颈、上体和上胸呈灰色，下体白色，脚红色。栖息于开阔水域、草原、绿洲、森林等地。营巢于大树或悬崖上。黑鹳在北京为留鸟/夏候鸟，在北京山区河流有稳定种群，偶见于其他类型的湿地。

分布状况：喇叭沟门满族乡、长哨营满族乡、宝山镇、琉璃庙镇、怀北镇、渤海镇、雁栖镇、九渡河镇、怀柔镇、桥梓镇。

保护等级：国家一级保护。

中国生物多样性红色名录等级：易危。

（六）雁形目

大天鹅

拉丁学名：*Cygnus cygnus*

物种简介：鸭科鸟类。雄鸟体长 121 ～ 163 cm，雌鸟体长 142 ～ 148 cm。全身羽毛均为雪白色，仅头稍沾棕黄色。上嘴基部黄色，此黄斑沿两侧向前延伸至鼻孔之下，形成喇叭形。大天鹅在北京为旅鸟，迁徙时可见于各种类型的湿地。

分布状况：喇叭沟门满族乡、琉璃庙镇、怀北镇、渤海镇、怀柔镇、桥梓镇、九渡河镇。

保护等级：国家二级保护。

中国生物多样性红色名录等级：近危。

小天鹅

拉丁学名：*Cygnus columbianus*

物种简介：鸭科鸟类。雄鸟体长 113 ～ 130 cm，雌鸟体长 110 ～ 113 cm。羽毛白色。体型比大天鹅小，但易混淆。嘴黑但基部黄色区域较大天鹅小。小天鹅在北京为旅鸟，迁徙时可见于各种类型的湿地。

分布状况：喇叭沟门满族乡、琉璃庙镇、九渡河镇、怀柔镇、桥梓镇。

保护等级：国家二级保护。

中国生物多样性红色名录等级：近危。

鸿雁

拉丁学名：*Anser cygnoides*

物种简介：鸭科鸟类。雄鸟体长 82～93 cm，雌鸟体长 80～85 cm。上体棕褐色，前颈白，前颈与后颈有一道明显界线。围绕嘴基的额部有一条棕白色狭纹。鸿雁在北京为旅鸟，迁徙时见于各种类型的湿地，时有从饲养机构逃逸的野化个体。

分布状况：琉璃庙镇、九渡河镇、怀柔镇、桥梓镇。

保护等级：国家二级保护。

中国生物多样性红色名录等级：易危。

鸳鸯

拉丁学名：*Aix galericulata*

物种简介：鸭科鸟类。雄鸟体长 40～43 cm，雌鸟体长 43～45 cm。雄鸟羽毛鲜丽，颈部具有绿色、白色和栗色构成的羽冠，胸、腹部纯白色，背部浅褐色，肩部两侧有白纹两条。雌性背部苍褐色，腹部纯白。鸳鸯在北京为旅鸟 / 留鸟。目前北京的绝大部分个体源自从水禽饲养机构逃逸后的野化个体，野生个体为稀有旅鸟。

分布状况：怀柔区各乡镇均有分布。

保护等级：国家二级保护。

中国生物多样性红色名录等级：近危。

斑嘴鸭

拉丁学名：*Anas zonorhyncha*

物种简介：鸭科鸟类。体长 60 cm。头色浅，顶及眼线色深，嘴黑而嘴端黄且于繁殖期黄色嘴端顶尖有一黑点。斑嘴鸭在北京为夏候鸟 / 旅鸟 / 冬候鸟。

分布状况：怀柔区各乡镇均有分布。

保护等级：国家"三有"保护。

中国生物多样性红色名录等级：无危。

绿翅鸭

拉丁学名：*Anas crecca*

物种简介：鸭科鸟类。体长 37 cm。繁殖期雄鸟头和颈深栗色，自眼周往后有一宽阔的具有光泽的绿色带斑，经耳区向下与另一侧的相连于后颈基部。自上嘴基部至眼下还有狭窄浅棕近白色的纵纹。绿翅鸭在北京为旅鸟。

分布状况：怀柔区各乡镇均有分布。

保护等级：国家"三有"保护。

中国生物多样性红色名录等级：无危。

绿头鸭

拉丁学名： *Anas platyrhynchos*

物种简介： 鸭科鸟类。体长 58 cm。雄鸟头及颈深绿色带光泽，白色颈环使头与栗色胸隔开。雌鸟褐色斑驳，有深色的贯眼纹。绿头鸭在北京为夏候鸟 / 旅鸟 / 冬候鸟。

分布状况： 怀柔区各乡镇均有分布。

保护等级： 国家"三有"保护。

中国生物多样性红色名录等级： 无危。

琵嘴鸭

拉丁学名： *Spatula clypeata*

物种简介： 鸭科鸟类。越冬期雄鸟头顶、背部及肩部黑褐色，下颈及上胸部浅棕黄色，下体余部栗褐色，尾下覆羽淡棕白。雌性成鸟与雄鸟相似，但下体不呈栗褐色，而呈棕白色，并散布褐色斑点。琵嘴鸭在北京为旅鸟。

分布状况： 琉璃庙镇、怀柔镇。

保护等级： 北京市重点保护，国家"三有"保护。

中国生物多样性红色名录等级： 无危。

普通秋沙鸭

拉丁学名： *Mergus merganser*

物种简介： 鸭科鸟类。体长 68 cm，是秋沙鸭属中体形最大的一种。繁殖期雄鸟头及背部绿黑，下体乳白色。雌鸟上体深灰，下体浅灰。普通秋沙鸭在北京为旅鸟 / 冬候鸟。

分布状况： 怀柔区各乡镇均有分布。

保护等级： 北京市重点保护，国家"三有"保护。

中国生物多样性红色名录等级： 无危。

鹊鸭

拉丁学名： *Bucephala clangula*

物种简介： 鸭科鸟类。体长 48 cm。眼金色。繁殖期雄鸟头和上颈为黑色，胸腹白色。雌鸟头和上颈褐色，颈的基部有一污白色环圈。鹊鸭在北京为旅鸟 / 冬候鸟。

分布状况： 琉璃庙镇、怀北镇、雁栖镇、怀柔镇、龙山街道。

保护等级： 北京市重点保护，国家"三有"保护。

中国生物多样性红色名录等级： 无危。

（七）鸡形目

勺鸡

拉丁学名：*Pucrasia macrolopha*

物种简介：雉科鸟类。雄鸟体长 53 ～ 62 cm，雌鸟体长 39 ～ 52 cm。雄鸟头部呈金属暗绿色，并具棕褐色和黑色的长冠羽，颈部两侧各有一白色斑，体羽呈现灰色和黑色纵纹，下体中央至下腹深栗色。雌鸟体羽以棕褐色为主，下体呈淡栗黄色。勺鸡在北京为留鸟，仅分布于偏远山区。

分布状况：喇叭沟门满族乡、长哨营满族乡、渤海镇。

保护等级：国家二级保护。

中国生物多样性红色名录等级：无危。

石鸡

拉丁学名：*Alectoris chukar*

物种简介：雉科鸟类。体长 27 ～ 37 cm。上背紫棕褐色，下背至尾上覆羽为灰橄榄色。围绕头侧和喉部，有黑色项圈。胸灰，下体余部棕黄色，两胁各具十余条黑栗色并列的横斑。石鸡在北京为留鸟。

分布状况：喇叭沟门满族乡。

保护等级：北京市重点保护，国家"三有"保护。

中国生物多样性红色名录等级：无危。

环颈雉

拉丁学名：*Phasianus colchicus*

物种简介：雉科鸟类。雄鸟体长 76 ～ 89 cm，雌鸟体长 53 ～ 63 cm。雄鸟体羽通常为棕褐色，头部深绿色，有小型冠羽和红色眼斑肉垂。雌鸟羽色单调，全身为有杂斑的棕褐色至灰色。环颈雉在北京为留鸟。

分布状况：怀柔区各乡镇均有分布。

保护等级：国家"三有"保护。

中国生物多样性红色名录等级：无危。

（八）夜鹰目

普通雨燕

拉丁学名：*Apus apus*

物种简介：雨燕科鸟类。体长 16 ～ 20 cm。体羽黑褐色，额、喉和前颈白色。两翼宽，飞时向后弯曲如镰刀状。普通雨燕在北京为夏候鸟。

分布状况：怀北镇、九渡河镇、怀柔镇。

保护等级：北京市重点保护，国家"三有"保护。

中国生物多样性红色名录等级：无危。

（九）鹃形目

大杜鹃

拉丁学名： *Cuculus canorus*

物种简介： 杜鹃科鸟类。体长 30 cm。上体灰色，尾偏黑色，腹部近白而具黑色横斑。大杜鹃在北京为夏候鸟。

分布状况： 怀北镇、北房镇、杨宋镇、怀柔镇、泉河街道。

保护等级： 北京市重点保护，国家"三有"保护。

中国生物多样性红色名录等级： 无危。

（十）沙鸡目

毛腿沙鸡

拉丁学名： *Syrrhaptes paradoxus*

物种简介： 沙鸡科鸟类。体长 36 ～ 43 cm。通体大多砂灰色，脸侧有橙黄色斑纹，背部密布黑色横斑，腹部有一黑色块斑。毛腿沙鸡在北京为冬候鸟 / 旅鸟。

分布状况： 怀柔镇。

保护等级： 北京市重点保护，国家"三有"保护。

中国生物多样性红色名录等级： 无危。

（十一）鸽形目

珠颈斑鸠

拉丁学名：*Streptopelia chinensis*

物种简介：鸠鸽科鸟类。体长30 cm。上体主要为褐色，后颈有宽阔的黑色，其上布满以白色细小斑点形成的领斑，下体葡萄红色。珠颈斑鸠在北京为留鸟。

分布状况：怀柔区各乡镇均有分布。

保护等级：国家"三有"保护。

中国生物多样性红色名录等级：无危。

山斑鸠

拉丁学名：*Streptopelia orientalis*

物种简介：鸠鸽科鸟类。体长32 cm。上背褐色且各羽缘为红褐色，下背和腰蓝灰色，尾上覆羽褐色并具蓝灰色羽端，下体为葡萄酒红褐色。与珠颈斑鸠区别在于颈侧有带明显黑白色条纹的块状斑。山斑鸠在北京为留鸟。

分布状况：怀柔区各乡镇均有分布。

保护等级：国家"三有"保护。

中国生物多样性红色名录等级：无危。

岩鸽

拉丁学名：*Columba rupestris*

物种简介：鸠鸽科鸟类。雄鸟体长 18 ～ 31 cm，雌鸟体长 20 ～ 26 cm。头和颈全部呈暗灰色；上背和肩的前部、颈基的两侧以至喉和上胸闪着金属紫绿色，形成一显著的颈环；下背纯白。翼上具两道不完整的黑色横斑。岩鸽在北京为留鸟。

分布状况：怀柔区各乡镇均有分布。

保护等级：北京市重点保护，国家"三有"保护。

中国生物多样性红色名录等级：无危。

（十二）鹤形目

黑水鸡

拉丁学名：*Gallinula chloropus*

物种简介：秧鸡科鸟类。额甲鲜红色，端部圆形。体羽全青黑色，仅两胁有白色细纹而成的线条以及尾下有两块白斑。黑水鸡在北京为夏候鸟 / 旅鸟。

分布状况：怀柔区各乡镇均有分布。

保护等级：国家"三有"保护。

中国生物多样性红色名录等级：无危。

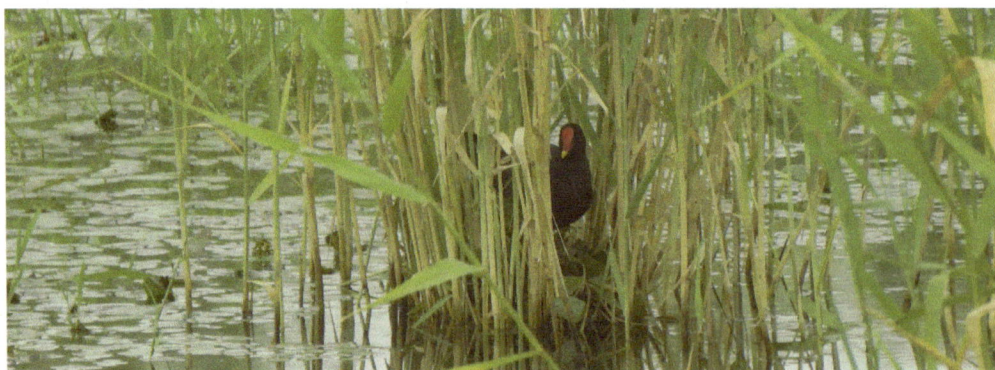

白骨顶

拉丁学名： *Fulica atra*

物种简介： 秧鸡科鸟类。体长 40 cm。额甲白色，端部钝圆。体羽深黑灰色。趾间具瓣蹼。白骨顶在北京为夏候鸟 / 旅鸟。

分布状况： 琉璃庙镇、九渡河镇、渤海镇、桥梓镇、怀柔镇、雁栖镇、怀北镇、北房镇、杨宋镇、龙山街道、泉河街道。

保护等级： 国家"三有"保护。

中国生物多样性红色名录等级： 无危。

（十三）䴙䴘目

小䴙䴘

拉丁学名： *Tachybaptus ruficollis*

物种简介： 䴙䴘科鸟类。上体黑褐色，颈侧红栗色，下体白色。小䴙䴘在北京为夏候鸟 / 旅鸟 / 留鸟。

分布状况： 怀柔区各乡镇均有分布。

保护等级： 北京市重点保护，国家"三有"保护。

中国生物多样性红色名录等级： 无危。

（十四）鸻形目

遗鸥

拉丁学名：*Ichthyaetus relictus*

物种简介：鸥科鸟类。体长 44～45 cm。繁殖期成鸟头部黑色，颈部、前额灰棕色，脸睑宽阔，为白色半月形。栖息于开阔平原和荒漠地区的湖泊。遗鸥在北京为旅鸟，迁徙季节少量出现在各处开阔水域。

分布状况：桥梓镇。

保护等级：国家一级保护。

中国生物多样性红色名录等级：易危。

丘鹬

拉丁学名：*Scolopax rusticola*

物种简介：鹬科夜行性林鸟。体长 35 cm。腿短，嘴长且直。头顶及颈背具斑纹。白天隐蔽，伏于地面，夜晚飞至开阔地进食。丘鹬在北京为旅鸟。

分布状况：九渡河镇、怀北镇。

中国生物多样性红色名录等级：无危。

（十五）鲣鸟目

普通鸬鹚

拉丁学名： *Phalacrocorax carbo*

物种简介： 鸬鹚科鸟类。体长 90 cm。通体黑色，嘴厚重，脸颊及喉白色。普通鸬鹚在北京为旅鸟。

分布状况： 喇叭沟门满族乡、汤河口镇、琉璃庙镇、怀北镇、怀柔镇、北房镇、桥梓镇。

保护等级： 北京市重点保护，国家"三有"保护。

中国生物多样性红色名录等级： 无危。

（十六）鹈形目

白琵鹭

拉丁学名： *Platalea leucorodia*

物种简介： 鹮科鸟类。雄鸟体长 79 ～ 87 cm，雌鸟体长 74 ～ 86 cm。冬羽全身几为白色。嘴黑色，先端黄色，上嘴有黑色雏纹，纹间为黄褐色。跗跖、趾和爪等均为黑色。白琵鹭在北京为旅鸟，迁徙季节偶见于各处开阔水域。

分布状况： 怀北镇、怀柔镇、桥梓镇。

保护等级： 国家二级保护。

中国生物多样性红色名录等级： 近危。

白鹭

拉丁学名：*Egretta garzetta*

物种简介：鹭科鸟类。体长 60 cm。体羽白色。嘴及腿黑色，趾黄色。繁殖期雄鸟枕后两根长矛状飘羽长 100～140 mm。白鹭在北京为夏候鸟。

分布状况：怀柔区各乡镇均有分布。

保护等级：国家"三有"保护。

中国生物多样性红色名录等级：无危。

大白鹭

拉丁学名：*Ardea alba*

物种简介：鹭科鸟类。体长 90 cm，体型较大，颈、脚长。体羽白色。繁殖期肩背部着生三列长蓑羽。嘴繁殖期为黑色，非繁殖期为黄色。大白鹭在北京为旅鸟。

分布状况：怀北镇、雁栖镇、渤海镇、怀柔镇、北房镇、杨宋镇、九渡河镇、桥梓镇、龙山街道。

保护等级：北京市重点保护，国家"三有"保护。

中国生物多样性红色名录等级：无危。

中白鹭

拉丁学名：*Ardea intermedia*

物种简介：鹭科鸟类。个体大小介于大白鹭和白鹭之间。体羽白色。嘴和颈相对较白鹭短。繁殖期背部具延长的离散状蓑羽 16 ～ 24 根。中白鹭在北京为夏候鸟。

分布状况：琉璃庙镇、怀北镇、雁栖镇、怀柔镇、桥梓镇、九渡河镇、北房镇、杨宋镇、泉河街道。

保护等级：国家"三有"保护。

中国生物多样性红色名录等级：无危。

苍鹭

拉丁学名：*Ardea cinerea*

物种简介：鹭科鸟类。体长 75 ～ 110 cm。头和颈白色，眼上黑纹延伸至枕，形成羽冠。上体灰色，下体白色。头顶有两条长若辫子状的黑色冠羽。苍鹭在北京为夏候鸟 / 旅鸟。

分布状况：怀柔区各乡镇均有分布。

保护等级：国家"三有"保护。

中国生物多样性红色名录等级：无危。

牛背鹭

拉丁学名：*Bubulcus coromandus*

物种简介：鹭科鸟类。体长50 cm。繁殖期头、颈、上胸及背部中央的蓑羽呈淡黄至橙黄色，余部纯白。冬羽近全白。牛背鹭在北京为夏候鸟。

分布状况：怀北镇、桥梓镇、怀柔镇、北房镇、龙山街道、泉河街道。

保护等级：北京市重点保护，国家"三有"保护。

中国生物多样性红色名录等级：无危。

（十七）犀鸟目

戴胜

拉丁学名：*Upupa epops*

物种简介：戴胜科鸟类。雄鸟体长24～31 cm，雌鸟体长26～29 cm。头、颈、胸淡棕栗色。冠羽黑色，羽尖下具次端白色斑。嘴长且下弯。戴胜在北京为夏候鸟/留鸟。

分布状况：喇叭沟门满族乡、汤河口镇、怀北镇、雁栖镇、九渡河镇、北房镇、杨宋镇、桥梓镇、泉河街道。

保护等级：北京市重点保护，国家"三有"保护。

中国生物多样性红色名录等级：无危。

（十八）佛法僧目

普通翠鸟

拉丁学名： *Alcedo atthis*

物种简介： 翠鸟科鸟类。雄鸟体长
16～17 cm，雌鸟体长15～17 cm。
头和颈黑绿色，每枚羽毛端部翠蓝色，
具反光。背、腰和尾上覆羽亮蓝色，
尾上覆羽较长。前额侧部、颊、眼后
和耳覆羽栗棕红色，耳后有一白色斑。
腹至尾下覆羽红棕色或棕栗色。普通
翠鸟在北京为夏候鸟/留鸟。

分布状况： 怀柔区各乡镇均有分布。

保护等级： 北京市重点保护，国家"三有"保护。

中国生物多样性红色名录等级： 无危。

（十九）啄木鸟目

白背啄木鸟

拉丁学名： *Dendrocopos leucotos*

物种简介： 啄木鸟科鸟类。雄鸟额棕白色，头顶至枕朱红色，颊纹黑色并向后延伸至颈侧，
后颈至上背黑色，下背和腰白色，尾上覆羽黑色，下腹和尾下覆羽朱红色。雌鸟头顶黑色。
白背啄木鸟在北京为留鸟。

分布状况： 喇叭沟门满族乡、宝山镇、汤河口镇。

保护等级： 北京市重点保护，国家"三有"保护。

中国生物多样性红色名录等级： 无危。

大斑啄木鸟

拉丁学名：*Dendrocopos major*

物种简介：啄木鸟科鸟类。体长24 cm。体羽黑白相间，臀部红色。雄鸟枕部具狭窄红色带。大斑啄木鸟在北京为留鸟。

分布状况：怀柔区各乡镇均有分布。

保护等级：北京市重点保护，国家"三有"保护。

中国生物多样性红色名录等级：无危。

星头啄木鸟

拉丁学名：*Picoides canicapillus*

物种简介：啄木鸟科鸟类。体长15 cm。体羽具黑白色条纹。眉纹宽阔，白色，自眼后上缘向后延伸至颈侧，并形成白色块斑。雄鸟眼后上方具红色条纹。星头啄木鸟在北京为留鸟。

分布状况：怀柔区各乡镇均有分布。

保护等级：北京市重点保护，国家"三有"保护。

中国生物多样性红色名录等级：无危。

灰头绿啄木鸟

拉丁学名： *Picus canus*

物种简介： 啄木鸟科鸟类。雄鸟体长 28～32 cm，雌鸟体长 27～32 cm。上体背部绿色，腰部和尾上覆羽黄绿色，额部和顶部红色，枕部灰色并有黑纹，下体灰绿色。雄鸟前额朱红色。灰头绿啄木鸟在北京为留鸟。

分布状况： 怀柔区各乡镇均有分布。

保护等级： 北京市重点保护，国家"三有"保护。

中国生物多样性红色名录等级： 无危。

（二十）雀形目

震旦鸦雀

拉丁学名： *Paradoxornis heudei*

物种简介： 鸦雀科鸟类。雄鸟体长 17cm，雌鸟体长 15 cm。头顶灰色，眉纹黑而长，中央尾羽淡红赭色，外侧尾羽黑而具白端。嘴像鹦鹉。震旦鸦雀在北京为留鸟，自 2016 年年末在北京出现之后分散分布于各地。

分布状况： 怀北镇、怀柔镇。

保护等级： 国家二级保护。

中国生物多样性红色名录等级： 近危。

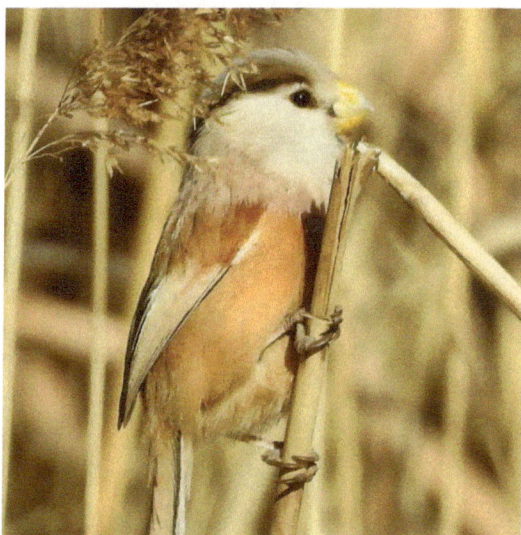

褐头鸫

拉丁学名： *Turdus feae*

物种简介： 鸫科鸟类。雄鸟体长 21 ～ 24 cm，雌鸟体长 20 ～ 24 cm。上体呈草黄褐色，眉纹窄且白色，眼下块斑和额白色，喉、胸、两胁石板灰色。褐头鸫在北京为夏候鸟，其在中国的繁殖区局限于华北较高海拔的山区，但迁徙时广布于北京全境。较为少见。

分布状况： 喇叭沟门满族乡。

保护等级： 国家二级保护。

中国生物多样性红色名录等级： 易危。

云雀

拉丁学名： *Alauda arvensis*

物种简介： 百灵科鸟类。雄鸟体长 15 ～ 19 cm，雌鸟体长 16 ～ 18 cm。背部花褐色和浅黄色，胸腹部白色至深棕色。以飞行时发出的悠扬颤音鸣唱著称，通常在高空飞行。云雀在北京为旅鸟 / 冬候鸟，多见于郊野农田周边。

分布状况： 喇叭沟门满族乡、长哨营满族乡、怀北镇、怀柔镇、北房镇、杨宋镇。

保护等级： 国家二级保护。

中国生物多样性红色名录等级： 无危。

蓝喉歌鸲

拉丁学名：*Luscinia svecica*

物种简介：鹟科鸟类。雄鸟体长 12 ～ 16 cm，雌鸟体长 13 ～ 16 cm。雄鸟上体青石蓝色，宽宽的黑色过眼纹延至颈侧和胸侧，下体白色。雌鸟上体橄榄褐色，喉及胸褐色并具皮黄色鳞状斑纹，腰及尾上覆羽沾蓝。蓝喉歌鸲在北京为旅鸟，迁徙时广布于北京全境，多出现在湿地环境中。

分布状况：怀柔镇。

保护等级：国家二级保护。

中国生物多样性红色名录等级：无危。

红胁绣眼鸟

拉丁学名：*Zosterops erythropleurus*

物种简介：绣眼鸟科鸟类。雄鸟体长 10 ～ 12 cm，雌鸟体长 10 ～ 12 cm。上体大多黄绿色，但上背黄色较淡。眼周具明显的白圈。胁部栗红色。红胁绣眼鸟在北京为旅鸟，迁徙时广布于北京全境。

分布状况：怀北镇、怀柔镇。

保护等级：国家二级保护。

中国生物多样性红色名录等级：无危。

暗绿绣眼鸟

拉丁学名：*Zosterops simplex*

物种简介：绣眼鸟科鸟类。雄鸟体长 9 ～ 12 cm，雌鸟体长 8 ～ 12 cm。上体全为绿色，腹部中央近白色。眼周具极明显的白圈。暗绿绣眼鸟在北京为旅鸟 / 夏候鸟。

分布状况：怀柔区各乡镇均有分布。

保护等级：北京市重点保护，国家"三有"保护。

中国生物多样性红色名录等级：无危。

北朱雀

拉丁学名：*Carpodacus roseus*

物种简介：燕雀科鸟类。雄鸟体长 14 ～ 18 cm，雌鸟体长 15 ～ 17 cm。雄鸟头顶深粉色而羽尖带珠白色；额、喉、下背和腰深粉色，翼斑为淡白粉色。雌鸟额淡橙色，颊和翕黄褐色。北朱雀在北京为冬候鸟，越冬季节出现在各处山区。

分布状况：喇叭沟门满族乡、长哨营满族乡、宝山镇、琉璃庙镇、九渡河镇。

保护等级：国家二级保护。

中国生物多样性红色名录等级：无危。

苍头燕雀

拉丁学名： *Fringilla coelebs*

物种简介： 燕雀科鸟类。体长 14 ～ 15 cm。繁殖期雄鸟顶冠及颈背灰色，上背栗色，脸及胸偏粉色。雌鸟色暗且多灰色。苍头燕雀在北京为冬候鸟。

分布状况： 喇叭沟门满族乡、琉璃庙镇、渤海镇、怀北镇、雁栖镇、九渡河镇、桥梓镇。

保护等级： 国家"三有"保护。

中国生物多样性红色名录等级： 无危。

金翅雀

拉丁学名： *Chloris sinica*

物种简介： 燕雀科鸟类。体长 13 cm。额深橄榄绿色，头顶和后颈暗灰或暗橄榄褐色，腰金黄色。金翅雀在北京为留鸟。

分布状况： 怀柔区各乡镇均有分布。

保护等级： 北京市重点保护，国家"三有"保护。

中国生物多样性红色名录等级： 无危。

普通朱雀

拉丁学名：*Carpodacus erythrinus*

物种简介：燕雀科鸟类。体长 15 cm。上体灰褐色，腹白。繁殖期雄鸟头、胸、腰及翼斑多具鲜亮红色。普通朱雀在北京为旅鸟。

分布状况：怀柔区各乡镇均有分布。

保护等级：国家"三有"保护。

中国生物多样性红色名录等级：无危。

中华朱雀

拉丁学名：*Carpodacus davidianus*

物种简介：燕雀科鸟类。体长 13 ～ 15 cm。雄鸟前额、眉纹及脸颊深粉红色，背部有暗棕色条纹，上体灰色。雌鸟无粉色，头部和上体暖棕或浅灰。中华朱雀在北京为留鸟。

分布状况：喇叭沟门满族乡、长哨营满族乡、宝山镇、琉璃庙镇、雁栖镇、渤海镇、九渡河镇、桥梓镇。

保护等级：北京市重点保护，国家"三有"保护。

中国生物多样性红色名录等级：无危。

特有性：中国特有种。

燕雀

拉丁学名 : *Fringilla montifringilla*

物种简介 : 燕雀科鸟类。体长 16 cm。胸部棕色，腰部白色。雄鸟头及颈背黑色，背近黑色，腹部白沾棕。雌鸟偏褐色。燕雀在北京为冬候鸟 / 旅鸟。

分布状况 : 怀柔区各乡镇均有分布。

保护等级 : 北京市重点保护，国家"三有"保护。

中国生物多样性红色名录等级 : 无危。

白头鹎

拉丁学名 : *Pycnonotus sinensis*

物种简介 : 鹎科鸟类。雄鸟体长 17 ～ 22 cm，雌鸟体长 16 ～ 19 cm。额与头顶纯黑，具光泽；两眼上方白色，白色宽纹伸至颈背。上体灰褐或暗石板灰色，具不明显的黄绿色纵纹。腹部白色或灰白色，羽缘淡绿黄色。白头鹎在北京为留鸟。

分布状况 : 怀柔区各乡镇均有分布。

保护等级 : 国家"三有"保护。

中国生物多样性红色名录等级 : 无危。

楔尾伯劳

拉丁学名： *Lanius sphenocercus*

物种简介： 伯劳科鸟类。体长 25 ～ 32 cm。眼罩黑色，眉纹白，两翼黑色并具粗的白色横纹，中央尾羽黑色具白端斑。楔尾伯劳在北京为冬候鸟 / 旅鸟。

分布状况： 汤河口镇、九渡河镇、雁栖镇、怀柔镇、北房镇。

保护等级： 北京市重点保护，国家"三有"保护。

中国生物多样性红色名录等级： 无危。

斑鸫

拉丁学名： *Turdus eunomus*

物种简介： 鸫科鸟类。体长 20 ～ 24 cm。上体呈橄榄褐色，胸及两胁布满栗色斑点，腋羽及尾呈棕红色。斑鸫在北京为冬候鸟 / 旅鸟。

分布状况： 琉璃庙镇、九渡河镇、桥梓镇、怀柔镇、雁栖镇、怀北镇、泉河街道。

保护等级： 国家"三有"保护。

中国生物多样性红色名录等级： 无危。

白鹡鸰

拉丁学名： *Motacilla alba*

物种简介： 鹡鸰科鸟类。体长 15～19 cm。体羽上体灰色，下体白，两翼及尾黑白相间。白鹡鸰在北京为旅鸟 / 夏候鸟。

分布状况： 怀柔区各乡镇均有分布。

保护等级： 国家"三有"保护。

中国生物多样性红色名录等级： 无危。

灰鹡鸰

拉丁学名： *Motacilla cinerea*

物种简介： 鹡鸰科鸟类。体长 15～19 cm。上背灰色，腰黄绿色，下体黄色，尾长且偏灰色。灰鹡鸰在北京为旅鸟 / 夏候鸟。

分布状况： 怀柔区各乡镇均有分布。

保护等级： 国家"三有"保护。

中国生物多样性红色名录等级： 无危。

黄腹鹨

拉丁学名：*Anthus rubescens*

物种简介：鹡鸰科鸟类。体长 15 cm。上体褐色，胸及两胁多纵纹，颈侧具近黑色的块斑。黄腹鹨在北京为冬候鸟。

分布状况：喇叭沟门满族乡、九渡河镇、怀柔镇、杨宋镇。

保护等级：国家"三有"保护。

中国生物多样性红色名录等级：无危。

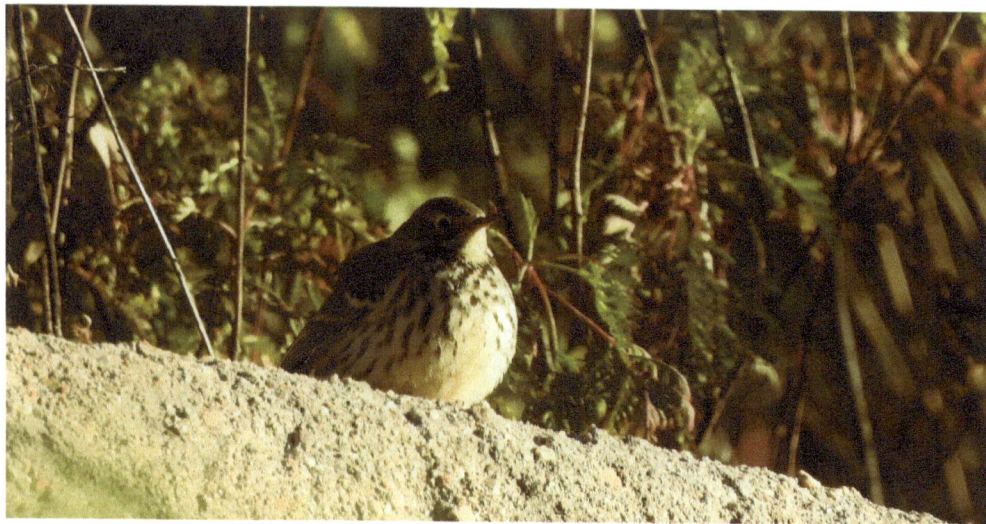

树鹨

拉丁学名：*Anthus hodgsoni*

物种简介：鹡鸰科鸟类。体长 15 cm。上体橄榄绿色，从头至背均有暗褐色粗纵纹，具粗显的白色眉纹。树鹨在北京为旅鸟。

分布状况：怀柔区各乡镇均有分布。

保护等级：国家"三有"保护。

中国生物多样性红色名录等级：无危。

水鹨

拉丁学名：*Anthus spinoletta*

物种简介：鹡鸰科鸟类。体长 15 cm。上体灰褐色，具不明显的暗色条纹，下体苍白色沾棕色。眉纹显著。水鹨在北京为冬候鸟/旅鸟。

分布状况：喇叭沟门满族乡、琉璃庙镇、渤海镇、怀柔镇、九渡河镇、桥梓镇、杨宋镇、北房镇。

保护等级：国家"三有"保护。

中国生物多样性红色名录等级：无危。

灰椋鸟

拉丁学名：*Spodiopsar cineraceus*

物种简介：椋鸟科鸟类。体长 18～23 cm。头黑，头侧具白色纵纹。背、肩、腰和翅上内侧覆羽棕灰色。臀、外侧尾羽羽端及次级飞羽狭窄，横纹白色。灰椋鸟在北京为冬候鸟/留鸟。

分布状况：宝山镇、琉璃庙镇、九渡河镇、桥梓镇、雁栖镇、怀北镇、怀柔镇、北房镇、杨宋镇、泉河街道。

保护等级：国家"三有"保护。

中国生物多样性红色名录等级：无危。

冠纹柳莺

拉丁学名： *Phylloscopus claudiae*

物种简介： 柳莺科鸟类。体长 10 cm。上体橄榄黄绿色，头顶暗褐灰色，中央贯以淡黄色冠纹。眉纹长而明显，呈淡黄色。下体白染黄色。冠纹柳莺在北京为夏候鸟。

分布状况： 喇叭沟门满族乡、长哨营满族乡、宝山镇、汤河口镇、琉璃庙镇、怀北镇、雁栖镇、九渡河镇。

保护等级： 北京市重点保护，国家"三有"保护。

中国生物多样性红色名录等级： 无危。

黄腰柳莺

拉丁学名： *Phylloscopus proregulus*

物种简介： 柳莺科鸟类。体长 7 ～ 11 cm。上体橄榄绿色，腰部有明显的黄带，翅上有两条明显的横斑，下体近白色。黄腰柳莺在北京为旅鸟。

分布状况： 怀柔区各乡镇均有分布。

保护等级： 北京市重点保护，国家"三有"保护。

中国生物多样性红色名录等级： 无危。

山麻雀

拉丁学名： *Passer cinnamomeus*

物种简介： 雀科鸟类。体长 12 ～ 17 cm。雄鸟背面呈栗红色，背中央具黑色纵纹，头棕色或淡灰白色；额、喉中央黑色，下体余部灰白色。雌鸟上体褐色具宽阔的皮黄白色眉纹，额、喉无黑色。山麻雀在北京为夏候鸟 / 旅鸟。

分布状况： 怀柔区各乡镇均有分布。

保护等级： 国家"三有"保护。

中国生物多样性红色名录等级： 无危。

大山雀

拉丁学名： *Parus minor*

物种简介： 山雀科鸟类。体长 13 ～ 15 cm。头黑色，头两侧各具一大白斑。上体蓝灰色，下体白色，胸、腹有一条宽阔的中央纵纹与额、喉黑色相连。大山雀在北京为留鸟。

分布状况： 怀柔区各乡镇均有分布。

保护等级： 国家"三有"保护。

中国生物多样性红色名录等级： 无危。

褐头山雀

拉丁学名：*Poecile montanus*

物种简介：山雀科鸟类。雄鸟体长 10～14 cm，雌鸟体长 8～11 cm。头顶及颏褐黑色，上体褐灰色，下体近白色。褐头山雀在北京为留鸟。

分布状况：喇叭沟门满族乡、长哨营满族乡、宝山镇、汤河口镇、琉璃庙镇、渤海镇等。

保护等级：国家"三有"保护。

中国生物多样性红色名录等级：无危。

沼泽山雀

拉丁学名：*Poecile palustris*

物种简介：山雀科鸟类。体长 10～12 cm。头顶黑色，头侧白色。上体偏褐色或橄榄色，下体灰白色。沼泽山雀在北京为留鸟。

分布状况：怀柔区各乡镇均有分布。

保护等级：国家"三有"保护。

中国生物多样性红色名录等级：无危。

远东树莺

拉丁学名： *Horornis canturians*

物种简介： 树莺科鸟类。体长 17 cm。上体棕色。眉纹皮黄色，眼纹深褐色。远东树莺在北京为旅鸟 / 夏候鸟。

分布状况： 怀柔区各乡镇均有分布。

保护等级： 国家"三有"保护。

中国生物多样性红色名录等级： 无危。

北红尾鸲

拉丁学名： *Phoenicurus auroreus*

物种简介： 鹟科鸟类。体长 13～17 cm。雄鸟头部灰白色，背部黑色，两翅黑色且具明显而宽大的白色翼斑，尾羽棕色。额、喉、颈侧均黑色，下体余部棕色。雌鸟除尾羽棕色外，其余部分以灰褐色为主。北红尾鸲在北京为夏候鸟 / 旅鸟 / 冬候鸟。

分布状况： 怀柔区各乡镇均有分布。

保护等级： 国家"三有"保护。

中国生物多样性红色名录等级： 无危。

黄喉鹀

拉丁学名：*Emberiza elegans*

物种简介：鹀科鸟类。体长 13 ～ 15 cm。上背和肩栗色，下背、腰和尾上覆羽褐灰色，额和喉浅土黄色，腹部白色。头部具短羽冠。黄喉鹀在北京为旅鸟 / 留鸟。

分布状况：怀柔区各乡镇均有分布。

保护等级：北京市重点保护，国家"三有"保护。

中国生物多样性红色名录等级：无危。

灰眉岩鹀

拉丁学名：*Emberiza godlewskii*

物种简介：鹀科鸟类。体长 17 ～ 21 cm。头具灰色及黑色条纹，下体暖褐色。灰眉岩鹀在北京为留鸟。

分布状况：喇叭沟门满族乡、长哨营满族乡、宝山镇、汤河口镇、琉璃庙镇、渤海镇等。

保护等级：国家"三有"保护。

中国生物多样性红色名录等级：无危。

三道眉草鹀

拉丁学名： *Emberiza cioides*

物种简介： 鹀科鸟类。体长 13 ～ 18 cm。背面近栗色而带近黑色纵纹，额和喉近白色，下体余部大部红褐色。三道眉草鹀在北京为留鸟。

分布状况： 怀柔区各乡镇均有分布。

保护等级： 北京市重点保护，国家"三有"保护。

中国生物多样性红色名录等级： 无危。

红嘴蓝鹊

拉丁学名： *Urocissa erythroryncha*

物种简介： 鸦科鸟类。雄鸟体长 42 ～ 62 cm，雌鸟体长 42 ～ 57 cm。头、颈和胸黑色，顶冠白色。上体紫蓝灰色或淡蓝灰褐色，下体白色，尾长且具黑色亚端斑和白色端斑。嘴猩红色。红嘴蓝鹊在北京为留鸟。

分布状况： 怀柔区各乡镇均有分布。

保护等级： 北京市重点保护，国家"三有"保护。

中国生物多样性红色名录等级： 无危。

大嘴乌鸦

拉丁学名： *Corvus macrorhynchos*

物种简介： 鸦科鸟类。体长 46 ～ 59 cm。体羽黑色且带有金属光泽。喙、虹膜、双足均为黑色。喙粗壮。额头特别突出。大嘴乌鸦在北京为留鸟。

分布状况： 怀柔区各乡镇均有分布。

中国生物多样性红色名录等级： 无危。

小嘴乌鸦

拉丁学名： *Corvus corone*

物种简介： 鸦科鸟类。体长 45 ～ 50 cm。体羽黑色且带有金属光泽。喙、双足均为黑色。虹膜褐色。喙不及大嘴乌鸦粗壮。小嘴乌鸦在北京为冬候鸟。

分布状况： 怀柔区各乡镇均有分布。

中国生物多样性红色名录等级： 无危。

秃鼻乌鸦

拉丁学名：*Corvus frugilegus*

物种简介：鸦科鸟类。体长 40 ～ 48 cm。体羽亮黑且具金属光泽。嘴基部裸露，呈灰白色。秃鼻乌鸦在北京为冬候鸟 / 旅鸟。

分布状况：宝山镇、汤河口镇、雁栖镇、怀北镇、怀柔镇、九渡河镇。

保护等级：国家"三有"保护。

中国生物多样性红色名录等级：无危。

松鸦

拉丁学名：*Garrulus glandarius*

物种简介：鸦科鸟类。体长 29 ～ 37 cm。体羽红棕色沾紫，翅具黑、蓝、白相间的横斑，尾上覆羽纯白色。松鸦在北京为留鸟。

分布状况：喇叭沟门满族乡、长哨营满族乡、宝山镇、汤河口镇、琉璃庙镇、渤海镇等。

保护等级：国家"三有"保护。

中国生物多样性红色名录等级：无危。

喜鹊

拉丁学名：*Pica serica*

物种简介：鸦科鸟类。雄鸟体长 41 ~ 51 cm，雌鸟体长 40 ~ 47 cm。两肩、腹部白色，头、颈、胸、背均为黑色且略带蓝紫色金属光泽。尾羽长。喜鹊在北京为留鸟。

分布状况：怀柔区各乡镇均有分布。

保护等级：国家"三有"保护。

中国生物多样性红色名录等级：无危。

灰喜鹊

拉丁学名：*Cyanopica cyanus*

物种简介：鸦科鸟类。雄鸟体长 31 ~ 40 cm，雌鸟体长 30 ~ 37 cm。头黑色，翅膀蓝色，上体蓝灰色，尾长并呈蓝色。灰喜鹊在北京为留鸟。

分布状况：怀柔区各乡镇均有分布。

保护等级：国家"三有"保护。

中国生物多样性红色名录等级：无危。

棕眉山岩鹨

拉丁学名： *Prunella montanella*

物种简介： 岩鹨科鸟类。体长 9 ～ 11 cm。头顶及头侧近黑，眉纹棕色。上体栗褐色且具灰白色羽缘和不很明显的中央羽轴纹，下体棕色到棕黄色。棕眉山岩鹨在北京为冬候鸟。

分布状况： 怀柔区各乡镇均有分布。

保护等级： 国家"三有"保护。

中国生物多样性红色名录等级： 无危。

家燕

拉丁学名： *Hirundo rustica*

物种简介： 燕科鸟类。体长 15 ～ 20 cm。前额深栗色，上体蓝黑色且具有金属光泽，颏、喉和上胸栗色或棕栗色，有不完整的黑色胸带，下胸、腹和尾下覆羽白色或棕白色。家燕在北京为夏候鸟 / 旅鸟。

分布状况： 怀柔区各乡镇均有分布。

保护等级： 北京市重点保护，国家"三有"保护。

中国生物多样性红色名录等级： 无危。

岩燕

拉丁学名： *Ptyonoprogne rupestris*

物种简介： 燕科鸟类。体长 13～17 cm。上体褐灰色，胸污白色，腹部深砂棕色。尾羽短、微内凹近似方形。岩燕在北京为旅鸟／留鸟。

分布状况： 喇叭沟门满族乡、琉璃庙镇。

保护等级： 国家"三有"保护。

中国生物多样性红色名录等级： 无危。

棕头鸦雀

拉丁学名： *Sinosuthora webbiana*

物种简介： 鸦雀科鸟类。体长 12 cm。体羽前棕后褐，两翅表面红棕色，尾暗褐色。嘴粗且短。棕头鸦雀在北京为留鸟。

分布状况： 怀柔区各乡镇均有分布。

保护等级： 北京市重点保护，国家"三有"保护。

中国生物多样性红色名录等级： 无危。

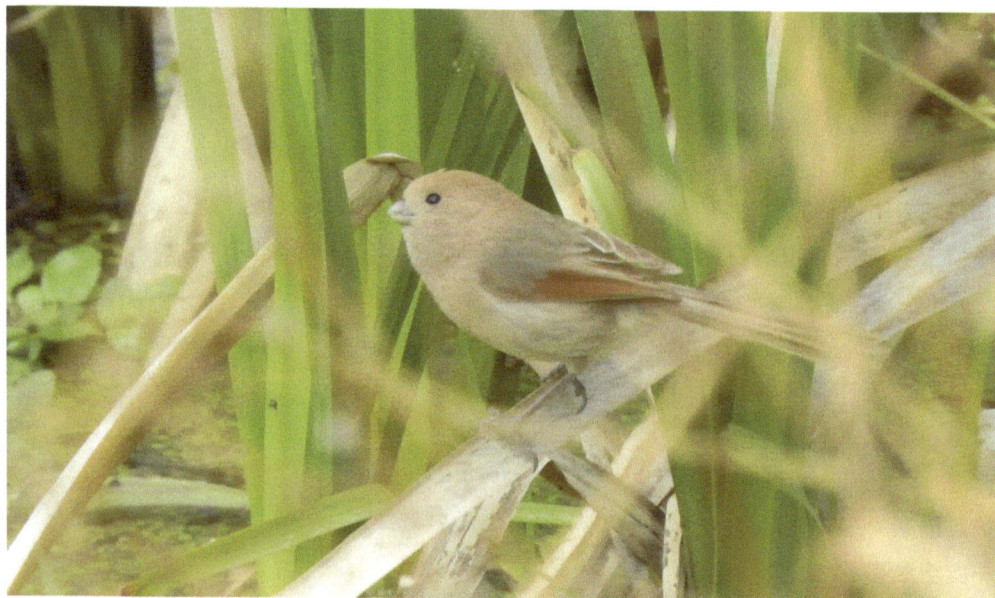

山噪鹛

拉丁学名：*Pterorhinus davidi*

物种简介：噪鹛科鸟类。体长
22 ～ 29 cm。体羽灰砂褐色。具
明显的浅色眉纹。嘴稍曲。山噪
鹛在北京为留鸟。

分布状况：怀柔区各乡镇均有
分布。

保护等级：北京市重点保护，国
家"三有"保护。

中国生物多样性红色名录等级：
无危。

特有性：中国特有种。

银喉长尾山雀

拉丁学名：*Aegithalos glaucogularis*

物种简介：长尾山雀科鸟类。体长 13 ～ 16 cm。头顶黑色且中央贯以浅色纵纹，头和颈
侧呈淡葡萄棕色，背灰色，尾长且为黑色带白边，下体淡葡萄棕色，喉部中央具银灰色
块斑。银喉长尾山雀在北京为留鸟。

分布状况：怀柔区各乡镇均有分布。

保护等级：北京市重点保护，国家"三有"保护。

中国生物多样性红色名录等级：无危。

特有性：中国特有种。

第八章　爬行类

一、怀柔区爬行类多样性

怀柔区现有爬行动物 1 目 2 亚目 6 科 13 属 21 种。其中，蜥蜴亚目 5 种，蛇亚目 16 种。包括中国特有爬行动物 5 种，为宁波滑蜥（*Scincella modesta*）、山地麻蜥（*Eremias brenchleyi*）、无蹼壁虎（*Gekko swinhonis*）、团花锦蛇（*Elaphe davidi*）、刘氏白环蛇（*Lycodon liuchengchaoi*）。调查记录显示怀柔区爬行类新记录 2 种，分别为黑背白环蛇（*Lycodon ruhstrati*）与黑头剑蛇（*Sibynophis chinensis*）。怀柔区爬行动物科、属、种数量分别占北京市爬行动物的 66.7%、81.3%、91.3%（表 9）。

表 9　怀柔区爬行类分类群统计与比较

目	怀柔区			北京市 *		
	科	属	种	科	属	种
蜥蜴亚目	3	4	5	4	5	6
蛇亚目	3	9	16	4	9	16
龟鳖目	0	0	0	1	1	1
合　计	6	13	21	9	16	23

* 数据来源为北京市园林绿化局《北京市陆生野生动物名录（2024）》。

二、怀柔区爬行类名录

	中文名	拉丁名		中文名	拉丁名
（一）	蜥蜴亚目	Lacertiformes		乌梢蛇	*Ptyas dhumnades*
1.	壁虎科	Gekkonidae		赤链蛇	*Lycodon rufozonatum*
	无蹼壁虎	*Gekko swinhonis*		黑背白环蛇	*Lycodon ruhstrati*
2.	石龙子科	Scincidae		刘氏白环蛇	*Lycodon liuchenghaoi*
	黄纹石龙子	*Plestiodon capito*		白条锦蛇	*Elaphe dione*
	宁波滑蜥	*Scincella modesta*		赤峰锦蛇	*Elaphe anomala*
3.	蜥蜴科	Lacertidae		黑眉锦蛇	*Elaphe taeniura*
	丽斑麻蜥	*Eremias argus*		团花锦蛇	*Elaphe davidi*
	山地麻蜥	*Eremias brenchleyi*		王锦蛇	*Elaphe carinata*
（二）	蛇亚目	Serpentiformes		玉斑锦蛇	*Euprepiophis mandarinus*
4.	蝰科	Viperidae		红纹滞卵蛇	*Oocatochus rufodorsatus*
	短尾蝮	*Gloydius brevicaudus*		黑头剑蛇	*Sibynophis chinensis*
	西伯利亚蝮	*Gloydius halys*	6.	水游蛇科	Natricidae
5.	游蛇科	Colubridae		虎斑颈槽蛇	*Rhabdophis tigrinus*
	黄脊游蛇	*Orientocoluber spinalis*			

怀山柔水，万物共生：北京市怀柔区生物多样性

三、怀柔区爬行类图集

（一）蜥蜴亚目

无蹼壁虎

拉丁学名：*Gekko swinhonis*

物种简介：壁虎科壁虎属爬行动物，是重要的农林害虫捕食者。全长 103～146 mm，头体长为尾长的 0.77～1.04 倍。体背粒鳞较大，扁圆形的疣鳞稍大于粒鳞。枕及颈背无疣鳞。指、趾间无蹼。体背面灰棕色。头及躯干背面有深褐色斑，有时在颈及躯干背面形成 6～7 条横斑或大理石状花纹。主要栖息在建筑物的缝隙、岩缝、石下及树上。

分布状况：喇叭沟门满族乡、宝山镇、琉璃庙镇、九渡河镇、怀柔镇。

保护等级：国家"三有"保护。

中国生物多样性红色名录等级：无危。

特有性：中国特有种。

黄纹石龙子

拉丁学名：*Plestiodon capito*

物种简介：石龙子科石龙子属爬行动物。头体长 64～74 mm，尾长 100～128 mm。吻端钝，吻长略大于眼耳间距；吻鳞在背面所见部分呈三角形，大于或等于额鼻鳞的一半。有后鼻鳞；颈鳞 2 对；后额鳞 2 枚；第 2 列上颞鳞的上下缘几平行，第 2 列下颞鳞扇形；股后及肛后各有一团大鳞。体背为棕褐色、古铜色等。背侧线和体侧线色浅。常栖身于多石块、植被茂密的林缘或林中空地处。

分布状况：庙城镇、怀北镇、九渡河镇、琉璃庙镇、汤河口镇、喇叭沟门满族乡。

保护等级：北京市重点保护，国家"三有"保护。

中国生物多样性红色名录等级：无危。

宁波滑蜥

拉丁学名： *Scincella modesta*

物种简介： 石龙子科滑蜥属爬行动物。头宽大于颈部，吻鳞宽大于高，从背面可见。无上鼻鳞，额鼻鳞1枚，前额鳞1对，额顶鳞1对，顶鳞1对，颊鳞2枚。第Ⅳ趾趾下瓣10～16枚。背面古铜色或黄褐色，密布不规则不成行的黑色点斑或黑褐色小点或线纹。侧纵纹上缘波状，下缘不规则。侧纵纹下面红棕色，间杂黑斑。喜栖于向阳坡面溪边卵石间和草丛下的石缝。以昆虫为食，捕食小蚂蚁、蜘蛛、飞蛾等。

分布状况： 喇叭沟门满族乡、琉璃庙镇、雁栖镇。

保护等级： 北京市重点保护，国家"三有"保护。

中国生物多样性红色名录等级： 无危。

特有性： 中国特有种。

山地麻蜥

拉丁学名： *Eremias brenchleyi*

物种简介： 蜥蜴科麻蜥属爬行动物。体尾细长平扁，尾约为头躯长的1.5倍。吻尖长，吻鳞宽大于高度。额鼻鳞1对，鼻鳞3枚，前额鳞2枚，额鳞单枚，额顶鳞成对，眶上鳞2枚，眶下鳞3枚。眶下鳞伸入上唇鳞之间而达口缘。主要栖息在岩石裸露的砾质山坡。以昆虫为食，也挖吃地下虫类。

分布状况： 喇叭沟门满族乡、琉璃庙镇、汤河口镇。

保护等级： 国家"三有"保护。

中国生物多样性红色名录等级： 无危。

特有性： 中国特有种。

（二）蛇亚目

团花锦蛇

拉丁学名： *Elaphe davidi*

物种简介： 游蛇科锦蛇属中大型无毒蛇。成体体长 0.8 ～ 1.2 m。头略大，呈长椭圆形，与颈区分明显。眼后有黑纹斜达口角。体背灰褐色，鳞片粗糙无光泽。有 3 行黑褐色镶黑边的圆斑，正中一行较大，与两侧斑交错排列。栖息于平原丘陵、山地灌木丛、植被不多的沙壤土山和开阔的河谷地带。以蛙类、蜥蜴及其他蛇类为食。性情温顺，行动缓慢。受惊扰时震颤尾部发出声响，同时扩张上颌骨和方骨，使其头外形呈三角形。

分布状况： 喇叭沟门满族乡、九渡河镇。

保护等级： 国家二级保护。

中国生物多样性红色名录等级： 濒危。

短尾蝮

拉丁学名： *Gloydius brevicaudus*

物种简介： 蝰科亚洲蝮属中小型毒蛇。体型短粗，体长 35 ～ 50 cm。头略呈三角形，有颊窝，头背具对称大鳞片；背面两纵行大圆斑，彼此并列或交错。鼻间鳞外侧尖细而略弯，呈逗点形；颞区鳞片具棱，吻棱明显。常见于灌草丛、乱石堆、稻田、沟渠、耕地、路边等。以鼠类、蜥蜴、蛙、鱼类等为食。

分布状况： 琉璃庙镇、雁栖镇、怀北镇、怀柔镇。

保护等级： 北京市重点保护，国家"三有"保护。

中国生物多样性红色名录等级： 近危。

西伯利亚蝮

拉丁学名： *Gloydius halys*

物种简介： 蝰科亚洲蝮属中小型毒蛇。体长43～75 cm。头部呈三角形，与颈区分明显。头背大鳞前置，约占头背面积的一半。头背具左右对称的黑褐色斑，略呈"八"字形。眼后黑褐色眉纹上缘均有较细的白色细纹。背面土黄色或沙白色。栖息于水源相对充足、草木丰盛的丘陵、山区。以小型哺乳动物、蜥蜴为食。

分布状况： 喇叭沟门满族乡。

保护等级： 国家"三有"保护。

中国生物多样性红色名录等级： 近危。

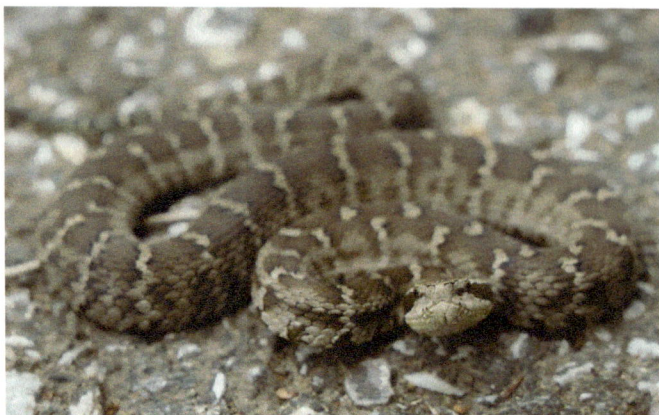

黄脊游蛇

拉丁学名： *Orientocoluber spinalis*

物种简介： 游蛇科东方游蛇属中小型无毒蛇。体长0.8 m左右。背面绛红色，背脊正中有一条镶黑边的鲜明黄色纵线，其前端起自额鳞，后端通达尾末；体侧由于鳞片边缘色黑，缀成几条深色纵线或点线；腹面淡黄色。生活于平原、丘陵、山麓或河床等开阔地带，河流附近。以蜥蜴为食。

分布状况： 怀柔镇、琉璃庙镇。

保护等级： 国家"三有"保护。

中国生物多样性红色名录等级： 无危。

乌梢蛇

拉丁学名：*Ptyas dhumnades*

物种简介：游蛇科鼠蛇属大型蛇类。全长可达 2 m 以上。背面灰褐色或黑褐色，其上有两条黑线纵贯全身。老年个体体后段色深，黑线不显明，背脊黄褐色纵线较为醒目。幼蛇背面灰绿色，其上有四条黑线纵贯全身。生活于田野、山边、河岸、林下等处。以鱼、蛙、蜥蜴等为食。

分布状况：九渡河镇、琉璃庙镇。

保护等级：北京市重点保护，国家"三有"保护。

中国生物多样性红色名录等级：易危。

黑背白环蛇

拉丁学名：*Lycodon ruhstrati*

物种简介：游蛇科链蛇属中小型蛇类。体细长，头颈区分明显，全长可达 1 m。全身有黑白相间环纹，躯干部有 20 ～ 46 条，尾部有 11 ～ 22 条。生活在海拔 400 ～ 1 000 m 的山地。以石龙子等蜥蜴为食。野外数量较少。怀柔区新记录种。

分布状况：九渡河镇、雁栖镇。

保护等级：北京市重点保护，国家"三有"保护。

中国生物多样性红色名录等级：无危。

刘氏白环蛇

拉丁学名：*Lycodon liuchenghaoi*

物种简介：游蛇科链蛇属中小型蛇类。个体比黑背白环蛇小一些。吻端宽钝，头略大而扁平，与颈部区分明显。背腹黑色，体尾具黄色环纹，枕部有黄色横斑。

分布状况：琉璃庙镇、雁栖镇、九渡河镇。

保护等级：北京市重点保护，国家"三有"保护。

中国生物多样性红色名录等级：无危。

特有性：中国特有种。

赤链蛇

拉丁学名：*Lycodon rufozonatum*

物种简介：游蛇科链蛇属中小型无毒蛇。体长可达 1 m。头背黑褐色，鳞沟红色。枕部具倒"V"形红色斑。头较宽且甚扁，吻较前突且宽圆。生活于田野、丘陵耕作区的草丛或石块缝隙里，溪流岸边和居民点附近内也可见到。食性广，捕食鱼类、蛙类、蛇类、蜥蜴、小型哺乳动物、鸟类等。

分布状况：长哨营满族乡、汤河口镇、琉璃庙镇、雁栖镇、九渡河镇。

保护等级：国家"三有"保护。

中国生物多样性红色名录等级：无危。

王锦蛇

拉丁学名： *Elaphe carinata*

物种简介： 游蛇科锦蛇属无毒蛇，又称菜花蛇。体粗大，成体体长可超过 2.5 m。头体背黑黄相杂，头背面有似"王"字样的黑纹。背鳞除最外侧 1～2 行平滑外，均强烈起棱。生活在山区及丘陵地带，平原亦有分布。性情凶猛，行动迅速。以蛙、鸟、蜥蜴及其他蛇类为食，也吃鸟卵、鼠类甚至同种的幼蛇。

分布状况： 喇叭沟门满族乡、汤河口镇、琉璃庙镇、雁栖镇、九渡河镇。

保护等级： 北京市重点保护，国家"三有"保护。

中国生物多样性红色名录等级： 易危。

黑眉锦蛇

拉丁学名： *Elaphe taeniura*

物种简介： 游蛇科锦蛇属大型无毒蛇。全长可达 2 m 及以上。头颈区分明显。背面黄绿、灰绿或棕灰色，体前部背正中具黑色梯状横纹。眼后有明显的黑纹。背中央数行背鳞稍有起棱。常见于河边、稻田及住宅附近或房屋上。行动迅速，善攀爬，性较猛，受惊扰即竖起头颈作攻击之势。以鼠类、鸟类及蛙类为食，食量大。

分布状况： 琉璃庙镇、雁栖镇。

保护等级： 北京市重点保护，国家"三有"保护。

中国生物多样性红色名录等级： 易危。

白条锦蛇

拉丁学名：*Elaphe dione*

物种简介：游蛇科锦蛇属无毒蛇。体长可达 1 m 以上。体背面呈灰橄榄色、灰褐色或黄棕色，其上有 3 条白色纵纹，并具不规则的黑横斑。头背具有暗褐色倒"V"形斑纹，眼后有黑纹。腹面灰白色或灰褐色，具黑色点斑。生活在田野、坟堆、树林及其近旁，山岗斜坡的潮湿草丛。以鼠类、鸟类和鸟蛋为食。

分布状况：喇叭沟门满族乡、汤河口镇、琉璃庙镇、九渡河镇。

保护等级：国家"三有"保护。

中国生物多样性红色名录等级：无危。

赤峰锦蛇

拉丁学名：*Elaphe anomala*

物种简介：游蛇科锦蛇属大型无毒蛇。体长 1.5 ～ 2 m。体背棕灰色，前段无斑纹或有极不明显的暗白色横斑，从中段开始具有黄横斑，两侧呈不规则分叉，体后段及尾部具更明显的黄色横斑。腹面浅黄或鹅黄色，杂有黑色斑点。分布于平原、丘陵、山地的林边、田园、水域。

分布状况：怀北镇、雁栖镇、琉璃庙镇、汤河口镇、宝山镇、喇叭沟门满族乡、长哨营满族乡。

保护等级：国家"三有"保护。

中国生物多样性红色名录等级：易危。

玉斑锦蛇

拉丁学名： *Euprepiophis mandarinus*

物种简介： 游蛇科玉斑锦蛇属无毒蛇。体长1 m左右。体背灰色或紫灰色，背中央有一行黑色菱形大块斑镶着黄边及黄色中心。头背黄色，具有明显的黑斑。背鳞平滑。生活在海拔200～1 340 m的平原或山区。以鼠类等小型哺乳动物为食，也吃蜥蜴。

分布状况： 琉璃庙镇、雁栖镇、九渡河镇。

保护等级： 北京市重点保护，国家"三有"保护。

中国生物多样性红色名录等级： 近危。

红纹滞卵蛇

拉丁学名： *Oocatochus rufodorsatus*

物种简介： 游蛇科滞卵蛇属半水栖蛇类。成体全长1 m左右。头体背面棕褐色或淡红色，头背有3条倒"V"形棕褐色或橙黄色斑纹；体背前段有4条由镶棕黑色边的红褐点连接而成的棕黑色纵纹。多栖息于河滨、溪流、湖畔、池塘及其附近田野。以鱼类、蛙类、螺类及水生昆虫为食。

分布状况： 雁栖镇、九渡河镇、怀柔镇。

保护等级： 国家"三有"保护。

中国生物多样性红色名录等级： 近危。

黑头剑蛇

拉丁学名：*Sibynophis chinensis*

物种简介：游蛇科剑蛇属无毒蛇。体长 50 cm 左右。头部背面黑色，与体背中央黑褐色脊线相连，体背棕褐色。常栖居于石洞、树丛下。以蛙类、蜥蜴等为食。怀柔区新记录种。

分布状况：琉璃庙镇。

保护等级：北京市重点保护，国家"三有"保护。

中国生物多样性红色名录等级：无危。

虎斑颈槽蛇

拉丁学名：*Rhabdophis tigrinus*

物种简介：水游蛇科颈槽蛇属中型毒蛇。体长 0.5 ～ 1.1 m，背面翠绿色或草绿色，体前段两侧有粗大的黑色与橘红色斑块相间排列。颈背有较明显的颈槽；枕部两侧有一对粗大的黑色"八"字形斑；躯干前段黑红色斑相间。喜欢潮湿的环境，栖息在近水的山地、丘陵和平原。吃蛙类及蟾蜍，也吃蝌蚪与小鱼。

分布状况：九渡河镇。

保护等级：国家"三有"保护。

中国生物多样性红色名录等级：无危。

第九章　两栖类

一、怀柔区两栖类多样性

　　怀柔区现有两栖动物共 1 目 3 科 4 属 4 种，均为无尾目物种。包括中国特有种太行林蛙（*Rana taihangensis*）。怀柔区两栖动物科、属、种数量分别占北京市两栖动物的75.0%、66.7%、57.1%（表 10）。

表 10　怀柔区两栖类分类群统计与比较

目	怀柔区			北京市 *		
	科	属	种	科	属	种
无尾目	3	4	4	4	6	7

* 数据来源为北京市园林绿化局《北京市陆生野生动物名录（2024）》。

二、怀柔区两栖类名录

	中文名	拉丁名
（一）	蟾蜍科	Bufonidae
	中华蟾蜍	*Bufo gargarizans*
（二）	姬蛙科	Microhylidae
	北方狭口蛙	*Kaloula borealis*
（三）	蛙科	Ranidae
	黑斑侧褶蛙	*Pelophylax nigromaculatus*
	太行林蛙	*Rana taihangensis*

三、怀柔区两栖类图集

中华蟾蜍

拉丁学名： *Bufo gargarizans*

物种简介： 蟾蜍科蟾蜍属两栖动物。雄蟾体长 62 ～ 106 mm，雌蟾体长 70 ～ 121 mm。体肥大。头宽大于头长。吻圆而高，吻棱明显。体背面颜色有变异，多为橄榄黄色或灰棕色，有不规则深色斑纹，背脊有一条蓝灰色宽纵纹，其两侧有深棕黑色纹；肩部和体侧、股后常有棕红色斑；腹面灰黄色或浅黄色，有深褐色云斑，后腹部有一块大黑斑。除冬眠和繁殖期栖息于水中外，多在陆地草丛、地边、山坡石下或土穴等潮湿环境中栖息。

分布状况： 喇叭沟门满族乡、汤河口镇、雁栖镇、九渡河镇、怀柔镇。

保护等级： 国家"三有"保护。

中国生物多样性红色名录等级： 无危。

北方狭口蛙

拉丁学名： *Kaloula borealis*

物种简介： 姬蛙科狭口蛙属蛙类。体长 43 mm 左右。体宽扁，头宽大于头长；吻短而圆，吻棱不显；鼻孔近吻端，眼间距大于鼻间距；鼓膜隐蔽。皮肤较厚而平滑。背面有少数小疣，枕部有横肤沟。腹面皮肤光滑。成蛙生活在房屋及水坑附近的草丛中或土穴内或石下。不善跳跃，多爬行。

分布状况： 喇叭沟门满族乡、长哨营满族乡、宝山镇、雁栖镇、怀柔镇。

保护等级： 北京市重点保护。

中国生物多样性红色名录等级： 无危。

黑斑侧褶蛙

拉丁学名： *Pelophylax nigromaculatus*

物种简介： 蛙科侧褶蛙属蛙类。头长大于头宽；吻部略尖，吻端钝圆，突出于下唇。眼大而突出，眼间距窄。背面皮肤较粗糙，背侧褶明显，褶间有多行长短不一的纵肤棱。腹面光滑。体背面颜色多样，有淡绿色、黄绿色、深绿色、灰褐色等，杂有许多大小不一的黑横纹。主要生活在平原或丘陵的水田、池塘、湖沼区及海拔 2 200 m 以下的山地。以昆虫纲、腹足纲、蛛形纲等动物为食。

分布状况： 喇叭沟门满族乡、长哨营满族乡、汤河口镇、雁栖镇、怀北镇、九渡河镇、怀柔镇。

中国生物多样性红色名录等级： 近危。

太行林蛙

拉丁学名： *Rana taihangensis*

物种简介： 林蛙是华北山地的优势蛙种。本地区的林蛙以其深色的鼓膜、弯曲的背侧褶、成团的婚垫和咽下内声囊等典型特征，长期以来被鉴定为中国林蛙（*R. chensinensis*）。根据 Shen 等的研究结果，分布于太行山东坡（包括北京地区）的林蛙种群为一个独立的进化支系，命名为太行林蛙（*Rana taihangensis* Chen, sp. nov.）。新种与近缘种的主要区别在于雄性第 I 指婚垫多数为分散的 2 团、个别有 3 或 4 团，在吻长、鼓膜与眼径、鼻吻距、鼻眼距、上眼睑宽等形态指标上也与近缘种差异显著。太行林蛙多生活在丘陵及山地的水坑、水塘、沼泽等静水域及其附近的森林、灌丛或草地，有的也栖息于山溪、河流回水湾之浅水区及其附近。

分布状况： 喇叭沟门满族乡、宝山镇、雁栖镇、九渡河镇、怀柔镇。

中国生物多样性红色名录等级： 未评估。

特有性： 中国特有种。

第十章　鱼类

一、怀柔区鱼类多样性

怀柔区现有鱼类共 7 目 15 科 37 属 44 种。其中，土著鱼类 6 目 13 科 32 属 38 种，占怀柔区已知鱼类总种数的 86.4%；外来鱼类 3 目 5 科 6 属 6 种，占怀柔区鱼类总种数的 13.6%。怀柔区现有土著鱼类种数约占北京市土著鱼类总种数的 48.7%。其中，鲤形目土著鱼类最多，有 26 种，其他目土著鱼类均不超过 5 种（表 11）。

表 11　怀柔区现有鱼类分类群统计

目	全部种			土著种		
	科	属	种	科	属	种
刺鱼目	1	1	1	1	1	1
鲑形目	2	2	2	0	0	0
合鳃鱼目	2	2	2	2	2	2
鳉形目	1	1	1	1	1	1
鲤形目	3	23	28	3	22	26
鲈形目	4	6	7	4	4	5
鲇形目	2	2	3	2	2	3
合计	15	37	44	13	32	38

根据文献，怀柔区还曾分布有细鳞鲑（*Brachymystax lenok*，汤河上游山溪）、唇䱻（*Hemibarbus labeo*，怀柔水库）、花䱻（*Hemibarbus maculatus*，白河）、鳡（*Elopichthys bambusa*）、花江鱥（*Phoxinus czekanowskii*，怀柔山区溪流）、须鱊（*Acheilognathus barbatus*，怀柔平原地区）、短须鱊（*Acheilognathus barbatulus*，怀柔平原地区）、斑条鱊（*Acheilognathus taenianalis*）、白河鱊（*Acheilognathus peihoensis*，白河）等土著鱼类。但这些种在本次调查以及近年来怀柔区开展的其他调查中均未发现。

野外调查记录到的 6 种外来鱼类，分别为镜鲤（*Cyprinus carpio* var. *specularis*）、大鳞副泥鳅（*Paramisgurnus dabryanus*）、池沼公鱼（*Hypomesus olidus*）、虹鳟（*Oncorhynchus mykiss*）、河川沙塘鳢（*Odontobutis potamophila*）和葛氏鲈塘鳢（*Perccottus glenii*）。近年来，河川沙塘鳢在调查中出现的频次逐渐增多，采集的个体数量也大幅增长，2023 年秋季采集到的河川沙塘鳢仅占鱼类总数的 1.6%，2024 年春季已跃升至 7.7%，在鱼类总量中占比增长了 3.8 倍。河川沙塘鳢已发展为潮白河怀柔段的重要种，且其为肉食性鱼类，对水域中分布的其他小型土著鱼类可能产生威胁。

二、怀柔区鱼类名录

	中文名	拉丁名		中文名	拉丁名
（一）	鲤形目	Cypriniformes		鲇	*Silurus asotus*
1.	鲤科	Cyprinidae	5.	鲿科	Bagridae
	马口鱼	*Opsariichthys bidens*		黄颡鱼	*Pelteobagrus fulvidraco*
	宽鳍鱲	*Zacco platypus*		瓦氏黄颡鱼	*Pelteobagrus vachelli*
	草鱼	*Ctenopharyngodon idella*	（三）	鲑形目	Salmoniformes
	拉氏大吻鱥	*Rhynchocypris lagowskii*	6.	胡瓜鱼科	Osmeridae
	红鳍原鲌	*Cultrichthys erythropterus*		池沼公鱼	*Hypomesus olidus*
	鳘	*Hemiculter leucisculus*	7.	鲑科	Salmonidae
	鲢	*Hypophthalmichthys molitrix*		虹鳟	*Oncorhynchus mykiss*
	兴凯鱊	*Acheilognathus chankaensis*	（四）	鳉形目	Cyprinodontiformes
	大鳍鱊	*Acheilognathus macropterus*	8.	怪颌鳉科	Adrianichthyidae
	高体鳑鲏	*Rhodeus ocellatus*		中华青鳉	*Oryzias sinensis*
	中华鳑鲏	*Rhodeus sinensis*	（五）	刺鱼目	Gasterosteiformes
	棒花鱼	*Abbottina rivularis*	9.	刺鱼科	Gasterosteidae
	东北颌须鮈	*Gnathopogon mantschuricus*		中华多刺鱼	*Pungitius sinensis*
	棒花鮈	*Gobio rivuloides*	（六）	合鳃鱼目	Synbranchiformes
	麦穗鱼	*Pseudorasbora parva*	10.	合鳃鱼科	Synbranchidae
	红鳍鳈	*Sarcocheilichthys sciistius*		黄鳝	*Monopterus albus*
	蛇鮈	*Saurogobio dabryi*	11.	刺鳅科	Mastacembelidae
	兴凯银鮈	*Squalidus chankaensis*		中华刺鳅	*Mastacembelus sinensis*
	点纹银鮈	*Squalidus wolterstorffi*	（七）	鲈形目	Perciformes
	鲫	*Carassius auratus*	12.	沙塘鳢科	Odontobutidae
	鲤	*Cyprinus carpio*		小黄黝鱼	*Micropercops swinhonis*
	镜鲤	*Cyprinus carpio* var. *specularis*		河川沙塘鳢	*Odontobutis potamophila*
				葛氏鲈塘鳢	*Perccottus glenii*
2.	条鳅科	Nemacheilidae	13.	虾虎鱼科	Gobiidae
	北方须鳅	*Barbatula nuda*		波氏吻虾虎鱼	*Rhinogobius cliffordpopei*
	达里湖高原鳅	*Triplophysa dalaica*		子陵吻虾虎鱼	*Rhinogobius giurinus*
3.	花鳅科	Cobitidae	14.	丝足鲈科	Osphronemidae
	北方花鳅	*Cobitis granoei*		圆尾斗鱼	*Macropodus chinensis*
	中华花鳅	*Cobitis sinensis*	15.	鳢科	Channidae
	泥鳅	*Misgurnus anguillicaudatus*		乌鳢	*Channa argus*
	大鳞副泥鳅	*Paramisgurnus dabryanus*			
（二）	鲇形目	Siluriformes			
4.	鲇科	Siluridae			

三、怀柔区鱼类图集

（一）刺鱼目

中华多刺鱼

拉丁学名：*Pungitius sinensis*

物种简介：刺鱼科多刺鱼属鱼类。体小，头较小，眼较大。背鳍前有分离交错排列的硬棘9枚左右，臀鳍具1枚硬棘。体背缘黑色，体侧浅黄色或带白色，腹面色浅。喜栖于水温较低、水草丛生并与河流相通的静水水域。

分布状况：怀九河、怀沙河等。

保护等级：北京市重点保护。

中国生物多样性红色名录等级：无危。

（二）鲤形目

东北颌须鮈

拉丁学名：*Gnathopogon mantschuricus*

物种简介：鲤科颌须鮈属鱼类。体稍侧扁，腹部圆，头较短小，头长一般小于体高。口端位，口裂稍倾斜。须1对，极短小。体背及体侧灰黑色，腹部灰白。体侧中轴具1条黑色宽条纹，后段色深，侧线上下具有数条黑色细纵纹。

分布状况：白河、琉璃河、沙河、雁栖河。

保护等级：北京市重点保护。

中国生物多样性红色名录等级：无危。

棒花鮈

拉丁学名： *Gobio rivuloides*

物种简介： 鲤科鮈属鱼类。体长，稍侧扁，背鳍前部隆起。头近锥形，较短。眼小，眼间宽平。头背部稍黑，体侧具 1 条不明显的纵纹，其上有 9 ～ 11 个黑点斑块，背部具 8 ～ 11 个黑色斑块。栖息于泥沙底质的缓流浅水处。

分布状况： 白河、怀沙河、琉璃河、沙河、汤河、天河、雁栖河。

保护等级： 北京市重点保护。

中国生物多样性红色名录等级： 无危。

特有性： 中国特有种。

达里湖高原鳅

拉丁学名： *Triplophysa dalaica*

物种简介： 条鳅科高原鳅属鱼类。体延长，前半部呈圆筒形，后半部侧扁。头稍扁平，口下位，须 3 对。无鳞，皮肤光滑。常栖息于河流的缓流河段和静水的湖泊中。

分布状况： 怀九河。

保护等级： 北京市重点保护。

中国生物多样性红色名录等级： 无危。

特有性： 中国特有种。

北方须鳅

拉丁学名：*Barbatula nuda*

物种简介：条鳅科须鳅属鱼类。体细长，侧扁。头稍扁平，口下位。唇较厚，上唇中部呈"V"形缺刻，下唇中间断裂。鼻孔分开一短距，前鼻孔在鼻瓣膜中，后鼻孔近圆形。鳞片退化，体前半部常裸出，后半部被有稀疏的小鳞。体色浅黄，在背鳍前、后各有4～6条褐色横斑，体侧有很多不规则的褐色斑块。喜生活于清冷的流水、砂砾的水域中。

分布状况：白河、怀九河、怀沙河、琉璃河、汤河、天河。

中国生物多样性红色名录等级：无危。

宽鳍鱲

拉丁学名：*Zacco platypus*

物种简介：鲤科鱲属鱼类。体长而侧扁，腹部圆。口端位，无口须。背部呈黑灰色，腹部银白色，体侧有12～13条垂直的黑色条纹，条纹间有许多不规则的粉红色斑点。喜栖息于水流较急的沙石浅滩。

分布状况：白河、怀九河、怀沙河、汤河、雁栖河、大水峪水库、雁栖湖。

中国生物多样性红色名录等级：无危。

红鳍鮊

拉丁学名：*Sarcocheilichthys sciistius*

物种简介：鲤科鮊属小型中下层鱼类。体长，略侧扁。头较小，口下位。体背及体侧灰暗，间杂有黑色和棕黄色的斑纹。以底栖无脊椎动物、着生藻类及植物碎屑为食。

分布状况：白河、怀九河、怀沙河、雁栖湖。

中国生物多样性红色名录等级：未评估。

拉氏大吻鱥

拉丁学名：*Rhynchocypris lagowskii*

物种简介：鲤科大吻鱥属鱼类。体细长，略侧扁，腹部较圆。头长，略锥形，眼较大。常栖息于流速缓慢、水质清澈的山溪冷水域。

分布状况：白河、怀九河、怀沙河、琉璃河、沙河、汤河、天河。

中国生物多样性红色名录等级：无危。

麦穗鱼

拉丁学名：*Pseudorasbora parva*

物种简介：鲤科麦穗鱼属鱼类。体长，侧扁，腹部圆。头小，吻尖，口上位。眼较大。背部及体侧上半部颜色较深，灰黑色，腹部颜色较浅，灰白色。体侧鳞片后缘有新月形黑纹。喜栖息于水草丛中。

分布状况：白河、怀河、怀九河、怀沙河、琉璃河、汤河、天河、雁栖河、怀柔水库、雁栖湖、大水峪水库。

中国生物多样性红色名录等级：无危。

泥鳅

拉丁学名：*Misgurnus anguillicaudatus*

物种简介：花鳅科泥鳅属鱼类。体细长，呈圆筒状。头小，吻钝，口亚下位，须2对。全体有小的黑斑点。喜栖息于静水的底层。

分布状况：白河、怀河、怀九河、怀沙河、天河。

中国生物多样性红色名录等级：无危。

大鳞副泥鳅

拉丁学名：*Paramisgurnus dabryanus*

物种简介：花鳅科副泥鳅属鱼类，为北京市外来鱼种。体长形，侧扁，腹部圆。头短，口下位，下唇中央有一小缺口，须5对。体背部及体侧上半部灰褐色，腹面白色。体侧具有许多不规则的黑色褐色斑点。常见于底泥较深的浅水水域。

分布状况：怀河、雁栖河、怀柔水库、雁栖湖。

中国生物多样性红色名录等级：无危。

点纹银鮈

拉丁学名：*Squalidus wolterstorffi*

物种简介：鲤科银鮈属鱼类。体呈筒形，稍侧扁。吻短，略尖。口亚下位。唇薄，光滑。须较长，等于眼径或稍大。背、臀鳍较短；胸鳍长；尾鳍深叉，末端尖。侧线鳞上有横"八"字形黑斑连成的条纹，体侧上部有多数小黑点。

分布状况：怀九河、怀沙河、雁栖河、大水峪水库。

中国生物多样性红色名录等级：无危。

特有性：中国特有种。

中华鳑鲏

拉丁学名：*Rhodeus sinensis*

物种简介：鲤科鳑鲏属鱼类。体高，呈卵圆形，侧扁。头小而尖，口端位，眼较大。背侧黄灰黑色，尾部沿侧中线有一黑色纵纹。喜栖息于水流缓慢、水草茂盛的水体中。

分布状况：怀河、雁栖河、怀柔水库、雁栖湖、大水峪水库。

中国生物多样性红色名录等级：无危。

特有性：中国特有种。

高体鳑鲏

拉丁学名：*Rhodeus ocellatus*

物种简介：鲤科鳑鲏属鱼类。体高，呈卵圆形，侧扁。头小，吻短，口端位，眼大。体色银白，尾部沿侧中线有一浅黑色纵纹，并带有蓝绿色光泽。喜栖息于水流缓慢的浅水区。

分布状况：怀河、怀九河、汤河、雁栖河、怀柔水库、雁栖湖。

中国生物多样性红色名录等级：无危。

鳘

拉丁学名： *Hemiculter leucisculus*

物种简介： 鲤科鳘属鱼类。体侧扁，背缘平直，腹缘略呈弧形。自胸鳍基部至肛门有明显的腹棱。头尖，侧扁，头部背面平直。口端位，口裂斜。体背部青灰色，体侧及腹部银白色，尾鳍边缘灰黑。喜栖于流水或静水水体沿岸区的上层。

分布状况： 大水峪水库、天河、雁栖河。

中国生物多样性红色名录等级： 无危。

棒花鱼

拉丁学名： *Abbottina rivularis*

物种简介： 鲤科棒花鱼属鱼类。体稍长，粗壮，前部近圆筒状，后部略侧扁，背部隆起，腹部平直。头大，口下位，须 1 对。雄体背部、体侧上半部棕黄色，腹部银白。头背部略呈乌黑，喉部紫红色，头侧自吻端至眼前缘有 1 条黑色条纹。横跨背部有 5 个黑色大斑块，体侧中轴具 7～8 个黑斑点。喜生活在砂石底处。

分布状况： 白河、怀河、怀九河、怀沙河、怀柔水库、汤河、天河、雁栖河。

中国生物多样性红色名录等级： 无危。

大鳍鱊

拉丁学名：*Acheilognathus macropterus*

物种简介：鲤科鱊属鱼类。体侧扁，背缘较腹缘隆起。头短小，口亚下位。口角须 1 对，突起状，或缺失。背鳍和臀鳍上各有数列不连续的黑条斑。体背部暗绿色，腹部银白色，尾柄中线有 1 条黑色纵纹。繁殖期雄鱼婚姻色明显，沿尾柄有蓝宝色纵条。喜栖息于水流缓慢的河道支流和具有淤泥的浅水处及氧气条件较好、水草丛生处。

分布状况：怀河、怀九河、汤河、雁栖河、雁栖湖、大水峪水库。

中国生物多样性红色名录等级：无危。

（三）鲇形目

黄颡鱼

拉丁学名：*Pelteobagrus fulvidraco*

物种简介：鲿科黄颡鱼属鱼类。体延长，稍粗壮，吻端向背鳍上斜，后部侧扁。头略大而纵扁，口下位，颌须 1 对，外侧颏须长于内侧颏须。背部黑褐色，至腹部渐浅黄色。沿侧线上下各有一狭窄的黄色纵带，在腹鳍与臀鳍上方各有一黄色横带。栖息于水流缓慢、水生植物丛生的水底层。

分布状况：怀河、汤河、雁栖河、怀柔水库。

中国生物多样性红色名录等级：无危。

瓦氏黄颡鱼

拉丁学名： *Pelteobagrus vachelli*

物种简介： 鲿科黄颡鱼属鱼类。体延长，前部略圆，后部侧扁，尾柄略细长。头略短而纵扁，口下位，须4对。背部灰褐色，体侧灰黄色，腹部浅黄。栖息于多岩石或泥沙底质的河流中。

分布状况： 白河、天河、雁栖河。

中国生物多样性红色名录等级： 未评估。

（四）鲈形目

乌鳢

拉丁学名： *Channa argus*

物种简介： 鳢科鳢属鱼类，又称黑鱼。体肥而延长，前部圆筒状，后部侧扁。头大而尖长，口大，口内牙齿丛生。体色呈灰黑色，头背和体背较暗较黑，腹部淡白，体侧各有不规则大黑斑约11个，沿背中线有1行小黑斑。喜栖息于水浑浊、水草茂盛、底质为淤泥的静水或水流较缓的水域。

分布状况： 怀九河、怀柔水库。

中国生物多样性红色名录等级： 无危。

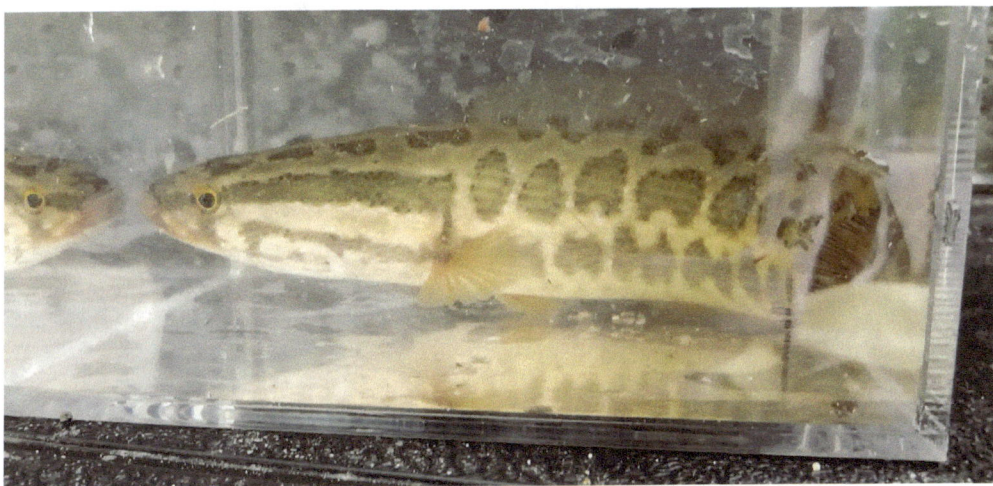

小黄黝鱼

拉丁学名： *Micropercops swinhonis*

物种简介： 沙塘鳢科小黄黝鱼属鱼类。体延长，颇侧扁。头较尖，口前位。体灰褐带浅棕色，背部色较深，体侧中央具 12～16 条暗色横带。喜栖息于浅水水域的中、下层及入湖溪流的水草丛中。

分布状况： 白河、怀河、怀九河、汤河、雁栖河、怀柔水库。

中国生物多样性红色名录等级： 无危。

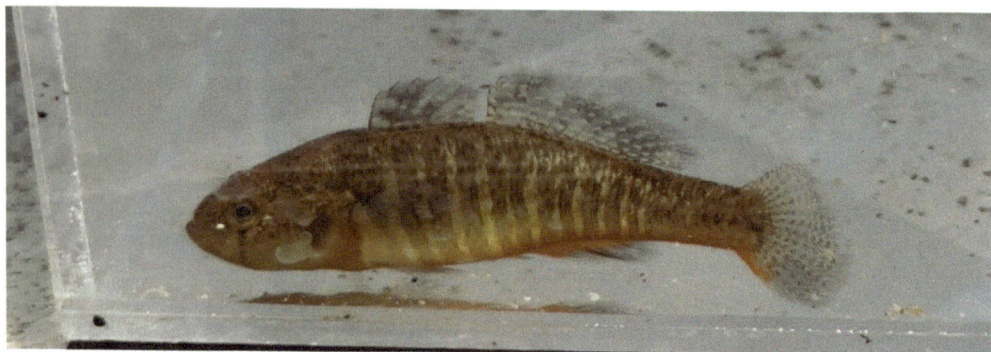

圆尾斗鱼

拉丁学名： *Macropodus chinensis*

物种简介： 丝足鲈科斗鱼属鱼类。体侧扁，口裂小，上、下颌具有细齿。体黑褐色，体侧有 12 条左右的深色横纹，鳃盖后缘有明显的蓝色斑点，尾鳍微红色。喜栖息于静水及小型淡水水体。

分布状况： 怀河。

中国生物多样性红色名录等级： 近危。

河川沙塘鳢

拉丁学名：*Odontobutis potamophila*

物种简介： 沙塘鳢科沙塘鳢属鱼类，为北京市外来鱼种。体延长，粗壮，前部亚圆筒形，后部侧扁。头宽大且平扁，口前位，下颌突出。头、体青黑色，体侧具不规则黑斑。喜栖息于泥沙、杂草和碎石相混杂的浅水区。

分布状况： 怀河、怀九河、怀沙河、沙河、雁栖河、怀柔水库、雁栖湖、大水峪水库。

中国生物多样性红色名录等级： 无危。

特有性： 中国特有种。

（五）合鳃鱼目

中华刺鳅

拉丁学名：*Mastacembelus sinensis*

物种简介： 刺鳅科中华刺鳅属鱼类。体细长，呈圆柱状。头小而尖，口端位。眼前缘下方具1尖端向后的小刺。背鳍前具1排可倒伏于沟槽中的游离小棘。体裸露无鳞片，富黏液。体背为黄褐色，腹部颜色较淡，全身有不规则黑斑纹。喜栖息于水流平缓多水草的浅水区。

分布状况： 怀沙河。

中国生物多样性红色名录等级： 无危。

（六）鳉形目

中华青鳉

拉丁学名：*Oryzias sinensis*

物种简介：怪颌鳉科青鳉属鱼类。体长形，侧扁。头宽而平扁，口上位，眼大。体背青灰色，腹部及各鳍灰白色。体侧上部有 1 条黑色条纹。常成群游于水生植物浓密、水质清澈的静水及缓流水的表层。

分布状况：怀九河、沙河。

中国生物多样性红色名录等级：无危。

（七）鲑形目

池沼公鱼

拉丁学名：*Hypomesus olidus*

物种简介：胡瓜鱼科公鱼属鱼类，为北京市外来鱼种。体细长，侧扁。头小，口前位。背部草绿色，稍带黄色，体侧银白色，鳞片边缘有暗色小斑。喜栖于浮游动物较丰富、水质较清澈的水域。

分布状况：怀柔水库。

中国生物多样性红色名录等级：无危。

第十一章　昆虫

一、怀柔区昆虫多样性

怀柔区昆虫共 14 目 164 科 772 属 985 种。其中，鳞翅目昆虫种类最多，共 404 种；鞘翅目昆虫种类数居第二位，有 234 种；半翅目昆虫种类数居第三位，有 145 种；膜翅目昆虫种类数居第四位，有 53 种；其余昆虫类型物种数均低于 50 种（表 12）。怀柔区分布的中国特有种共 26 种，占怀柔区昆虫总种数的 2.6%。本次调查发现北京市昆虫新记录 1 种，为鞘翅目拟花萤科昆虫异色球柄囊花萤（*Cordylepherus facialis*），并首次在怀柔区发现与记录北京市重点保护昆虫鞘翅目锹甲科昆虫皮氏小刀锹（*Falcicornis tenuecostatus*）。

表 12　怀柔区昆虫分类群统计

目	科	属	种
蜚蠊目	2	2	2
蜻蜓目	7	22	32
蜉蝣目	1	1	1
螳螂目	1	3	5
半翅目	36	123	145
直翅目	9	31	40
革翅目	2	4	6
鞘翅目	29	175	234
脉翅目	5	9	12
广翅目	1	3	4
鳞翅目	36	320	404
蛇蛉目	1	1	1
双翅目	17	41	46
膜翅目	17	37	53
合计	164	772	985

怀柔区蝶类有 5 科 60 属 83 种，包括蛱蝶科 49 种、灰蝶科 13 种、粉蝶科 10 种、弄蝶科 7 种、凤蝶科 4 种。河流谷地和低山区域的蝶类物种丰富度相对较高。

怀柔区蜻蜓有 7 科 22 属 32 种，包括春蜓科 3 种、蟌科 5 种、大蜓科 1 种、蜻科 13 种、色蟌科 2 种、扇蟌科 3 种、蜓科 5 种。怀柔水库、雁栖湖和白河等湿地的蜻蜓物种丰富度较高。

二、怀柔区昆虫名录

	中文名	拉丁名		中文名	拉丁名
（一）	蜚蠊目	Blattodea		混合蜓	*Aeshna mixta*
1.	地鳖蠊科	Corydiidae		淡绿头蜓	*Cephalaeschna patrorum*
	中华真地鳖	*Eupolyphaga sinensis*		碧伟蜓	*Anax parthenope*
2.	蜚蠊科	Blattidae		黑纹伟蜓	*Anax nigrofasciatus*
	黑胸大蠊	*Periplaneta fuliginosa*	（三）	蜉蝣目	Ephemeroptera
（二）	蜻蜓目	Odonata	10.	蜉蝣科	Ephemeridae
3.	春蜓科	Gomphidae		华丽蜉	*Ephemera pulcherrima*
	棘角蛇纹春蜓	*Ophiogomphus spinicornis*	（四）	螳螂目	Mantodea
	艾氏施春蜓	*Sieboldius albardae*	11.	螳科	Mantidae
	马奇异春蜓	*Anisogomphus maacki*		薄翅螳	*Mantis religiosa*
4.	蟌科	Coenagrionidae		枯叶大刀螳	*Tenodera aridifolia*
	捷尾蟌	*Paracercion v-nigrum*		狭翅大刀螳	*Tenodera angustipennis*
	蓝纹尾蟌	*Paracercion calamorum*		中华大刀螳	*Tenodera sinensis*
	七条尾蟌	*Paracercion plagiosum*		广斧螳	*Hierodula patellifera*
	东亚异痣蟌	*Ischnura asiatica*	（五）	半翅目	Hemiptera
	长叶异痣蟌	*Ischnura elegans*	12.	斑蚜科	Drepanosiphidae
5.	大蜓科	Cordulegasteridae		缘瘤栗斑蚜	*Tuberculatus margituberculatus*
	北京大蜓	*Cordulegaster pekinensis*	13.	蝉科	Cicadidae
6.	蜻科	Libellulidae		鸣鸣蝉	*Oncotympana maculaticollis*
	半黄赤蜻	*Sympetrum croceolum*		蒙古寒蝉	*Meimuna mongolica*
	大黄赤蜻	*Sympetrum uniforme*		螗蛄	*Platypleura kaempferi*
	褐带赤蜻	*Sympetrum pedemontanum*		山西姬蝉	*Cicadetta shansiensis*
	竖眉赤蜻	*Sympetrum eroticum*		黑蚱蝉	*Cryptotympana atrata*
	细纹赤蜻	*Sympetrum striolatum*	14.	蝽科	Pentatomidae
	小黄赤蜻	*Sympetrum kunckeli*		宽碧蝽	*Palomena viridissima*
	异色多纹蜻	*Deielia phaon*		菜蝽	*Eurydema dominulus*
	红蜻	*Crocothemis servilia*		横纹菜蝽	*Eurydema gebleri*
	黄蜻	*Pantala flavescens*		茶翅蝽	*Halyomorpha halys*
	白尾灰蜻	*Orthetrum albistylum*		赤条蝽	*Graphosoma rubrolineata*
	黑丽翅蜻	*Rhyothemis fuliginosa*		中华岱蝽	*Dalpada cinctipes*
	缘斑毛伪蜻	*Epitheca marginata*		二星蝽	*Eysarcoris guttiger*
	玉带蜻	*Pseudothemis zonata*		广二星蝽	*Stollia ventralis*
7.	色蟌科	Calopterygidae		辉蝽	*Carbula humerigera*
	黑色蟌	*Atrocalopteryx atrata*		暗绿巨蝽	*Eusthenes saevus*
	透顶单脉色蟌	*Matrona basilaris*		麻皮蝽	*Erthesina fullo*
8.	扇蟌科	Platycnemididae		华麦蝽	*Aelia fieberi*
	白扇蟌	*Platycnemis foliacea*		北曼蝽	*Menida disjecta*
	叶足扇蟌	*Platycnemis phyllopoda*		紫蓝曼蝽	*Menida violacea*
	黑狭扇蟌	*Copera tokyoensis*		庐山珀蝽	*Plautia lushanica*
9.	蜓科	Aeshnidae		珀蝽	*Plautia fimbriata*
	长痣绿蜓	*Aeschnophlebia longistigma*			

	中文名	拉丁名		中文名	拉丁名
	青蝽	*Glaucias dorsalis*	27.	沫蝉科	Cercopidae
	弯角蝽	*Lelia decempunctata*		禾圆沫蝉	*Lepyronia coleoptrata*
	玉蝽	*Hoplistodera fergussoni*		黑额中脊沫蝉	*Mesoptyelus nigrirons*
	金绿真蝽	*Pentatoma metallifera*	28.	角蝉科	Membracidae
15.	地长蝽科	Rhyparochromidae		延安红脊角蝉	*Machaerotypus yananensis*
	白边刺胫长蝽	*Horridipamera lateralis*	29.	蜡蚧科	Coccidae
	白斑地长蝽	*Rhyparochromus albomaculatus*		日本蜡蚧	*Ceroplastes japonicus*
				朝鲜球坚蜡蚧	*Didesmococcus koreanus*
	宽地长蝽	*Rhyparochromus irroratus*	30.	蜡蝉科	Fulgoridae
	东亚毛肩长蝽	*Neolethaeus dalasi*		斑衣蜡蝉	*Lycorma delicatula*
	山地浅缢长蝽	*Stigmatonotum rufipes*		辽栎大蚜	*Lachnus siniquercus*
16.	盾蝽科	Scutelleridae	31.	链介科	Asterolecaniidae
	角盾蝽	*Cantao ocellatus*		异斑链蚧	*Asterodiaspis variabile*
	金绿宽盾蝽	*Poecilocoris lewisi*	32.	猎蝽科	Reduviidae
17.	盾介科	Diaspididae		污黑盗猎蝽	*Pirates turpis*
	桑盾蚧	*Pseudaulacaspis pentagona*		茶褐盗猎蝽	*Pirates fulvescens*
18.	负子蝽科	Belostomatidae		黑光猎蝽	*Ectrychotes andreae*
	日拟负蝽	*Appasus japonicus*		黄足猎蝽	*Sirthenea flavipes*
19.	广翅蜡蝉科	Ricaniidae		淡带荆猎蝽	*Acanthaspis cincticrus*
	透翅疏广蜡蝉	*Euricania clara*		黑腹猎蝽	*Reduvius fasciatus limbatus*
20.	龟蝽科	Plataspidae		褐菱猎蝽	*Isyndus obscurus*
	镶边豆龟蝽	*Megacopta fimbriata*		短斑普猎蝽	*Oncocephalus confusus*
	圆臀大龟蝽	*Aquarius paludum*		双环普猎蝽	*Oncocephalus breviscutum*
	双痣圆龟蝽	*Coptosoma biguttula*		暗素猎蝽	*Epidaus nebulo*
21.	红蝽科	Pyrrhocoridae		华螳瘤猎蝽	*Cnizocoris sinensis*
	地红蝽	*Pyrrhocoris tibialis*		大土猎蝽	*Coranus dilatatus*
22.	花蝽科	Anthocoridae		黑脂猎蝽	*Velinus nodipes*
	黑头叉胸花蝽	*Amphiareus obscuriceps*	33.	盲蝽科	Miridae
	微小花蝽	*Orius minutus*		斑楔齿爪盲蝽	*Deraeocoris ater*
23.	划蝽科	Corixidae		食虫齿爪盲蝽	*Deraeocoris punctulatus*
	阿副划蝽	*Paracorixa concinna amurensis*		小艳齿爪盲蝽	*Deraeocoris scutellaris*
				条赤须盲蝽	*Trigonotylus coelestialium*
24.	姬蝽科	Nabidae		淡缘厚盲蝽	*Eurystylus costalis*
	山高姬蝽	*Gorpis brevilineatus*		眼斑厚盲蝽	*Eurystylus coelestialium*
	角带花姬蝽	*Prostemma hilgendorffi*		绿后丽盲蝽	*Apolygus lucorum*
	华姬蝽	*Nabis sinoferus*		斯氏后丽盲蝽	*Apolygus spinolae*
25.	姬缘蝽科	Rhopalidae		皂荚后丽盲蝽	*Apolygus gleditsiicola*
	点伊缘蝽	*Aeschyntelus notatus*		黑唇苜蓿盲蝽	*Adelphocoris nigritylus*
	开环缘蝽	*Stictopleurus minutus*		苜蓿盲蝽	*Adelphocoris lineolatus*
	粟缘蝽	*Liorhyssus hyalinus*		三点苜蓿盲蝽	*Adelphocoris fasciaticollis*
	亚姬缘蝽	*Corizus tetraspilus*		四斑苜蓿盲蝽	*Adelphocoris quadripunctatus*
	黄伊缘蝽	*Rhopalus maculatus*			
26.	尖胸沫蝉科	Aphrophoridae		小苜蓿盲蝽	*Adelphocoris ponghvariensis*
	松华沫蝉	*Sinophora maculosa*			

	中文名	拉丁名		中文名	拉丁名
	中黑苜蓿盲蝽	*Adelphocoris suturalis*		小绿叶蝉	*Empoasca flavescens*
	棕苜蓿盲蝽	*Adelphocoris rufescens*		黑点片角叶蝉	*Podulmorinus vitticollis*
	黄束盲蝽	*Pilophorus aureus*		大青叶蝉	*Cicadella viridis*
	微小跳盲蝽	*Halticus minutus*		苹果小绿叶蝉	*Empoasca fabae*
	纹翅盲蝽	*Mermitelocerus annulipes*		新县长突叶蝉	*Batracomorphus xinxianensis*
	北京异盲蝽	*Polymerus pekinensis*			
34.	硕蚧科	Margarodidae	44.	异蝽科	Urostylidae
	草履蚧	*Drosicha corpulenta*		短壮异蝽	*Urochela falloui*
35.	木虱科	Psyllidae		红足壮异蝽	*Urochela quadrinotata*
	梨赤木虱	*Cacopsylla pyrisuga*		黄脊壮异蝽	*Urochela tunglingensis*
	桑异脉木虱	*Anomoneura mori*	45.	缘蝽科	Coreidae
36.	跷蝽科	Berytidae		点蜂缘蝽	*Riptortus pedestris*
	锤胁跷蝽	*Yemma signatus*		稻棘缘蝽	*Cletus punctiger*
37.	同蝽科	Acanthosomatidae		暗黑缘蝽	*Hygia opaca*
	背匙同蝽	*Elasmucha dorsalis*		广腹同缘蝽	*Homoeocerus dilatatus*
	曲匙同蝽	*Elasmucha recurva*		波原缘蝽	*Coreus potanini*
	细齿同蝽	*Acanthosoma denticauda*		黑长缘蝽	*Megalotomus junceus*
	直同蝽	*Elasmostethus interstinctus*		波赭缘蝽	*Ochrochira potanini*
38.	土蝽科	Cydnidae		环胫黑缘蝽	*Hygia touchei*
	异色阿土蝽	*Adomerus variegatus*		棕长缘蝽	*Megalotomus castaneus*
	大鳖土蝽	*Adrisa magna*	46.	毡蚧科	Eriococcidae
	青草土蝽	*Macroscytus subaeneus*		石榴囊毡蚧	*Eriococcus lagerostroemiae*
39.	网蝽科	Tingidae	47.	长蝽科	Lygaeidae
	悬铃木方翅网蝽	*Corythucha ciliata*		大眼长蝽	*Geocoris pallidipennis*
	梨冠网蝽	*Stephanitis nashi*		角红长蝽	*Lygaeus hanseni*
	长毛菊网蝽	*Tingis pilosa*		红脊长蝽	*Tropidothorax elegans*
	窄眼网蝽	*Birgitta capitata*		桦穗长蝽	*Kleidocerys resedae*
	折板网蝽	*Physatocheila costata*		小长蝽	*Nysius ericae*
40.	象蜡蝉科	Dictyopharidae		巴氏直缘长蝽	*Ortholomus batui*
	伯瑞象蜡蝉	*Dictyophora patruelis*		红褐肿腮长蝽	*Arocatus rufipes*
41.	蝎蝽科	Nepidae	(六)	直翅目	Orthoptera
	中华螳蝎蝽	*Ranatra chinensis*	48.	蝗科	Acrididae
42.	蚜科	Aphididae		红褐斑腿蝗	*Catantops pinguis*
	麦无网蚜	*Metopolophium dirhodum*		笨蝗	*Haplotropis brunneriana*
	侧管小长管蚜	*Macrosiphoniella atra*		云斑车蝗	*Gastrimargus marmoratus*
	胡枝子修尾蚜	*Megoura lespedezae*		中华雏蝗	*Chorthippus chinensis*
	棉蚜	*Aphis gossypii*		东亚飞蝗	*Locusta migratoria manilensis*
	甜菜蚜	*Aphis fabae*			
	桃瘤头蚜	*Tuberocephalus momonis*		短额负蝗	*Atractomorpha sinensis*
43.	叶蝉科	Cicadellidae		长翅黑背蝗	*Euprepocnemis shirakii*
	窗耳叶蝉	*Ledra auditura*		中华剑角蝗	*Acrida cinerea*
	白边大叶蝉	*Kolla paulula*		中华蚱蜢	*Acrida chinensis*
	黑尾凹大叶蝉	*Bothrogonia ferruginea*		花胫绿纹蝗	*Aiolopus tamulus*
	大麻角胸叶蝉	*Tituria sativa*		短角外斑腿蝗	*Xenocatantops brachycerus*

	中文名	拉丁名		中文名	拉丁名
	黄胫小车蝗	*Oedaleus infernalis*		蠼螋	*Labidura ruparia*
	短星翅蝗	*Calliptamus abbreviatus*		日本蠼螋	*Labidura japonica*
	疣蝗	*Trilophidia annulata*		白角蠼螋	*Anisobobis marginalis*
49.	癞蟋科	Mogoplistidae	（八）	鞘翅目	Coleoptera
	日本似芫蟋	*Meloimorpha japonica*	59.	斑金龟科	Trichiidae
50.	蛉蟋科	Trigonidiidae		短毛斑金龟	*Lasiotrichius succinctus*
	斑翅灰针蟋	*Polionemobius taprobanensis*	60.	步甲科	Carabidae
				星斑虎甲	*Cylindera kaleea*
	斑腿双针蟋	*Dianemobius fascipes*		黄斑青步甲	*Chlaenius micans*
51.	蝼蛄科	Gryllotalpidae		罕丽步甲	*Carabus billbergi*
	东方蝼蛄	*Gryllotalpa orientalis*		脊步甲	*Carabus canaliculatus*
	单刺蝼蛄	*Gryllotalpa unispina*		粒步甲	*Carabus granulatus*
52.	树蟋科	Oencanthidae		绿步甲	*Carabus smaragdinus*
	长瓣树蟋	*Oecanthus longicauda*		麻步甲	*Carabus brandti*
53.	驼螽科	Rhaphidophoridae		碎纹粗皱步甲	*Carabus crassesculptus*
	中华突灶螽	*Tachycines chinensis*		萨哈林虎甲	*Cicindela sachalinensis*
54.	蟋蟀科	Gryllidae		芽斑虎甲	*Cicindela gemmata*
	迷卡斗蟋	*Velarifictorus micado*		格脊角步甲	*Poecilus gebleri*
	长颚斗蟋	*Velarifictorus aspersus*		壮脊角步甲	*Poecilus fortipes*
	多伊棺头蟋	*Loxoblemmus doenitzi*		黑锯步甲	*Pristosia nitidula*
	窃棺头蟋	*Loxoblemmus detectus*		草原婪步甲	*Harpalus pastor*
	石首棺头蟋	*Loxoblemmus equestris*		朝鲜婪步甲	*Harpalus coreanus*
	北京油葫芦	*Teleogryllus mitratus*		谷婪步甲	*Harpalus calceatus*
	黑脸油葫芦	*Teleogryllus occipitalis*		毛婪步甲	*Harpalus griseus*
	黄脸油葫芦	*Teleogryllus emma*		直角婪步甲	*Harpalus corporosus*
55.	蚱科	Tetrigidae		四斑偏须步甲	*Panagaeus davidi*
	日本蚱	*Tetrix japonica*		淡足青步甲	*Chlaenius pallipes*
56.	螽斯科	Tettigoniidae		埃氏通缘步甲	*Pterostichus eschscholtzii*
	斑翅草螽	*Conocephalus maculatus*		小头通缘步甲	*Pterostichus microcephalus*
	长瓣草螽	*Conocephalus exemptus*		蒙古伪葬步甲	*Pseudotaphoxenus mongolicus*
	暗褐蝈螽	*Gampsocleis sedakovii*			
	优雅蝈螽	*Gampsocleis gratiosa*		布氏细胫步甲	*Agonum buchanani*
	中华寰螽	*Atlanticus sinensis*		大星步甲	*Calosoma maximoviczi*
	邦内特姬螽	*Metrioptera bonneti*		中华广肩步甲	*Calosoma maderae*
	日本条螽	*Ducetia japonica*		蠋步甲	*Dolichus halensis*
	秋奇掩耳螽	*Elimaea fallax*		连珠虎甲	*Cicindela sumartrensis*
	中华尤螽	*Uvarovina chinensis*		三色虎甲	*Cicindela trifasciata*
	纺织娘	*Mecopoda elongata*		中华虎甲	*Cicindela chinensis*
（七）	革翅目	Dermaptera	61.	郭公甲科	Cleridae
57.	球螋科	Forficulidae		黄斑奥郭公甲	*Opilo luteonotatus*
	齿球螋	*Forficula mikado*		红胸拟蚁郭公虫	*Thansimus formicarius*
	迭球螋	*Forficula vicaria*		黄斑番郭公甲	*Xenorthrius incarinipes*
	日本张球螋	*Anechura japonica*		盘斑番郭公甲	*Xenorthrius discoidalis*
58.	蠼螋科	Labiduridae		中华食蜂郭公甲	*Trichodes sinae*

	中文名	拉丁名		中文名	拉丁名
62.	红金龟科	Ochodaeidae		毛黄脊鳃金龟	*Miridiba trichophora*
	锈红金龟	*Ochodaeus ferrugineus*		棕脊头鳃金龟	*Miridiba castanea*
63.	红萤科	Lycidae		波氏异丽金龟	*Anomala potanini*
	赤缘吻红萤	*Lycostomus porphyrophorus*		蒙古丽金龟	*Anomala mongalica*
64.	虎象科	Cicindelidae		铜绿异丽金龟	*Anomala corpulenta*
	杏虎象	*Rhynchites fulgidus*		蜣螂	*Copris sinicus*
	粗胸金象	*Byctiscus rugosus*		黑绒金龟	*Maladera orientalis*
65.	花萤科	Cantharidae		阔胫玛绢金龟	*Maladera verticalis*
	环双齿花萤	*Podabrus annulatus*		日本绒金龟	*Maladera japonica*
	红毛花萤	*Cantharis rufa*		华北大黑鳃金龟	*Holotrichia oblita*
	柯氏花萤	*Cantharis knizeki*		海索鳃金龟	*Sophrops heydeni*
	棕缘花萤	*Cantharis brunneipennis*		赭翅臀花金龟	*Campsiura mirabilis*
	糙翅丽花萤	*Themus impressipennis*		掘嗡蜣螂	*Onthophagus fodiens*
	黑斑丽花萤	*Themus stigmaticus*		二色希金龟	*Hilyotrogus bicoloreus*
	黄足丽花萤	*Themus luteipes*		拟凸眼绢金龟	*Ophthalmoserica rosinae*
	里森丽花萤	*Themus licenti*		小毛棕鳃金龟	*Brachmina rubeta*
	北京丝角花萤	*Rhagonycha pekinensis*	68.	卷象科	Attelabidae
	湖北丝角花萤	*Rhagonycha hubeina*		梨卷叶象	*Byctiscus betulae*
	湖北异花萤	*Lycocerus hubeiensis*		苹果卷叶象	*Byctiscus princeps*
	毛胸异花萤	*Lycocerus pubicollis*		南蛇藤斑卷象	*Paroplapodereus angulipennis*
	红翅圆胸花萤	*Prothemus purpureipennis*			
66.	吉丁科	Buprestidae	69.	叩甲科	Elateridae
	桦双尾吉丁	*Dicerca furcata*		伪齿爪叩甲	*Platynychus nothus*
	红缘绿吉丁	*Lampra bellula*		沟线角叩甲	*Plenomus canaliculatus*
	金缘吉丁	*Lampra cimbata*		浑源金叩甲	*Selatosomus hunyuanensis*
	绿窄吉丁	*Agrilus viridis*		褐纹金针甲	*Melantotus caudex*
	双点窄吉丁	*Agrilus biguttatus*		泥红槽甲指名亚种	*Agrypnus argillaceus argillaceus*
67.	金龟科	Scarabaeidae		双瘤槽缝叩甲	*Agrypnus bipapulatus*
	云斑鳃金龟	*Polyphylla laticollis*		河北梳爪叩甲	*Melanotus hebeiensis*
	白斑跗花金龟	*Clinterocera mandarina*		筛胸梳爪叩甲	*Melanotus cribricollis*
	钝毛鳞花金龟	*Cosmiomorpha setulosa*		细胸锥尾叩甲	*Agriotes subvittatus*
	小青花金龟	*Oxycetonia jucunda*		黑斑锥胸叩甲	*Ampedus sanguinolentus*
	白星花金龟	*Protaetia brevitarsis*	70.	龙虱科	Dytiscidae
	饥星花金龟	*Protaetia famelica*		小雀斑龙虱	*Rhantus suturalis*
	蓝边矛金龟	*Callistethus plagiicollis*	71.	露尾甲科	Nitidulidae
	京绿彩丽金龟	*Mimela pekinensis*		四斑露尾甲	*Glischrochilus japonicus*
	弟兄鳃金龟	*Melolontha frater*	72.	拟步甲科	Tenebrionidae
	黄斑短突花金龟	*Glycyphana fulvistemma*		黑带差伪叶甲	*Xanthalia nigrovittata*
	庭园发丽金龟	*Phyllopertha horticola*		李氏刺甲	*Platyscelis licenti*
	黄缘蜉金龟	*Aphodius sublimbatus*		刃脊角伪叶甲	*Cerogria klapperichi*
	福婆鳃金龟	*Brahmina faldermanni*		油泽琵甲	*Blaps eleodes*
	棉花弧丽金龟	*Popillia mutans*		网目土甲	*Gonocephalum reticulatum*
	中华弧丽金龟	*Popillia quadriguttata*		多毛伪叶甲	*Lagria hirta*
	虎皮斑金龟	*Trichius fasciatus*			

中文名	拉丁名		中文名	拉丁名
黑头伪叶甲	*Lagria atriceps*		红缘亚天牛	*Anoplistes halodendri pirus*
黑胸伪叶甲	*Lagria nigricollis*		显纹虎天牛	*Grammographus notabilis*
污朽木甲	*Borboresthes piceus*		中华锯花天牛	*Apatophysis sinica*
针污朽木甲	*Borboresthes acicularis*		伪昏天牛	*Pseudanaesthetis langana*
亚尖污朽木甲	*Borhoresthes subapicalis*		栗肿角天牛	*Neocerambyx raddei*
东方小垫甲	*Luprops orientalis*		拟金花天牛	*Kacerdes melanura*
窄跗栉甲	*Cteniopinus tenuitarsis*		桃红颈天牛	*Aromia bungii*
73. 拟花萤科	Melyridae		薄翅锯天牛	*Megopis sinica*
异色球柄囊花萤	*Cordylepherus facialis*		栗山天牛	*Mallambyx raddei*
74. 拟天牛科	Oedemeridae		槐绿虎天牛	*Chlorophorus diadema*
光亮拟天牛	*Oedemera lucidicollis*		六斑绿虎天牛	*Chlorophorus sexmaculatus*
墨绿拟天牛	*Oedemera virescens*		麻竖毛天牛	*Thyestilla gebleri*
75. 皮金龟科	Trogidae		麻斑墨天牛	*Monochamus aparsutus*
粗皱皮金龟	*Trox scaber*		松墨天牛	*Monochamus atternatus*
76. 瓢虫科	Coccinellidae		栎旋木柄天牛	*Aphrodisium sauteri*
黑缘红瓢虫	*Chilocorus rubidus*		凹缘拟金花天牛	*Paragaurotes ussuriensis*
二星瓢虫	*Adalia bipunctata*		三脊坡天牛	*Pterolophia granulata*
龟纹瓢虫	*Propylaea japonica*		家茸天牛	*Trichoferus campestris*
十二斑褐菌瓢虫	*Vibidia duodecimguttata*		三条小筒天牛	*Phytoecia rufipes*
十斑裸瓢虫	*Calvia decemguttata*		暗背驼花天牛	*Pidonia obfuscata*
十四星裸瓢虫	*Calvia quatuordecimguttata*		淡胫驼花天牛	*Pidonia debilis*
马铃薯瓢虫	*Henosepilachna vigintioctomaculata*		曲纹花天牛	*Leptura arcuata*
			双簇污天牛	*Moechotypa diphysis*
黑背毛瓢虫	*Scymnus babai*		四点象天牛	*Mesosa myops*
七星瓢虫	*Coccinella septempunctata*		光肩星天牛	*Anoplophora glabripennis*
中国双七瓢虫	*Coccinula sinensis*		星天牛	*Anoplophora chinensis*
菱斑巧瓢虫	*Oenopia conglobata*		白带艳虎天牛	*Rhaphuma gracilipes*
异色瓢虫	*Harmonia axyridis*		东亚艳虎天牛	*Rhaphuma xenisca*
隐斑瓢虫	*Harmonia yedoensisi*		79. 象甲科	Curculionidae
多异瓢虫	*Hippodamia variegata*		黄斑船象	*Anthinobaris dispilota*
77. 锹甲科	Lucanidae		臭椿沟眶象	*Eucryptorrhynchus brandti*
大卫刀锹甲	*Dorcus davidis*		二斑尖眼象	*Ceutorhynchus bipunctatus*
斑股锹甲	*Lucanus maculifemoratus*		大菊花象	*Larinus kishiidai*
皮氏小刀锹	*Falcicornis tenuecostatus*		枫杨卷叶象甲	*Paraplapoderum semiannuletus*
78. 天牛科	Cerambycidae			
赭色艾格天牛	*Egesina umbrina*		方格毛角象	*Ptochidius tessellatus*
云斑白条天牛	*Batocera horsfieldi*		玫瑰花象	*Anthonornus terreus*
黄带多带天牛	*Polyzonus fasciatus*		北京三纹象	*Lagenolobus sieversi*
苜蓿多节天牛	*Agapanthia amurensis*		圆筒筒喙象	*Lixus antennatus*
榆勾天牛	*Exocentrus ulmicola*		锥胸筒喙象	*Lixus fasciculatus*
斜翅黑点粉天牛	*Olenecamptus subobliteratus*		大圆筒象	*Macrocorynus psttacin*
中黑肖亚天牛	*Amarysius altajensis*		黑白象	*Peridinetus cretaceus*
鞍背亚天牛	*Anoplistes halodendri ephippium*		黄星象甲	*Lepyrus japonicus*
			栲栎象	*Curculio dentipes*

	中文名	拉丁名		中文名	拉丁名
	短带长毛象	*Enaptorrhinus convexiusculus*	85.	萤科	Lampyridae
				胸窗萤	*Pyrocoelia pectoralis*
	中华长毛象	*Enaptorrhinus sinensis*		黄脉翅萤	*Curtos costipennis*
80.	薪甲科	Curculionidae	86.	葬甲科	Silphidae
	隆背花薪甲	*Cortinicara gibbosa*		黑覆葬甲	*Nicrophorus concolor*
81.	牙甲科	Curculionidae		滨尸葬甲	*Necrodes littoralis*
	隆线梭腹牙甲	*Cercyon laminatus*		亚洲尸葬甲	*Necrodes asiaticus*
82.	芫菁科	Meloidae		隧葬甲	*Silpha perforata*
	中华豆芫菁	*Epicauta chinensis*		日真葬甲	*Eusilpha japonica*
	中突沟芫菁	*Hycleus medioinsignatus*	87.	沼梭甲科	Haliplidae
	绿芫菁	*Lytta caraganae*		北京水梭	*Peltodytes pekinensis*
	眼斑芫菁	*Mylabris cichorii*	(九)	脉翅目	Neuroptera
83.	叶甲科	Chrysomelidae	88.	草蛉科	Chrysopidae
	核桃扁叶甲	*Gastrolina depressa*		大草蛉	*Chrysopa pallens*
	萹蓄齿胫叶甲	*Gastrophysa polygoni*		丽草蛉	*Chrysopa formasa*
	黑额粗足叶甲	*Physosmaragdina nigrifrons*		亚非草蛉	*Chrysopa boninensis*
	枸杞负泥虫	*Lema decempunctata*		中华草蛉	*Chrysopa sinica*
	蓝负泥虫	*Lema concinnipennis*		日本通草蛉	*Chrysopaerla nipponensis*
	梨光叶甲	*Smaragdina semiaurantiaca*	89.	蝶角蛉科	Ascalaphidae
	酸枣光叶甲	*Smaragdina mandzhura*		狭翅原完眼蝶角蛉	*Protidricerus stenopterus*
	棕红厚缘肖叶甲	*Aoria rufotestacea*			
	蒿金叶甲	*Chrysolina aurichalcea*	90.	褐蛉科	Hemerobiidae
	胡枝子克萤叶甲	*Cneorane violaceipennis*		全北褐蛉	*Hemerobius humuli*
	甘薯腊龟甲	*Laccoptera quadrimaculata*	91.	螳蛉科	Mantispidae
	双斑瓢跳甲	*Argopistes biplagiatus*		汉优螳蛉	*Eumantispa harmandi*
	二点钳叶甲	*Labidostomis bipunctata*		斯提利亚螳蛉	*Mantispa styriaca*
	中华钳叶甲	*Labidostomis chinensis*	92.	蚁蛉科	Myrmeleontidae
	老鹳草跳甲	*Altica viridicyanea*		追击大蚁蛉	*Heoclisis japonica*
	朴草跳甲	*Altica caerulescens*		朝鲜东蚁蛉	*Euroleon coreanus*
	棕角胸肖叶甲	*Boasilepta sinara*		褐树蚁蛉	*Dendroleon pantherinus*
	杨叶甲	*Chrysomela populi*	(十)	广翅目	Megaloptera
	宽条隐头叶甲	*Cryptocephalus multiplex*	93.	齿蛉科	Corydalidae
	绿蓝隐头叶甲	*Cryptocephalus regalis*		中华斑鱼蛉	*Neochauliodes sinensis*
	酸枣隐头叶甲	*Cryptocephalus japanus*		东方巨齿蛉	*Acanthacorydalis orientalis*
	榆隐头叶甲	*Cryptocephalus lemniscatus*		大星齿蛉	*Protohermes grandis*
	阔胫萤叶甲	*Pallasiola absinthii*		炎黄星齿蛉	*Protohermes xanthodes*
	榆黄叶甲	*Pyrrhalta maculicollis*	(十一)	鳞翅目	Lepidoptera
	榆紫叶甲	*Ambrostoma quadriimpressum*	94.	波纹蛾科	Thyatiridae
				华波纹蛾	*Habrosyne pyritoides*
	黄斑长跗萤叶甲	*Monolepta signata*		沤泊波纹蛾	*Bombycia ocularis*
	二纹柱萤叶甲	*Gallerucida bifasciata*		白太波纹蛾	*Tethea albicostata*
84.	隐翅虫科	Staphylinidae		点太波纹蛾	*Tethea octogesima*
	韦氏迅隐翅虫	*Ocypus weisei*	95.	蚕蛾科	Bombycidae
	梭毒隐翅虫	*Paederus fuscipes*		桑野蚕	*Bombyx mandarina*

	中文名	拉丁名	中文名	拉丁名
96.	草螟科	Crambidae	槐尺蛾	*Chiasmia cinerearia*
	白点暗野螟	*Bradina atopalis*	饰奇尺蛾	*Chiasmia ornataria*
	三点并脉草螟	*Neopediasia mixtalis*	灰褐水尺蛾	*Hydrelia enisaria*
	洁波水螟	*Paracymoriza prodigalis*	黑岛尺蛾	*Melanthia procellata*
	款冬玉米螟	*Ostrinia scapulalis*	桦尺蛾	*Biston betularia*
	豆荚野螟	*Maruca testulalis*	黄连木尺蛾	*Biston panterinaria*
	豆啮叶齿螟	*Omiodes indicata*	槐尺蠖	*Semiothisa cinerearia*
	棉褐环野螟	*Haritalodes derogate*	枯黄惑尺蛾	*Epholca auratilis*
	白桦角须野螟	*Agrotera nemoralis*	紫边姬尺蛾	*Idaea nielseni*
	白蜡卷须野螟	*Palpita nigropunctalis*	折无缰青尺蛾	*Hemistola zimmermanni*
	四斑绢野螟	*Glyphodes quadrimaculalis*	角顶尺蛾	*Menophra emaria*
	岷山目草螟	*Catoptria minshani*	丝棉木金星尺蛾	*Calospilos suspecta*
	三纹褐卷叶野螟	*Hedylepta tristrialis*	中华鲨尺蛾	*Ligdia sinica*
	金黄帕野螟	*Paliga auratalis*	肾纹绿尺蛾	*Comibaena procumbaria*
	黄斑切叶野螟	*Herpetogramma ochrimaculalis*	紫斑绿尺蛾	*Comibaena nigromacularia*
	葡萄切叶野螟	*Herpetogramma luctuosalis*	泼墨尺蛾	*Ninodes splendens*
	贯众伸喙野螟	*Uresiphita gracilis*	格庶尺蛾	*Chiasmia hebesata*
	黑斑蚀叶野螟	*Lamprosema sibirialis*	槐尺蛾	*Chiasmia cinerearia*
	扶桑四点野螟	*Notarcha quaternalis*	绿芹尺蛾	*Apithecia viridata*
	黄纹髓草螟	*Calamotropha paludella*	桑尺蛾	*Menophra atrilineata*
	细条纹野螟	*Tabidia strigiferalis*	山枝子尺蛾	*Aspilates geholaria*
	稻筒水螟	*Nymphula fluctuosalis*	黄双线免尺蛾	*Syrrhodia perlutea*
	褐萍水螟	*Nymphula responsalis*	四星尺蛾	*Ophthalmitis irroraria*
	玉米螟	*Pyrausta nubilalis*	紫条尺蛾	*Timandra recompta*
	三环狭野螟	*Mabra charonialis*	驼尺蛾	*Pelurga comitata*
	草地螟	*Loxostege sticticalis*	刺槐外斑尺蛾	*Ectropis excellens*
	毛锥岐角螟	*Cotachena pubescens*	雪尾尺蛾	*Ourapteryx nivea*
97.	巢蛾科	Yponomeutidae	幔折线尺蛾	*Ecliptopera silaceata*
	冬青卫矛巢蛾	*Yponomeuta griseatus*	红双线免尺蛾	*Hyperythra obliqua*
98.	尺蛾科	Geometridae	白点小花尺蛾	*Eupithecia tripunctaria*
	大造桥虫	*Ascotis selenaria*	黄星尺蛾	*Arichanna melanaria*
	睡莲白尺蛾	*Asthena nymphaeata*	锯线烟尺蛾	*Phthonosema serratilinearia*
	月斑灰褐尺蛾	*Hypomecis punctinalis*	苹烟尺蛾	*Phthonosema tendinosaria*
	叉线卑尺蛾	*Endropiodes abjecta*	淡小姬尺蛾	*Scopula ignobilis*
	北京尺蠖	*Epipristis transiens*	麻岩尺蛾	*Scopula nigropunctata*
	四点波翅青尺蛾	*Thalera laceraria*	佳眼尺蛾	*Problepsis eucircota*
	枯斑翠尺蛾	*Eucyclodes diddicta*	纹眼尺蛾	*Problepsis plagiata*
	超岩尺蛾	*Scopula superior*	长眉眼尺蛾	*Problepsis changmei*
	木撩尺蠖	*Culculia panterinaria*	焦斑艳青尺蛾	*Agathia curvifiniens*
	泛尺蛾	*Orthonama obstipata*	杨尺蠖	*Apocheima cinerarius*
	安仿锈腰尺蛾	*Chlorissa anadema*	橙银线尺蛾	*Scardamia aurantiacaria*
	遗仿锈腰青尺蛾	*Chlorissa obliterata*	墨绿幽尺蛾	*Gnophos caenosa*
	青辐射尺蛾	*Iotaphora admirabilis*	掌尺蛾	*Amraica superans*
			直脉青尺蛾	*Geometra valida*

	中文名	拉丁名		中文名	拉丁名
99.	刺蛾科	Limacodidae		网卑钩蛾	*Microblepsis acuminata*
	扁刺蛾	*Thosea sinensis*	107.	灰蝶科	Lycaenidae
	黄刺蛾	*Monema flavescens*		中华爱灰蝶	*Aricia mandschurica*
	褐边绿刺蛾	*Parasa consocia*		点玄灰蝶	*Tongeia fischeri*
	中国绿刺蛾	*Parasa sinica*		红灰蝶	*Lycaena phlaeas*
	梨娜刺蛾	*Narosoideus flavidorsalis*		红珠灰蝶	*Lycaeides argyrognomon*
100.	大蚕蛾科	Saturniidae		黑灰蝶	*Niphanda fusca*
	雾灵豹蚕蛾	*Loepa wlingana*		琉璃灰蝶	*Celastrina argiolus*
	樗蚕	*Philosamia cynthia*		乌洒灰蝶	*Satyrium w-album*
	绿尾大蚕蛾	*Actias ningpoana*		幽洒灰蝶	*Satyrium iyonis*
101.	灯蛾科	Arctiidae		东北梳灰蝶	*Ahlbergia frivaldszkyi*
	美国白蛾	*Hyphantria cunea*		多眼灰蝶	*Polyommatus eros*
	斑灯蛾	*Pericallia matronula*		翠艳灰蝶	*Favonius taxila*
	红缘灯蛾	*Aloa lactinea*		东方艳灰蝶	*Favonius orientalis*
	肖浑黄灯蛾	*Rhyparioides amurensis*		考艳灰蝶	*Favonius korshunovi*
	排点灯蛾	*Diacrisia sannio*	108.	蛱蝶科	Nymphalidae
	人纹污灯蛾	*Spilarctia subcarnea*		阿芬眼蝶	*Aphantopus hyperantus*
	淡黄望灯蛾	*Lemyra jankowskii*		白眼蝶	*Melanargia halimede*
	白雪灯蛾	*Chionarctia niveus*		华北白眼蝶	*Melanargia epimede*
102.	毒蛾科	Lymantriidae		漫丽白眼蝶	*Melanargia meridionalis*
	盗毒蛾	*Porthesia similis*		绿豹蛱蝶	*Argynnis paphia*
	折带黄毒蛾	*Euproctis flava*		曲纹银豹蛱蝶	*Argynnis zenobia*
	杨雪毒蛾	*Leucoma candida*		重瞳黛眼蝶	*Lethe trimacula*
103.	粉蝶科	Pieridae		斗毛眼蝶	*Lasiommata deidamia*
	东亚豆粉蝶	*Colias poliographus*		淡色多眼蝶	*Kirinia epimenides*
	菜粉蝶	*Pieris rapae*		东亚福豹蛱蝶	*Fabriciana xipe*
	黑纹粉蝶	*Pieris melete*		灿福蛱蝶	*Fabriciana adippe*
	淡色钩粉蝶	*Gonepteryx aspasia*		白钩蛱蝶	*Polygonia c-album*
	钩粉蝶	*Gonepteryx mahaguru*		黄钩蛱蝶	*Polygonia c-aureum*
	尖钩粉蝶	*Gonepteryx rhamni*		黑脉蛱蝶	*Hestina assimilis*
	檗黄粉蝶	*Terias blanda*		大红蛱蝶	*Vanessa indica*
	小檗绢粉蝶	*Aporia crataegi*		小红蛱蝶	*Vanessa cardui*
	突角小粉蝶	*Leptidea amurensis*		单环蛱蝶	*Neptis coenobita*
	云粉蝶	*Pontia daplidice*		黄环蛱蝶	*Neptis themis*
104.	凤蝶科	Papilionidae		链环蛱蝶	*Neptis pryeri*
	柑橘凤蝶	*Papilio xuthus*		提环蛱蝶	*Neptis thisbe*
	金凤蝶	*Papilio machaon*		小环蛱蝶	*Neptis sappho*
	绿带翠凤蝶	*Papilio maackii*		重环蛱蝶	*Neptis alwina*
	丝带凤蝶	*Sericinus montela*		锦瑟蛱蝶	*Chalinga pratti*
105.	凤蛾科	Papilionidae		孔雀蛱蝶	*Aglais io*
	榆凤蛾	*Epocopeia mencia*		老豹蛱蝶	*Argyronome laodice*
106.	钩蛾科	Drepanidae		西冷珍蛱蝶	*Clossiana selenis*
	赤杨镰钩蛾	*Drepana curvatula*		黄环链眼蝶	*Lopinga achine*
	三线钩蛾	*Pseudalbara fuscifascia*		琉璃蛱蝶	*Kaniska canace*

怀山柔水，万物共生：北京市怀柔区生物多样性

中文名	拉丁名		中文名	拉丁名
白斑迷蛱蝶	*Mimathyma schrenckii*	112.	瘤蛾科	Nolidae
夜迷蛱蝶	*Mimathyma nycteis*		栎点瘤蛾	*Nola confusalis*
牧女珍眼蝶	*Genonympha amaryllis*		洼皮夜蛾	*Nolathripa lactaria*
柳紫闪蛱蝶	*Apatura ilia*		锈点瘤蛾	*Nola aerugula*
曲带闪蛱蝶	*Apatura laverna*	113.	鹿蛾科	Amatidae
细带闪蛱蝶	*Apatura metis*		蕾鹿蛾	*Amata germana*
蛇眼蝶	*Minois dryas*		桑鹿蛾	*Amata mandarinia*
舜眼蝶	*Loxerebia saxicola*	114.	箩纹蛾科	Brahmaeidae
阿尔网蛱蝶	*Melitaea arcesia*		黄褐箩纹蛾	*Brahmaea certhia*
普网蛱蝶	*Melitaea protomedia*	115.	麦蛾科	Gelechiidae
横眉线蛱蝶	*Limenitis moltrechti*		绣线菊背麦蛾	*Anacampsis solemnella*
折线蛱蝶	*Limenitis sydyi*	116.	螟蛾科	Pyralidae
重眉线蛱蝶	*Limenitis amphyssa*		菜螟	*Hellula undalis*
小豹蛱蝶	*Brenthis daphne*		艳双点螟	*Orybina regalis*
伊诺小豹蛱蝶	*Brenthis ino*		豆荚斑螟	*Etiella zinckenella*
多斑艳眼蝶	*Callerebia polyphemus*		白条峰斑螟	*Acrobasis injunctella*
银斑豹蛱蝶	*Speyeria aglaja*		褐巢螟	*Hypsopygia regina*
爱珍眼蝶	*Coenonympha oedippus*		黄野螟	*Heortia vitessoides*
英雄珍眼蝶	*Coenonympha hero*		芝麻荚野螟	*Antigastra catalaunalis*
蜘蛱蝶	*Araschnia levana*		双裂类荚斑螟	*Etielloides bipartitellus*
朱蛱蝶	*Nymphalis xanthomelas*		金黄螟	*Pyralis regalis*
109.	尖蛾科	Nymphalidae		紫斑谷螟	*Pyralis farinalis*
	白缘星尖蛾	*Pancalia isshikii*		库氏岐角螟	*Endotricha kuznetzovi*
110.	卷蛾科	Tortricidae		冷杉梢斑螟	*Dioryctria abietella*
	白钩小卷蛾	*Epiblema foenella*		黑点蚀叶野螟	*Lamprosema commixta*
	毛颚小卷蛾	*Lasiognatha cellifera*		大豆网丛螟	*Teliphasa elegans*
	棉褐带卷蛾	*Adoxophyes honmai*		垂斑纹丛螟	*Stericta flavopuncta*
	苹白小卷蛾	*Spilonota ocellana*		灰直纹螟	*Orthopygia glaucinalis*
	松瘿小卷蛾	*Cydia zebeana*		曲小茸斑螟	*Trachycera curvella*
	梅花小卷蛾	*Olethreutes dolosana*		双纹须歧角螟	*Trichophysetis cretacea*
	杨柳小卷蛾	*Gynnidomorpha minutana*		山东云斑螟	*Nephopterix shantungella*
	细圆卷蛾	*Neocalyptis liratana*		双色云斑螟	*Nephopterix bicolorella*
	山毛榉长翅卷蛾	*Acleris ferrugana*		双线云斑螟	*Nephopterix bilineatella*
111.	枯叶蛾科	Lasiocampidae		榄绿岐角螟	*Endotricha olivacealis*
	绿黄枯叶蛾	*Trabia vishnou*		红云翅斑螟	*Oncocera semirubella*
	李枯叶蛾	*Gastropacha quercifolia*		二点织螟	*Aphomia zelleri*
	杨枯叶蛾	*Gastropacha populifolia*		艾锥额野螟	*Loxostege aeruginalis*
	栎距钩蛾	*Agnidra scabiosa*	117.	木蠹蛾科	Cossidae
	东北栎枯叶蛾	*Paralebeda femorata femorata*		多斑豹蠹蛾	*Zeuzera multistrigata*
				芳香木蠹蛾	*Cossus cossus*
	苹枯叶蛾	*Odonestis pruni*		黄胸木蠹蛾	*Cossus chinensis*
	西伯利亚松毛虫	*Dendrolimus sibiricus*		柳木蠹蛾	*Holcocerus vicarius*
	油松毛虫	*Dendrolimus tabulaeformis*		小线角木蠹蛾	*Holcocerus insularis*
	波纹杂枯叶蛾	*Kunugia undans*	118.	目夜蛾科	Erebidae

中文名	拉丁名		中文名	拉丁名
小贫夜蛾	*Simplicia cornicalis*		白星天蛾	*Dolbina inexactta*
戚夜蛾	*Paragabara flavomacula*		绒星天蛾	*Dolbina tancrei*
宁裳夜蛾	*Catocala nymphaeoides*		核桃鹰翅天蛾	*Ambulyx schauffelbergeri*
白肾夜蛾	*Edessena gentiusalis*		小豆长喙天蛾	*Macroglossum stellatarum*
放影夜蛾	*Lygephila craccae*	122.	透翅蛾科	Sesiidae
119. 弄蝶科	Hesperiidae		海棠透翅蛾	*Synanthedon haitangvora*
双带弄蝶	*Lobocla bifasciata*		白杨透翅蛾	*Paranthrene tabaniformis*
河伯锷弄蝶	*Aeromachus inachus*	123.	小卷蛾科	Olethreutidae
黑弄蝶	*Daimio tethys*		栗实卷叶蛾	*Laspeyresia splendana*
花弄蝶	*Pyrgus maculatus*	124.	夜蛾科	Noctuidae
黄弄蝶	*Potanthus confucius*		白夜蛾	*Chasminodes albonitens*
链弄蝶	*Heteropterus morpheus*		三斑蕊夜蛾	*Cymatophoropsis trimaculata*
白斑赭弄蝶	*Ochlodes subhyalina*			
120. 苔蛾科	Lithosiidae		缤夜蛾	*Moma alpium*
黄苔蛾	*Lithosia subcosteola*		黄颈缤夜蛾	*Moma fulvicollis*
四点苔蛾	*Lithosia quadra*		齐卜夜蛾	*Bomolocha zilla*
头橙荷苔蛾	*Ghoria gigantean*		阴卜夜蛾	*Bomolocha stygiana*
暗良苔蛾	*Eugoa obscura*		雅美翠夜蛾	*Diphtherocome pulchra*
黄边美苔蛾	*Miltochrista pallida*		寒锉夜蛾	*Blasticorhinus ussuriensis*
美苔蛾	*Miltochrista miniata*		灰歹夜蛾	*Diarsia canescens*
异美苔蛾	*Miltochrista aberrans*		斑盗夜蛾	*Hadena confusa*
优美苔蛾	*Miltochrista striata*		甜菜夜蛾	*Spodoptera exigua*
双分苔蛾	*Hesudra divisa*		黄地老虎	*Agrotis segetum*
灰土苔蛾	*Eilema griseola*		一点顶夜蛾	*Callyna monoleuca*
土苔蛾	*Eilema deplana*		易点夜蛾	*Condica illecta*
草雪苔蛾	*Chionaema pratti*		斑冬夜蛾	*Cucullia maculosa*
黄痣苔蛾	*Stigmatophora flava*		莴苣冬夜蛾	*Cucullia fraterna*
玫痣苔蛾	*Stigmatophora rhodophila*		斑拟兜夜蛾	*Pseudocosmia maculata*
明痣苔蛾	*Stigmatophora micans*		胞短梼夜蛾	*Brevipecten consanguis*
121. 天蛾科	Sphingidae		乏夜蛾	*Niphonix segregata*
白薯天蛾	*Agrius convolvuli*		东风夜蛾	*Eurois occulta*
锯翅天蛾	*Langia zenzeroides*		美纹孤夜蛾	*Elaphria venustula*
豆天蛾	*Clanis bilineata*		曲线禾夜蛾	*Oligonyx vulnerata*
紫光盾天蛾	*Phyllosphingia dissimilis*		小文赫夜蛾	*Neustrotia noloides*
红天蛾	*Deilephila elpenor*		铜褐络夜蛾	*Neurois renalba*
黄脉天蛾	*Laothoe amurensis*		平嘴壶夜蛾	*Calyptra lata*
栗六点天蛾	*Marumba sperchius*		冥灰夜蛾	*Polia mortua*
枣桃六点天蛾	*Marumba gaschkewitschii*		姬夜蛾	*Phyllophila obliterata*
葡萄天蛾	*Ampelophaga rubiginosa*		淡剑贪夜蛾	*Spodoptera depravata*
白须天蛾	*Kentrochrysalis sieversi*		桃剑纹夜蛾	*Acronycta incretata*
鼠天蛾	*Sphingulus mus*		基角狼夜蛾	*Dysmilichia calamistrata*
丁香天蛾	*Psilogramma increta*		仿角衣夜蛾	*Gonepatica opalina*
榆绿天蛾	*Callambulyx tatarinovii*		东北巾夜蛾	*Dysgonia mandschuriana*
雀纹天蛾	*Theretra japonica*		碧金翅夜蛾	*Diachrysia chrysitis*

中文名	拉丁名		中文名	拉丁名
中金弧夜蛾	*Diachrysia intermixta*		暗杂夜蛾	*Amphipyra erebina*
摊巨冬夜蛾	*Meganephria tancrei*		窄肾长须夜蛾	*Herminia stramentacealis*
客来夜蛾	*Chrysorithrum amata*		玫缘钻夜蛾	*Eatias roseifera*
白斑孔夜蛾	*Corgatha costimacula*	125.	羽蛾科	Pterophoridae
土孔夜蛾	*Corgatha argillacea*		胡枝子小羽蛾	*Fuscoptilia emarginata*
昭孔夜蛾	*Corgatha nitens*		艾蒿滑羽蛾	*Hellinsia lienigiana*
盾宽胫夜蛾	*Protoschinia scutosa*	126.	长角蛾科	Adelidae
冷靛夜蛾	*Belciades niveola*		小黄长角蛾	*Nemophora staudingerella*
大理石绮夜蛾	*Acontia marmoralis*		蓝黑长角石蛾	*Mystacides azureus*
棉铃虫	*Helicoverpa armigera*	127.	织蛾科	Oecophoridae
兀鲁夜蛾	*Xestia ditrapezium*		核桃展足蛾	*Atrijuglans hetaohei*
八字地老虎	*Xestia c-nigrum*	128.	舟蛾科	Notodontidae
点眉夜蛾	*Pangrapta vasava*		榆白边舟蛾	*Nerice davidi*
浓眉夜蛾	*Pangrapta perturbans*		栎枝背舟蛾	*Hybocampa umbrosa*
苹眉夜蛾	*Pangrapta obscurata*		黑纹扁齿舟蛾	*Peridea elzet*
丹日明夜蛾	*Sphragifera sigillata*		赭小内斑舟蛾	*Peridea graeseri*
玛瑙兜夜蛾	*Cosmia achatina*		半齿舟蛾	*Semidonta biloba*
标瑙夜蛾	*Maliattha signifera*		黄二星舟蛾	*Euhampsonia cristata*
梦尼夜蛾	*Orthosia songi*		银二星舟蛾	*Euhampsonia splendida*
曲线奴夜蛾	*Paracolax tristalis*		仿白边舟蛾	*Paranerice hoenei*
暗切夜蛾	*Trisuloides caliginea*		栎纷舟蛾	*Fentonia ocypete*
白斑散纹夜蛾	*Callopistria delicata*		杨谷舟蛾	*Gluphisia crenata*
柿裳夜蛾	*Catocala kaki*		弯臂冠舟蛾	*Lophocosma nigrilinnea*
饰夜蛾	*Pseudoips prasinana*		杨剑舟蛾	*Pheosia rimosa*
女贞首夜蛾	*Craniophora ligustri*		丽金舟蛾	*Spatalia dives*
白条夜蛾	*Ctenoplusia albostriata*		艳金舟蛾	*Spatalia doerriesi*
线委夜蛾	*Athetis lineosa*		核桃美舟蛾	*Uropyia meticulodina*
卫翅夜蛾	*Amyna punctum*		朴娜舟蛾	*Norracoides basinotata*
星卫翅夜蛾	*Amyna stellata*		黑蕊尾舟蛾	*Dudusa sphingiformis*
乌夜蛾	*Melanchra persicariae*		著蕊尾舟蛾	*Dudusa nobilis*
一纹希夜蛾	*Eucarta fasciata*		短扇舟蛾	*Clostera curtuloides*
横线尾夜蛾	*Chlumetia transversa*		仁扇舟蛾	*Clostera restitura*
小冠夜蛾	*Lophomilia polybapta*		丝舟蛾	*Higena trichosticha*
谐夜蛾	*Acontia trabealis*		燕尾舟蛾	*Furrcula furcula*
白云修虎蛾	*Sarbanissa transiens*		刺槐掌舟蛾	*Phalera grotei*
艳修虎蛾	*Sarbanissa venusta*		苹掌舟蛾	*Phalera flavescens*
朽木夜蛾	*Axylia putris*		榆掌舟蛾	*Phalera takasagoensis*
双纹焰夜蛾	*Pyrrhia bifasciata*		窄掌舟蛾	*Phalera angustipennis*
焰夜蛾	*Pyrrhia umbra*	129.	蛀果蛾科	Carposinadae
杨逸色夜蛾	*Ipimorpha subtusa*		桃蛀果蛾	*Carposina sasakii*
瘦银锭夜蛾	*Macdunnoughia confusa*	(十二)	蛇蛉目	Rhaphidioptera
银锭夜蛾	*Macdunnoughia crassisigna*	130.	蛇蛉科	Raphidiidae
中圆夜蛾	*Acosmetia chinensis*		戈壁黄痔蛇蛉	*Xanthostigma gobicola*
粉缘钻夜蛾	*Earias pudicana*	(十三)	双翅目	Diptera

中文名	拉丁名		中文名	拉丁名
131. 大蚊科	Tipulidae		长尾管蚜蝇	*Eristalis tenax*
双斑比栉大蚊	*Pselliophora bifascipennis*		黑带蚜蝇	*Episyrphus balteatus*
双突尖头大蚊	*Brithura nymphica*		羽芒宽盾蚜蝇	*Phytomia zonata*
132. 蜂虻科	Bombyliidae		切黑狭口蚜蝇	*Asarkina ericetorum*
朝鲜白斑蜂虻	*Bombylella koreanus*		凹带优蚜蝇	*Syrphus nitens*
暗斑翅蜂虻	*Hemipenthes maura*		大灰优蚜蝇	*Eupeodes corollae*
北京斑翅蜂虻	*Hemipenthes beijingensis*	144. 水虻科	Stratiomyidae
齿突姬蜂虻	*Systropus serratus*		黄腹小丽水虻	*Microchrysa flaviventris*
弯斑姬蜂虻	*Systropus curvittatus*	145. 蚊科	金黄指突水虻	*Ptecticus aurifer*
中华驼蜂虻	*Geron sinensis*	145. 蚊科	Culicidae
133. 广口蝇科	Platystomatidae		中华按蚊	*Anopheles sinensis*
端带广口蝇	*Rivellia apicalis*		尖音库蚊	*Culex pipiens*
134. 花蝇科	Anthomyiidae		白纹伊蚊	*Aedes albopictus*
灰地种蝇	*Delia platura*	146. 蝇科	Muscidae
横带花蝇	*Anthomyia illocata*		元厕蝇	*Fannia prisca*
圆斑莠蝇	*Eustalomyia hilaris*		斑裸池蝇	*Gymnodia spilogaster*
135. 寄蝇科	Tachinidae		家蝇	*Musca domestica*
灰色等腿寄蝇	*Isomera cinerasens*	147. 眼蝇科	Conopidae
黄毛脉寄蝇	*Ceromya silacea*		黄带眼蝇	*Conops flavipes*
圆腹异颜寄蝇	*Ectophasia rotundiventris*	（十四） 膜翅目	Hymenoptera
136. 丽蝇科	Calliphoridae	148. 扁叶蜂科	Pamphiliidae
大头金蝇	*Chrysomya megacephala*		云杉阿扁蜂	*Acantholyda piceacola*
不显口鼻蝇	*Stomorhina obsoleta*	149. 方头泥蜂科	Crabronidae
铜绿蝇	*Lucilia cuprina*		山斑大头泥蜂	*Philanthus triangulum*
137. 麻蝇科	Sarcophagidae	150. 胡蜂科	Vespidae
黑尾黑麻蝇	*Helicophagella melanura*		斯马蜂	*Polistes snelleni*
拟东方辛麻蝇	*Seniorwhitea orientaloides*		柞蚕马蜂	*Polistes gallicus*
巨亚麻蝇	*Parasarcophaga gigas*		黑盾胡蜂	*Vespa bicolor*
138. 毛蚊科	Bibionidae		黑尾胡蜂	*Vespa ducalis*
红腹毛蚊	*Bibio rufiventris*		黄边胡蜂	*Vespa crabro*
139. 虻科	Tabanidae		北黄胡蜂	*Vespula rufa*
黑胫黄虻	*Atylotus rusticus*		朝鲜黄胡蜂	*Vespula koreensis*
双斑黄虻	*Atylotus bivittateinus*		细黄胡蜂	*Vespula flaviceps*
牛虻	*Tabanus amaenus*		陆马蜂	*Polistes rothneyi*
140. 潜蝇科	Agtomyzidae		约马蜂	*Polistes jokahayaa*
油菜潜叶蝇	*Phytomyza horticola*		孔蜾蠃	*Eumenes punctatus*
141. 实蝇科	Tephritidae		镶黄蜾蠃	*Eumenes decoratus*
苹果实蝇	*Rhagoletis pomonella*	151. 姬蜂科	Ichneumonidae
142. 食虫虻科	Asilidae		黑足凹眼姬蜂	*Casinaria nigripes*
大食虫虻	*Promachus yesonicus*		斑翅马尾姬蜂	*Megarhyssa praecellens*
143. 食蚜蝇科	Syrphidae		松毛虫埃姬蜂	*Itoplectis alternans*
斜斑鼓额蚜蝇	*Scaeva pyrastri*		地老虎细颚姬蜂	*Enicospilus rossicus*
月斑鼓额蚜蝇	*Scaeva selenitica*	152. 茧蜂科	Braconidae
灰带管蚜蝇	*Eristalis cerealis*		赤腹茧蜂	*Iphiaulax impostor*

怀山柔水，万物共生：北京市怀柔区生物多样性

	中文名	拉丁名		中文名	拉丁名
153.	茎蜂科	Cephidae		榆红胸三节叶蜂	*Arge captiva*
	梨茎蜂	*Janus piri*	159.	树蜂科	Siricidae
154.	蜜蜂科	Apidae		黑顶树蜂	*Tremex apicalis*
	彩艳斑蜂	*Nomada versicolor*		烟角树蜂	*Tremex fuscicornis*
	西方蜜蜂	*Apis mellifera*	160.	土蜂科	Scoliidae
	中华蜜蜂	*Apis cerana*		斑额土蜂	*Scolia vittifrons*
	黄胸木蜂	*Xylocopa appendiculata*		四点土蜂	*Scolia quadripustulata*
	亮丽四条蜂	*Eucera polychroma*		眼斑土蜂	*Scolia oculata*
	红足隧蜂	*Halictus rubicundus*		中华土蜂	*Scolia sinensis*
	富丽熊蜂	*Bombus opulentus*	161.	小蜂科	Chalcididae
	红光熊蜂	*Bombus ignitus*		广大腿小蜂	*Brachymeria obscurata*
	火红熊蜂	*Bombus pyrosoma*	162.	叶蜂科	Tenthredinidae
155.	泥蜂科	Sphecidae		落叶松叶蜂	*Pristiphora erichsonii*
	多沙泥蜂	*Ammophila sabulosa*		天目条角叶蜂	*Tenthredo tienmushana*
	红腰泥蜂	*Ammophila aenulans*		直角叶蜂	*Stauronematus compresscornis*
	赛氏沙泥蜂	*Ammophila sickmanni*			
	齿爪长足泥蜂	*Podalonia affinis*	163.	蚁科	Formicidae
	耙掌泥蜂	*Palmodes occitanicus*		山大齿猛蚁	*Odontomachus monticola*
156.	切叶蜂科	Megachilidae		日本弓背蚁	*Camponotus japonicus*
	小孔蜂	*Heriades parvula*		红林蚁	*Formica rufa*
157.	青蜂科	Dryinidae		双针蚁	*Pristomyrmex pungens*
	上海青蜂	*Chrysis shanghaiensis*	164.	褶翅蜂科	Gasteruptiidae
158.	三节叶蜂科	Argidae		弯端褶翅蜂	*Gasteruption angulatum*
	黄翅菜叶蜂	*Athalia rosae*			

三、怀柔区昆虫图集

（一）蜚蠊目

中华真地鳖

拉丁学名： *Eupolyphaga sinensis*

物种简介： 地鳖蠊科真地鳖属昆虫，也称土元、地鳖虫等，具有药用价值。

特有性： 中国特有种。

雌性　　　　雄性

（二）蜻蜓目

白尾灰蜻

拉丁学名： *Orthetrum albistylum*

物种简介： 蜻科灰蜻属昆虫。

半黄赤蜻

拉丁学名： *Sympetrum croceolum*

物种简介： 蜻科赤蜻属昆虫。

大黄赤蜻

拉丁学名： *Sympetrum uniforme*

物种简介： 蜻科赤蜻属昆虫。

小黄赤蜻

拉丁学名： *Sympetrum kunckeli*

物种简介： 蜻科赤蜻属昆虫。

黑丽翅蜻

拉丁学名：*Rhyothemis fuliginosa*

物种简介：蜻科丽翅蜻属昆虫。

红蜻

拉丁学名：*Crocothemis servilia*

物种简介：蜻科红蜻属昆虫。

黄蜻

拉丁学名：*Pantala flavescens*

物种简介：蜻科黄蜻属昆虫。

异色多纹蜻

拉丁学名：*Deielia phaon*

物种简介：蜻科多纹蜻属昆虫。

玉带蜻

拉丁学名：*Pseudothemis zonata*

物种简介：蜻科玉带蜻属昆虫。

碧伟蜓

拉丁学名：*Anax parthenope*

物种简介：蜓科伟蜓属昆虫。

东亚异痣螅

拉丁学名：*Ischnura asiatica*
物种简介：螅科异痣螅属昆虫。

黑狭扇螅

拉丁学名：*Copera tokyoensis*
物种简介：扇螅科狭扇螅属昆虫。

蓝纹尾螅

拉丁学名：*Paracercion calamorum*
物种简介：螅科尾螅属昆虫。

七条尾螅

拉丁学名：*Paracercion plagiosum*
物种简介：螅科尾螅属昆虫。

叶足扇螅

拉丁学名：*Platycnemis phyllopoda*
物种简介：扇螅科扇螅属昆虫。

长叶异痣螅

拉丁学名：*Ischnura elegans*
物种简介：螅科异痣螅属昆虫。

黑色蟌

拉丁学名： *Atrocalopteryx atrata*

物种简介： 色蟌科黑色蟌属昆虫。

（四）半翅目

鸣鸣蝉

拉丁学名： *Oncotympana maculaticollis*

物种简介： 蝉科蚱蟪属昆虫。

珀蝽

拉丁学名： *Plautia fimbriata*

物种简介： 蝽科珀蝽属昆虫，危害农作物与林木。

（三）螳螂目

中华大刀螳

拉丁学名： *Tenodera sinensis*

物种简介： 螳科大刀螳属昆虫，又称大刀螳螂。

透翅疏广蜡蝉

拉丁学名： *Euricania clara*

物种简介： 广翅蜡蝉科疏广蜡蝉属昆虫。

菜蝽

拉丁学名： *Eurydema dominulus*

物种简介： 蝽科菜蝽属昆虫，危害十字花科蔬菜。

茶翅蝽

拉丁学名：*Halymorpha halys*

物种简介：蝽科茶翅蝽属昆虫，危害果树林木。

白斑地长蝽

拉丁学名：*Rhyparochromus albomaculatus*

物种简介：地长蝽科地长蝽属昆虫，危害农作物。

地红蝽

拉丁学名：*Pyrrhocoris tibialis*

物种简介：红蝽科红蝽属昆虫。

角红长蝽

拉丁学名：*Lygaeus hanseni*

物种简介：长蝽科红长蝽属昆虫。

黄伊缘蝽

拉丁学名：*Rhopalus maculatus*

物种简介：姬缘蝽科伊缘蝽属昆虫，危害农作物。

延安红脊角蝉

拉丁学名：*Machaerotypus yananensis*

物种简介：角蝉科红脊角蝉属昆虫。

斑衣蜡蝉

拉丁学名：Lycorma delicatula

物种简介：蜡蝉科斑衣蜡蝉属昆虫，危害果树林木。

茶褐盗猎蝽

拉丁学名：Pirates fulvescens

物种简介：猎蝽科盗猎蝽属昆虫，捕食棉蚜。

伯瑞象蜡蝉

拉丁学名：Dictyophora patruelis

物种简介：象蜡蝉科象蜡蝉属昆虫。

大青叶蝉

拉丁学名：Cicadella viridis

物种简介：叶蝉科大叶蝉属昆虫，危害果树林木与农作物。

黑尾凹大叶蝉

拉丁学名：Bothrogonia ferruginea

物种简介：叶蝉科凹大叶蝉属昆虫。

黄脊壮异蝽

拉丁学名：Urochela tunglingensis

物种简介：异蝽科壮异蝽属昆虫。

稻棘缘蝽

拉丁学名：*Cletus punctiger*

物种简介：缘蝽科棘缘蝽属昆虫，危害农作物。

点蜂缘蝽

拉丁学名：*Riptortus pedestris*

物种简介：缘蝽科蜂缘蝽属昆虫，危害果树、农作物。

环胫黑缘蝽

拉丁学名：*Hygia touchei*

物种简介：缘蝽科黑缘蝽属昆虫。

（五）直翅目

迷卡斗蟋

拉丁学名：*Velarifictorus micado*

物种简介：蟋蟀科斗蟋属昆虫，又称中华斗蟋、蛐蛐儿。

黄脸油葫芦

拉丁学名：*Teleogryllus emma*

物种简介：蟋蟀科油葫芦属昆虫。

多伊棺头蟋

拉丁学名：*Loxoblemmus doenitzi*

物种简介：蟋蟀科棺头蟋属昆虫，又称棺材头、斧头恭。

石首棺头蟋

拉丁学名：*Loxoblemmus equestris*

物种简介：蟋蟀科棺头蟋属昆虫。

邦内特姬螽

拉丁学名：*Metrioptera bonneti*

物种简介：螽斯科姬螽属昆虫。

日本条螽

拉丁学名：*Ducetia japonica*

物种简介：螽斯科条螽属昆虫。

秋奇掩耳螽

拉丁学名：*Elimaea fallax*

物种简介：螽斯科掩耳螽属昆虫。

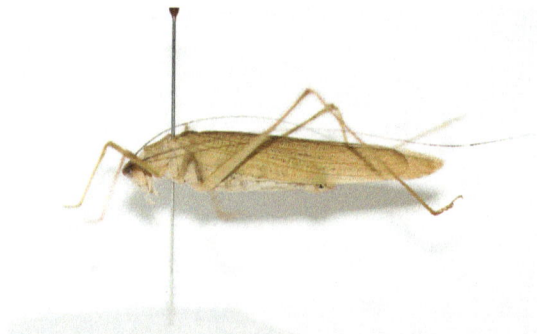

日本似芜蟋

拉丁学名：*Meloimorpha japonica*

物种简介：癞蟋科似芜蟋属昆虫。

东亚飞蝗

拉丁学名：*Locusta migratoria manilensis*

物种简介：蝗科飞蝗属昆虫，又称蚂蚱，主要农业害虫。

黄胫小车蝗

拉丁学名：*Oedaleus infernalis*

物种简介：蝗科小车蝗属昆虫，危害禾本科农作物。

中华剑角蝗

拉丁学名：*Acrida cinerea*

物种简介：蝗科剑角蝗属昆虫，又称中华蚱蜢。

（七）鞘翅目

皮氏小刀锹

拉丁学名：*Falcicornis tenuecostatus*

物种简介：锹甲科小刀锹属昆虫。怀柔区新记录种。

特有性：中国特有种。

疣蝗

拉丁学名：*Trilophidia annulata*

物种简介：蝗科疣蝗属昆虫。

（六）革翅目

迭球螋

拉丁学名：*Forficula vicaria*

物种简介：球螋科球螋属昆虫。

异色球柄囊花萤

拉丁学名：*Cordylepherus facialis*

物种简介：拟花萤科球柄囊花萤属昆虫。北京市新记录种，发现于长哨营满族乡汤河湿地。

北京丝角花萤

拉丁学名：*Rhagonycha pekinensis*

物种简介：花萤科丝角花萤属昆虫。

糙翅丽花萤

拉丁学名：*Themus impressipennis*

物种简介：花萤科丽花萤属昆虫。

特有性：中国特有种。

黑斑丽花萤

拉丁学名：*Themus stigmaticus*

物种简介：花萤科丽花萤属昆虫。

特有性：中国特有种。

里森丽花萤

拉丁学名：*Themus licenti*

物种简介：花萤科丽花萤属昆虫。

红翅圆胸花萤

拉丁学名：*Prothemus purpureipennis*

物种简介：花萤科圆胸花萤属昆虫。

特有性：中国特有种。

环双齿花萤

拉丁学名：*Podabrus annulatus*

物种简介：花萤科双齿花萤属昆虫。

柯氏花萤

拉丁学名：*Cantharis knizeki*

物种简介：花萤科花萤属昆虫。

埃氏通缘步甲

拉丁学名：*Pterostichus eschscholtzii*

物种简介：步甲科通缘步甲属昆虫。

大星步甲

拉丁学名：*Calosoma maximoviczi*

物种简介：步甲科星步甲属昆虫，又称黑广肩步甲，是重要的天敌昆虫。

淡足青步甲

拉丁学名：*Chlaenius pallipes*

物种简介：步甲科青步甲属昆虫，捕食粘虫等害虫。

罕丽步甲

拉丁学名：*Carabus billbergi*

物种简介：步甲科步甲属昆虫。

特有性：中国特有种。

黄斑青步甲

拉丁学名：*Chlaenius micans*

物种简介：步甲科斑青步甲属昆虫。

绿步甲

拉丁学名：*Carabus smaragdinus*

物种简介：步甲科步甲属昆虫。

谷婪步甲

拉丁学名：*Harpalus calceatus*

物种简介：步甲科婪步甲属昆虫。

毛婪步甲

拉丁学名：*Harpalus griseus*

物种简介：步甲科婪步甲属昆虫。

芽斑虎甲

拉丁学名：*Cicindela gemmata*

物种简介：步甲科虎甲属昆虫。

壮脊角步甲

拉丁学名：*Poecilus fortipes*

物种简介：步甲科脊角步甲属昆虫。

蓝边矛金龟

拉丁学名：*Callistethus plagiicollis*

物种简介：金龟科矛金龟属昆虫。

毛黄脊鳃金龟

拉丁学名：*Miridiba trichophora*

物种简介：金龟科脊鳃金龟属昆虫。

棉花弧丽金龟

拉丁学名：*Popillia mutans*

物种简介：金龟科弧丽金龟属昆虫，又称无斑弧丽金龟、蓝紫金龟，危害花木。

拟凸眼绢金龟

拉丁学名：*Ophthalmoserica rosinae*

物种简介：金龟科眼绢金龟属昆虫。

庭园发丽金龟

拉丁学名：*Phyllopertha horticola*

物种简介：金龟科发丽金龟属昆虫。

铜绿异丽金龟

拉丁学名：*Anomala corpulenta*

物种简介：金龟科丽金龟属昆虫，危害果树林木。

云斑鳃金龟

拉丁学名：*Polyphylla laticollis*

物种简介：金龟科斑鳃金龟属昆虫，危害林木。

中华弧丽金龟

拉丁学名：*Popillia quadriguttata*

物种简介：金龟科弧丽金龟属昆虫，危害大豆、玉米等农作物。

黄斑番郭公甲

拉丁学名：*Xenorthrius incarinipes*

物种简介：郭公甲科番郭公甲属昆虫。

中华食蜂郭公甲

拉丁学名：*Trichodes sinae*

物种简介：郭公甲科食蜂郭公甲属昆虫，又称中华毛郭公虫。

李氏刺甲

拉丁学名：*Platyscelis licenti*

物种简介：拟步甲科刺甲属昆虫。

网目土甲

拉丁学名：*Gonocephalum reticulatum*

物种简介：拟步甲科土甲属昆虫。

污朽木甲

拉丁学名：*Borboresthes piceus*

物种简介：拟步甲科污朽木甲属昆虫。

油泽琵甲

拉丁学名：*Blaps eleodes*

物种简介：拟步甲科琵甲属昆虫。

窄跗栉甲

拉丁学名：*Cteniopinus tenuitarsis*

物种简介：拟步甲科栉甲属昆虫。

四斑露尾甲

拉丁学名：*Glischrochilus japonicus*

物种简介：露尾甲科露尾甲属昆虫。

多异瓢虫

拉丁学名：*Hippodamia variegata*

物种简介：瓢虫科长足瓢虫属昆虫，捕食蚜虫。

龟纹瓢虫

拉丁学名：*Propylaea japonica*

物种简介：瓢虫科龟纹瓢虫属昆虫，捕食蚜虫、棉铃虫卵等。

七星瓢虫

拉丁学名：*Coccinella septempunctata*

物种简介：瓢虫科七星瓢虫属昆虫，捕食蚜虫、粉虱等。

中国双七瓢虫

拉丁学名：*Coccinula sinensis*

物种简介：瓢虫科双七星瓢虫属昆虫，捕食蚜虫。

十二斑褐菌瓢虫

拉丁学名：*Vibidia duodecimguttata*

物种简介：瓢虫科褐菌瓢虫属昆虫，取食真菌，如植物白粉病的真菌孢子。

异色瓢虫

拉丁学名：*Harmonia axyridis*

物种简介：瓢虫科异色瓢虫属昆虫，捕食蚜虫、木虱、螨类等。

绿芫菁

拉丁学名：*Lytta caraganae*

物种简介：芫菁科绿芫菁属昆虫，有药用价值。

二点钳叶甲

拉丁学名：*Labidostomis bipunctata*

物种简介：叶甲科钳叶甲属昆虫。

二纹柱萤叶甲

拉丁学名：*Gallerucida bifasciata*

物种简介：叶甲科柱萤叶甲属昆虫。

黑额粗足叶甲

拉丁学名：*Physosmaragdina nigrifrons*

物种简介：叶甲科额粗足叶甲属昆虫。

酸枣光叶甲

拉丁学名：*Smaragdina mandzhura*

物种简介：叶甲科光叶甲属昆虫。

榆隐头叶甲

拉丁学名：*Cryptocephalus lemniscatus*

物种简介：叶甲科隐头叶甲属昆虫。

黄脉翅萤

拉丁学名：*Curtos costipennis*

物种简介：萤科脉翅萤属夜行性昆虫（腹部有发光器）。

梭毒隐翅虫

拉丁学名：*Paederus fuscipes*

物种简介：隐翅虫科毒隐翅虫属昆虫（具有较强毒性，可引发隐翅虫皮炎）。

滨尸葬甲

拉丁学名：*Necrodes littoralis*

物种简介：葬甲科尸葬甲属昆虫。

隧葬甲

拉丁学名：*Silpha perforata*

物种简介：葬甲科隧葬甲属昆虫。

红缘亚天牛

拉丁学名：*Anoplistes halodendri pirus*

物种简介：天牛科亚天牛属昆虫，危害花木。

淡胫驼花天牛

拉丁学名：*Pidonia debilis*

物种简介：天牛科驼花天牛属昆虫，危害林木。

槐绿虎天牛

拉丁学名：*Chlorophorus diadema*

物种简介：天牛科绿虎天牛属昆虫，危害林木。

朝鲜东蚁蛉

拉丁学名：*Euroleon coreanus*

物种简介：蚁蛉科东蚁蛉属昆虫，有药用价值。

（十）鳞翅目

柑橘凤蝶

拉丁学名：*Papilio xuthus*

物种简介：凤蝶科凤蝶属昆虫，又称花椒凤蝶。

（八）脉翅目

斯提利亚螳蛉

拉丁学名：*Mantispa styriaca*

物种简介：螳蛉科螳蛉属昆虫。

（九）广翅目

炎黄星齿蛉

拉丁学名：*Protohermes xanthodes*

物种简介：齿蛉科下星齿蛉属昆虫。

特有性：中国特有种。

丝带凤蝶

拉丁学名： *Sericinus montela*

物种简介： 凤蝶科丝带凤蝶属昆虫，又称软凤蝶、马兜铃凤蝶等。

白斑迷蛱蝶

拉丁学名： *Mimathyma schrenckii*

物种简介： 蛱蝶科迷蛱蝶属昆虫。

单环蛱蝶

拉丁学名： *Neptis coenobita*

物种简介： 蛱蝶科环蛱蝶属昆虫。

爱珍眼蝶

拉丁学名： *Coenonympha oedippus*

物种简介： 蛱蝶科珍眼蝶属昆虫。

白钩蛱蝶

拉丁学名： *Polygonia c-album*

物种简介： 蛱蝶科钩蛱蝶属昆虫。

黄环蛱蝶

拉丁学名： *Neptis themis*

物种简介： 蛱蝶科环蛱蝶属昆虫。

东亚福豹蛱蝶

拉丁学名：*Fabriciana xipe*

物种简介：蛱蝶科福蛱蝶属昆虫。

华北白眼蝶

拉丁学名：*Melanargia epimede*

物种简介：蛱蝶科白眼蝶属昆虫。

孔雀蛱蝶

拉丁学名：*Aglais io*

物种简介：蛱蝶科孔雀蛱蝶属昆虫。

柳紫闪蛱蝶

拉丁学名：*Apatura ilia*

物种简介：蛱蝶科闪蛱蝶属昆虫。

绿豹蛱蝶

拉丁学名：*Argynnis paphia*

物种简介：蛱蝶科豹蛱蝶属昆虫。

普网蛱蝶

拉丁学名：*Melitaea protomedia*

物种简介：蛱蝶科网蛱蝶属昆虫。

曲带闪蛱蝶

拉丁学名：*Apatura laverna*

物种简介：蛱蝶科闪蛱蝶属昆虫。

舜眼蝶

拉丁学名：*Loxerebia saxicola*

物种简介：蛱蝶科舜眼蝶属昆虫。

夜迷蛱蝶

拉丁学名：*Mimathyma nycteis*

物种简介：蛱蝶科迷蛱蝶属昆虫。

重环蛱蝶

拉丁学名：*Neptis alwina*

物种简介：蛱蝶科环蛱蝶属昆虫。

翠艳灰蝶

拉丁学名：*Favonius taxila*

物种简介：灰蝶科艳灰蝶属昆虫。

红珠灰蝶

拉丁学名：*Lycaeides argyrognomon*

物种简介：灰蝶科珠灰蝶属昆虫。

考艳灰蝶

拉丁学名：*Favonius korshunovi*

物种简介：灰蝶科艳灰蝶属昆虫。

黑灰蝶

拉丁学名：*Niphanda fusca*

物种简介：灰蝶科黑灰蝶属昆虫。

琉璃灰蝶

拉丁学名：*Celastrina argiolus*

物种简介：灰蝶科琉璃灰蝶属昆虫。

檗黄粉蝶

拉丁学名：*Terias blanda*

物种简介：粉蝶科黄粉蝶属昆虫。

菜粉蝶

拉丁学名：*Pieris rapae*

物种简介：粉蝶科粉蝶属昆虫，又称白粉蝶。

黑纹粉蝶

拉丁学名：*Pieris melete*

物种简介：粉蝶科粉蝶属昆虫。

淡色钩粉蝶

拉丁学名：*Gonepteryx aspasia*

物种简介：粉蝶科钩粉蝶属昆虫。

东亚豆粉蝶

拉丁学名：*Colias poliographus*

物种简介：粉蝶科豆粉蝶属昆虫。

突角小粉蝶

拉丁学名：*Leptidea amurensis*

物种简介：粉蝶科小粉蝶属昆虫。

小檗绢粉蝶

拉丁学名：*Aporia crataegi*

物种简介：粉蝶科绢粉蝶属昆虫。

黑弄蝶

拉丁学名：*Daimio tethys*

物种简介：弄蝶科黑弄蝶属昆虫，又称玉带弄蝶。

链弄蝶

拉丁学名：*Heteropterus morpheus*

物种简介：弄蝶科链弄蝶属昆虫。

（十一）蛇蛉目

戈壁黄痔蛇蛉

拉丁学名： *Xanthostigma gobicola*

物种简介： 蛇蛉科黄痔蛇蛉属昆虫。

长尾管蚜蝇

拉丁学名： *Eristalis tenax*

物种简介： 食蚜蝇科管食蚜蝇属昆虫。

（十二）双翅目

大灰优蚜蝇

拉丁学名： *Eupeodes corollae*

物种简介： 食蚜蝇科优食蚜蝇属昆虫。

齿突姬蜂虻

拉丁学名： *Systropus serratus*

物种简介： 蜂虻科斑姬蜂虻属昆虫。

（十三）膜翅目

中华蜜蜂

拉丁学名： *Apis cerana*

物种简介： 蜜蜂科蜜蜂属昆虫。怀柔区内调查到的野生种群数量少、分布点少。

保护等级： 北京市重点保护。

西方蜜蜂

拉丁学名：*Apis mellifera*

物种简介：蜜蜂科蜜蜂属昆虫，又称意大利蜂，原产欧洲、非洲和中东，危害本土蜜蜂。

黄胸木蜂

拉丁学名：*Xylocopa appendiculata*

物种简介：蜜蜂科木蜂属昆虫，有药用价值。

黄边胡蜂

拉丁学名：*Vespa crabro*

物种简介：胡蜂科胡蜂属昆虫。

亮丽四条蜂

拉丁学名：*Eucera polychroma*

物种简介：蜜蜂科四条蜂属昆虫。

黑盾胡蜂

拉丁学名：*Vespa bicolor*

物种简介：胡蜂科胡蜂属昆虫，是重要的天敌昆虫。

朝鲜黄胡蜂

拉丁学名：*Vespula koreensis*

物种简介：胡蜂科黄胡蜂属昆虫。

镶黄蜾蠃

拉丁学名：*Eumenes decoratus*

物种简介：胡蜂科蜾蠃属昆虫，捕食菜青虫。

柞蚕马蜂

拉丁学名：*Polistes gallicus*

物种简介：胡蜂科马蜂属昆虫。

斑翅马尾姬蜂

拉丁学名：*Megarhyssa praecellens*

物种简介：姬蜂科马尾姬蜂属昆虫。

松毛虫埃姬蜂

拉丁学名：*Itoplectis alternans*

物种简介：姬蜂科埃姬蜂属昆虫，捕食落叶松毛虫、油松毛虫、舞毒蛾、苹褐卷蛾、落叶松卷蛾等多种害虫。

多沙泥蜂

拉丁学名：*Ammophila sabulosa*

物种简介：泥蜂科沙泥蜂属昆虫。

特有性：中国特有种。

日本弓背蚁

拉丁学名：*Camponotus japonicus*

物种简介：蚁科弓背蚁属昆虫，又称大黑蚁，是重要的天敌昆虫。

第十二章　苔藓植物

一、怀柔区苔藓植物多样性

　　怀柔区是北京市苔藓植物多样性最丰富的区，涵盖了苔藓植物的三大类，即苔类、角苔类、藓类，共 38 科 68 属 120 种。其中：苔类 9 科 12 属 16 种，角苔类 1 科 1 属 1 种，藓类 28 科 55 属 103 种（表 13）。近两年在怀柔区共调查发现北京市新记录苔藓植物 23 种，并首次在北京采集到角苔类植物黄角苔（*Phaeoceros laevis*）。

表 13　怀柔区苔藓植物分类群统计

类群	怀柔区			物种数占比 /%
	科	属	种	
苔类	9	12	16	13.3
角苔类	1	1	1	0.8
藓类	28	55	103	85.8
合计	38	68	120	

　　怀柔区苔藓植物优势科为丛藓科、绢藓科和青藓科，分别含有物种 13 种、11 种、11 种。这 3 科植物占全区苔藓植物总物种数的 29.2%。仅含 1 个物种的科有白齿藓科、薄罗藓科、地钱科、短角苔科、反纽藓科等 21 个，占全区苔藓植物科数的 50.0%，含有的物种数占全区苔藓植物总物种数的 15.8%（表 14）。

表 14　怀柔区苔藓植物科的统计

分类	科数	占总数百分比 /%	种数	占总数百分比 /%
含 10 种及以上的科	3	7.9	35	29.2
含 5～9 种的科	7	18.4	40	33.3
含 2～4 种的科	9	23.7	26	21.7
含 1 种的科	19	50.0	19	15.8
合计	38		120	

　　怀柔区苔藓植物优势属为绢藓属，共含有 11 种，占全区苔藓植物总物种数的 9.2%。仅含 1 个物种的属共有 44 个，占全区苔藓植物总属数的 64.7%，含有的物种数占全区苔藓植物总物种数的 36.7%（表 15）。

表 15　怀柔区苔藓植物属的统计

分类	属数	占总数百分比 /%	种数	占总数百分比 /%
含 10 种及以上的属	1	1.5	11	9.2
含 5～9 种的属	4	5.9	24	20.0
含 2～4 种的属	19	27.9	41	34.2
含 1 种的属	44	64.7	44	36.7
合计	68		120	

二、怀柔区苔藓植物名录

	中文名	拉丁名		中文名	拉丁名
（一）	藓纲	Bryopsida		卷叶湿地藓	*Hyophila involuta*
1.	金发藓科	Polytrichaceae		高山赤藓	*Syntrichia sinensis*
	卷叶仙鹤藓	*Atrichum crispum*		平叶毛口藓	*Trichostomum planifolium*
	小仙鹤藓	*Atrichum crispulum*		波边毛口藓	*Trichostomum tenuirostre*
	小胞仙鹤藓	*Atrichum rhystophyllum*		折叶纽藓	*Tortella fragilis*
	仙鹤藓	*Atrichum undulatum*		泛生墙藓	*Tortula muralis*
	东亚小金发藓	*Pogonatum inflexum*		缺齿小石藓	*Weissia edentula*
2.	葫芦藓科	Funariaceae		褶叶小墙藓	*Weisiopsis anomala*
	刺边葫芦藓	*Funaria muhlenbergii*	12.	虎尾藓科	Hedwigiaceae
	葫芦藓	*Funaria hygrometrica*		虎尾藓	*Hedwigia ciliata*
	日本立碗藓	*Physcomitrium japonicum*	13.	壶藓科	Splachnaceae
3.	反纽藓科	Timmiellaceae		黄柄并齿藓	*Tetraplodon urceolatus*
	小反纽藓	*Timmiella diminuta*	14.	真藓科	Bryaceae
4.	紫萼藓科	Grimmiaceae		真藓	*Bryum argenteum*
	溪岸连轴藓	*Schistidium rivulare*		瘤根真藓	*Bryum bornholmense*
	直叶紫萼藓	*Grimmia elatior*		细叶真藓	*Bryum capillare*
	韩氏紫萼藓	*Grimmia handelii*		双色真藓	*Bryum dichotomum*
	高山紫萼藓	*Grimmia montana*		刺叶真藓	*Bryum lonchocaulon*
	毛尖紫萼藓	*Grimmia pilifera*		近高山真藓	*Bryum paradoxum*
	厚壁紫萼藓	*Grimmia reflexidens*		球蒴真藓	*Bryum turbinatum*
5.	缩叶藓科	Ptychomitriaceae		垂蒴真藓	*Bryum uliginosum*
	中华缩叶藓	*Ptychomitrium sinense*	15.	提灯藓科	Mniaceae
6.	牛毛藓科	Ditrichaceae		尖叶匐灯藓	*Plagiomnium acutum*
	斜蒴对叶藓	*Distichium inclinatum*		匐灯藓	*Plagiomnium cuspidatum*
7.	树生藓科	Erpodiaceae		阔边匐灯藓	*Plagiomnium ellipticum*
	钟帽藓	*Venturiella sinensis*		日本匐灯藓	*Plagiomnium japonicum*
8.	凤尾藓科	Fissidentaceae		圆叶匐灯藓	*Plagiomnium vesicatum*
	小凤尾藓	*Fissidens bryoides*		具缘提灯藓	*Mnium marginatum*
	网孔凤尾藓	*Fissidens polypodioides*	16.	柳叶藓科	Amblystegiaceae
	拟小凤尾藓	*Fissidens tosaensis*		沼生湿柳藓	*Hygroamblystegium noterophilum*
9.	白齿藓科	Leucodontaceae			
	朝鲜白齿藓	*Leucodon coreensis*	17.	牛舌藓科	Anomodontaceae
10.	小曲尾藓科	Dicranellaceae		小牛舌藓	*Anomodon minor*
	偏叶小曲尾藓	*Dicranella subulata*		牛舌藓	*Anomodon viticulosus*
11.	丛藓科	Pottiaceae		暗绿多枝藓	*Haplohymenium triste*
	扭口藓	*Barbula unguiculata*		羊角藓	*Herpetineuron toccoae*
	小扭口藓	*Barbula indica*		拟附干藓	*Schwetschkeopsis fabronia*
	红叶藓	*Bryoerythrophyllum recurvirostrum*	18.	青藓科	Brachytheciaceae
				宽叶青藓	*Brachythecium curtum*
	长尖对齿藓	*Didymodon ditrichoides*		扁枝青藓	*Brachythecium planiusculum*
	灰土对齿藓	*Didymodon tophaceus*		皱叶青藓	*Brachythecium kuroishicum*

怀山柔水，万物共生：北京市怀柔区生物多样性

中文名	拉丁名		中文名	拉丁名
羽枝青藓	*Brachythecium plumosum*		东亚毛灰藓	*Homomallium connexum*
长肋青藓	*Brachythecium populeum*		贴生毛灰藓	*Homomallium japonicoadnatum*
钩叶青藓	*Brachythecium uncinifolium*			
小叶美喙藓	*Eurhynchium filiforme*	27.	毛锦藓科	Pylaisiadelphaceae
密叶美喙藓	*Eurhynchium savatieri*		扁枝小锦藓	*Brotherella complanata*
鼠尾藓	*Myuroclada maximowiczii*	28.	羽藓科	Thuidiaceae
细肋细喙藓	*Rhynchostegiella leptoneura*		狭叶小羽藓	*Haplocladium angustifolium*
匍枝长喙藓	*Rhynchostegium serpenticaule*		细叶小羽藓	*Haplocladium microphyllum*
19. 万年藓科	Climaciaceae		东亚硬羽藓	*Rauiella fujisana*
东亚万年藓	*Climacium japonicum*		短肋羽藓	*Thuidium kanedae*
20. 绢藓科	Entodontaceae		毛尖羽藓	*Thuidium plumulosum*
柱蒴绢藓	*Entodon challenger*	（二）	地钱纲	Marchantiopsida
绢藓	*Entodon cladorrhizans*	29.	疣冠苔科	Aytoniaceae
兜叶绢藓	*Entodon conchophyllus*		无隔疣冠苔	*Mannia fragrans*
厚角绢藓	*Entodon concinnus*		日本紫背苔	*Plagiochasma japonicum*
曲枝绢藓	*Entodon curvatirameus*		石地钱	*Reboulia hemisphaerica*
横生绢藓	*Entodon prorepens*	30.	星孔苔科	Cleveaceae
细绢藓	*Entodon giraldii*		小克氏苔	*Clevea pusilla*
疣齿绢藓	*Entodon scabridens*	31.	地钱科	Marchantiaceae
娇美绢藓	*Entodon pulchellus*		地钱	*Marchantia polymorpha*
亮叶绢藓	*Entodon schleicheri*	32.	钱苔科	Ricciaceae
亚美绢藓	*Entodon sullivantii*		钱苔	*Riccia glauca*
21. 碎米藓科	Fabroniaceae	33.	皮叶苔科	Targioniaceae
八齿碎米藓	*Fabronia ciliaris*		皮叶苔	*Targionia hypophylla*
东亚碎米藓	*Fabronia matsumurae*	（三）	叶苔纲	Jungermanniopsida
22. 塔藓科	Hylocomiaceae	34.	小叶苔科	Fossombroniaceae
塔藓	*Hylocomium splendens*		小叶苔	*Fossombronia pusilla*
23. 灰藓科	Hypnaceae	35.	耳叶苔科	Frullaniaceae
弯叶灰藓	*Hypnum hamulosum*		盔瓣耳叶苔	*Frullania muscicola*
细尖鳞叶藓	*Taxiphyllum aomoriense*		中华耳叶苔	*Frullania sinensis*
鳞叶藓	*Taxiphyllum taxirameum*	36.	细鳞苔科	Lejeuneaceae
24. 薄罗藓科	Leskeaceae		浅棕顶鳞苔	*Acrolejeunea infuscata*
粗肋薄罗藓	*Leskea scabrinervis*		南亚顶鳞苔	*Acrolejeunea sandvicensis*
25. 假细罗藓科	Pseudoleskeellaceae		暗绿细鳞苔	*Lejeunea obscura*
假细罗藓	*Pseudoleskeella catenulata*		白绿细鳞苔	*Lejeunea pallide-virens*
瓦叶假细罗藓	*Pseudoleskeella tectorum*	37.	光萼苔科	Porellaceae
细罗藓	*Leskeella nervosa*		心叶光萼苔	*Porella cordaeana*
中华细枝藓	*Lindbergia sinensis*		细光萼苔	*Porella gracillima*
26. 金灰藓科	Pylaisiaceae	（四）	角苔纲	Anthocerotopsida
弯叶大湿原藓	*Calliergonella lindbergii*	38.	短角苔科	Notothyladaceae
东亚金灰藓	*Pylaisia brotheri*		黄角苔	*Phaeoceros laevis*
金灰藓	*Pylaisia polyantha*			

三、怀柔区苔藓植物图集

（一）角苔类

黄角苔

拉丁学名： *Phaeoceros laevis*
物种简介： 短角苔科黄角苔属。
生长于阴湿河边、田野和土坡
上。北京市新记录种。
采集地点： 棋盘地。
中国生物多样性红色名录等级：
无危。

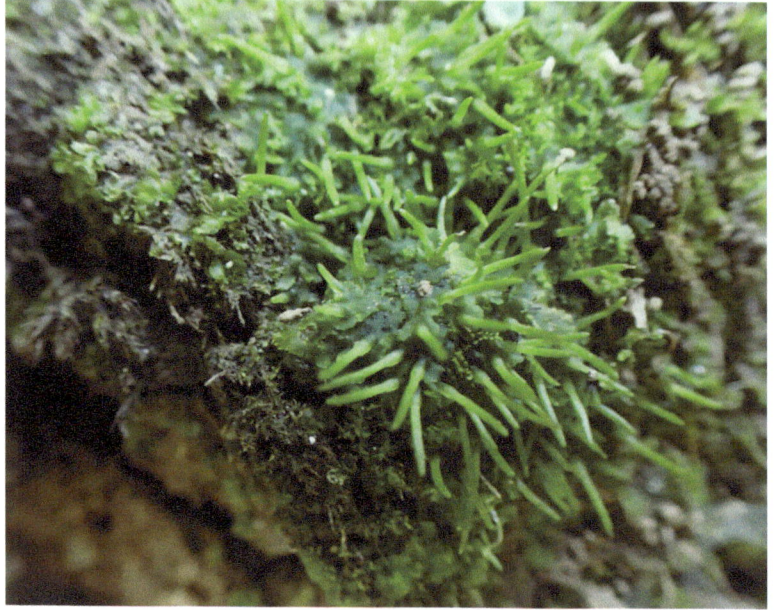

（二）苔类

盔瓣耳叶苔

拉丁学名： *Frullania muscicola*
物种简介： 耳叶苔科耳叶苔属
苔类植物。生长于中高海拔林
下、林缘岩面、腐木、树干上。
采集地点： 百泉山风景区，喇
叭沟门原始森林公园。
**中国生物多样性红色名录等
级：** 无危。

中华耳叶苔

拉丁学名：*Frullania sinensis*

物种简介：耳叶苔科耳叶苔属苔类植物。生长于树枝上。北京市新记录种。

采集地点：百泉山风景区，喇叭沟门原始森林公园。

中国生物多样性红色名录等级：无危。

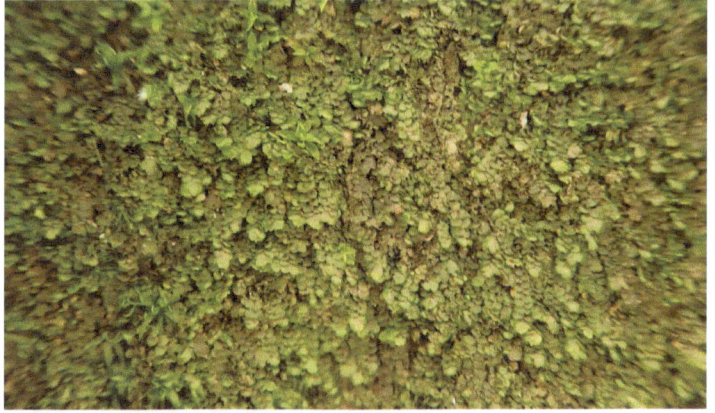

细光萼苔

拉丁学名：*Porella gracillima*

物种简介：光萼苔科光萼苔属苔类植物。生长于林下土面、树干上。

采集地点：喇叭沟门原始森林公园。

中国生物多样性红色名录等级：无危。

皮叶苔

拉丁学名：*Targionia hypophylla*

物种简介：皮叶苔科皮叶苔属苔类植物。生长于土壤上、岩面薄土上、砾石上。

采集地点：玄云寺。

中国生物多样性红色名录等级：无危。

钱苔

拉丁学名：*Riccia glauca*

物种简介：钱苔科钱苔属苔类植物。生长于河边和林下湿土上。北京市新记录种。

采集地点：百泉山峪道河。

中国生物多样性红色名录等级：无危。

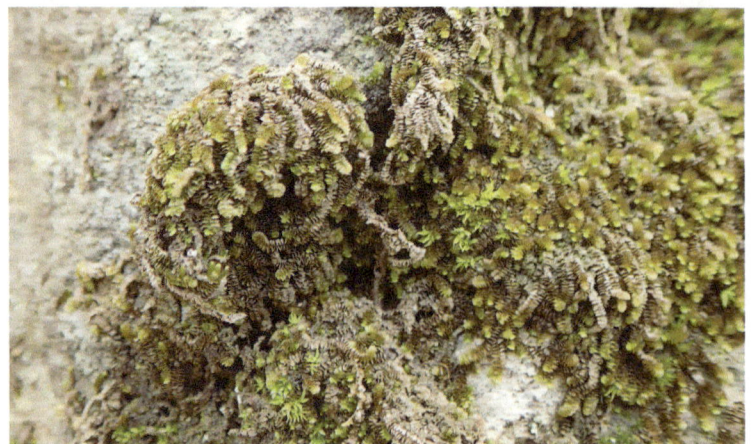

南亚顶鳞苔

拉丁学名：*Acrolejeunea sandvicensis*

物种简介：细鳞苔科顶鳞苔属苔类植物。生长于树干、岩石、腐木或倒木上，偶尔生长于叶面上。北京市新记录种。

采集地点：椴树岭村百泉山。

中国生物多样性红色名录等级：无危。

浅棕顶鳞苔

拉丁学名：*Acrolejeunea infuscata*

物种简介：细鳞苔科顶鳞苔属苔类植物。生长于树干、树基、岩石或土面。北京市新记录种。

采集地点：椴树岭村百泉山。

中国生物多样性红色名录等级：无危。

暗绿细鳞苔

拉丁学名： *Lejeunea obscura*

物种简介： 细鳞苔科细鳞苔属苔类植物。生长于林下叶面。北京市新记录种。

采集地点： 椴树岭村百泉山。

中国生物多样性红色名录等级： 无危。

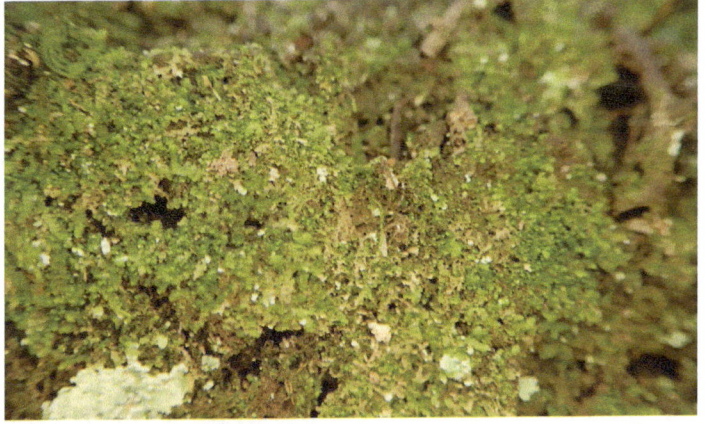

白绿细鳞苔

拉丁学名： *Lejeunea pallide-virens*

物种简介： 细鳞苔科细鳞苔属苔类植物。北京市新记录种。

采集地点： 椴树岭村百泉山。

中国生物多样性红色名录等级： 无危。

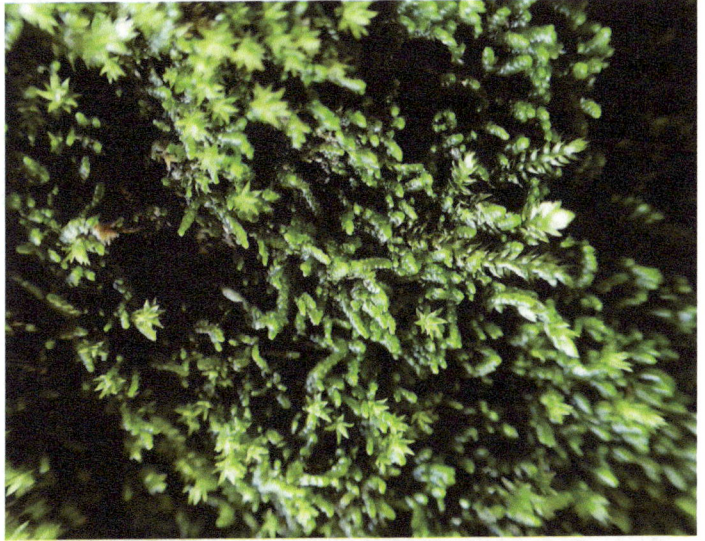

小叶苔

拉丁学名： *Fossombronia pusilla*

物种简介： 小叶苔科小叶苔属苔类植物。生长于山地或阴蔽的林下土壤、砾石。

采集地点： 玄云寺。

中国生物多样性红色名录等级： 无危。

小克氏苔

拉丁学名：*Clevea pusilla*

物种简介：星孔苔科克氏苔属苔类植物。生长于砾石上、岩缝。北京市新记录种。

采集地点：于营子，八股山森林公园。

中国生物多样性红色名录等级：无危。

石地钱

拉丁学名：*Reboulia hemisphaerica*

物种简介：疣冠苔科石地钱属苔类植物。生长于岩壁、石上。

采集地点：长条地，抢坡沟，百泉山风景区，百泉山峪道河，喇叭沟门满族乡原始次生林。

中国生物多样性红色名录等级：无危。

无隔疣冠苔

拉丁学名：*Mannia fragrans*

物种简介：疣冠苔科疣冠苔属苔类植物。生长于砾石上、岩面。北京市新记录种。

采集地点：于营子，塘泉沟，大沟门东沟，玄云寺。

中国生物多样性红色名录等级：无危。

日本紫背苔

拉丁学名： *Plagiochasma japonicum*

物种简介： 疣冠苔科紫背苔属苔类植物。生长于砾石上、岩面、石隙。北京市新记录种。

采集地点： 于营子，玄云寺，八股山森林公园，喇叭沟门原始森林公园，怀柔水库。

中国生物多样性红色名录等级： 无危。

（三）藓类

朝鲜白齿藓

拉丁学名： *Leucodon coreensis*

物种简介： 白齿藓科白齿藓属藓类植物。生长于林下大石上。

采集地点： 喇叭沟门原始森林公园。

中国生物多样性红色名录等级： 无危。

高山赤藓

拉丁学名： *Syntrichia sinensis*

物种简介： 丛藓科赤藓属藓类植物。生长于中高海拔岩面薄土上。北京市新记录种。

采集地点： 喇叭沟门原始森林公园。

中国生物多样性红色名录等级： 无危。

灰土对齿藓

拉丁学名：*Didymodon tophaceus*

物种简介：丛藓科对齿藓属藓类植物。多生长于海拔 900 ～ 1 000 m 的林地上、岩石上。

采集地点：四道河东沟。

中国生物多样性红色名录等级：无危。

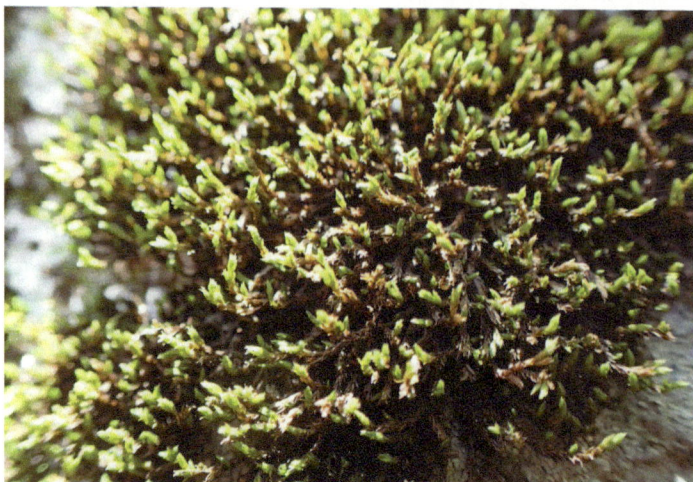

长尖对齿藓

拉丁学名：*Didymodon ditrichoides*

物种简介：丛藓科对齿藓属藓类植物。生长于岩石上。

采集地点：玄云寺。

中国生物多样性红色名录等级：无危。

波边毛口藓

拉丁学名：*Trichostomum tenuirostre*

物种简介：丛藓科毛口藓属藓类植物。生长于土面、林地上或阴湿的岩石上，还生长于林下树干基部。

采集地点：喇叭沟门原始森林公园。

中国生物多样性红色名录等级：无危。

小扭口藓

拉丁学名：*Barbula indica*

物种简介：丛藓科扭口藓属藓类植物。生长于岩面、林地或土墙面上。

采集地点：怀柔城市森林公园。

中国生物多样性红色名录等级：无危。

折叶纽藓

拉丁学名：*Tortella fragilis*

物种简介：丛藓科纽藓属藓类植物。生长于岩石上、林缘岩面或土坡上。

采集地点：玄云寺。

中国生物多样性红色名录等级：无危。

卷叶湿地藓

拉丁学名：*Hyophila involuta*

物种简介：丛藓科湿地藓属藓类植物。生长于岩石上、林地上、林缘或沟边土坡上。

采集地点：抢坡沟，椴树岭村百泉山，百泉山风景区，怀柔水库。

中国生物多样性红色名录等级：无危。

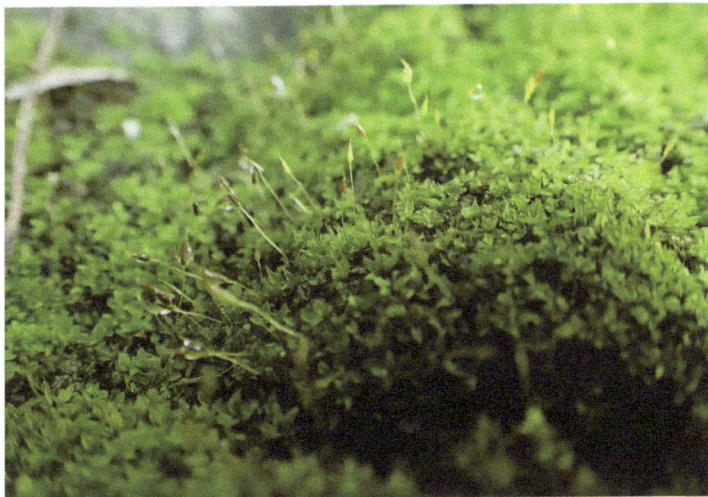

缺齿小石藓

拉丁学名：*Weissia edentula*

物种简介：丛藓科小石藓属藓类植物。生长于林下土面。

采集地点：帽山村，庄户沟，喇叭沟门满族乡原始次生林。

中国生物多样性红色名录等级：无危。

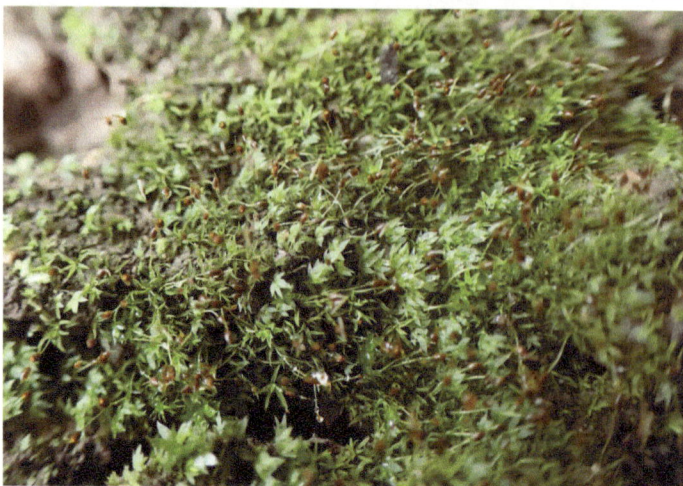

小反纽藓

拉丁学名：*Timmiella diminuta*

物种简介：反纽藓科反纽藓属藓类植物。生长于林下土面、砾石上。

采集地点：于营子，帽山村，喇叭沟门满族乡原始次生林，怀柔水库。

中国生物多样性红色名录等级：无危。

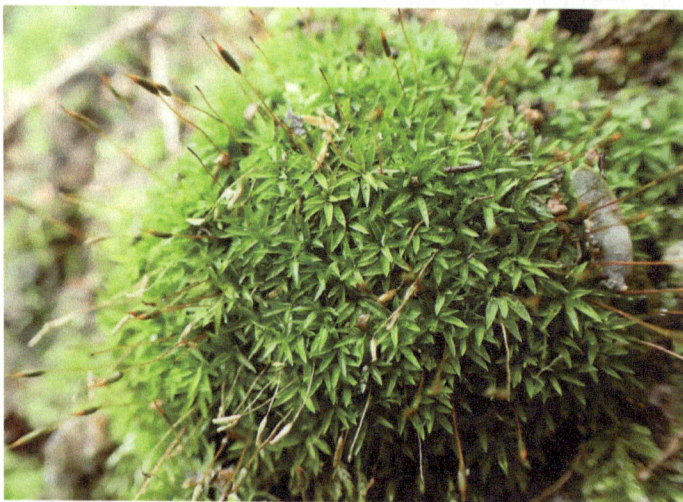

拟小凤尾藓

拉丁学名：*Fissidens tosaensis*

物种简介：凤尾藓科凤尾藓属藓类植物。生长于林下岩面薄土上。

采集地点：喇叭沟门满族乡原始次生林。

中国生物多样性红色名录等级：无危。

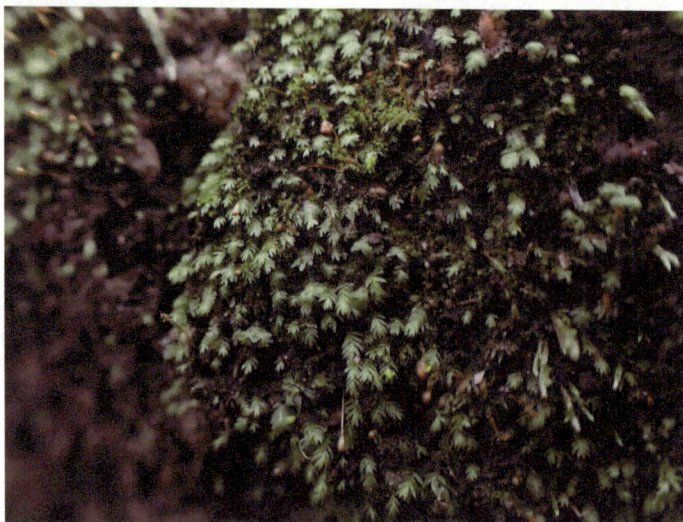

小凤尾藓

拉丁学名： *Fissidens bryoides*

物种简介： 凤尾藓科凤尾藓属藓类植物。
生长于荫蔽环境中的石面或泥土上。

采集地点： 椴树岭村百泉山。

中国生物多样性红色名录等级： 无危。

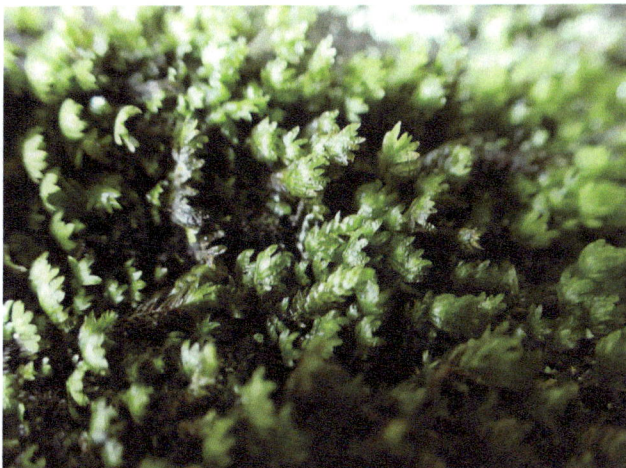

葫芦藓

拉丁学名： *Funaria hygrometrica*

物种简介： 葫芦藓科葫芦藓属藓类植物。
生长于砾石上、土地上。

采集地点： 玄云寺，喇叭沟门满族乡原始
次生林。

中国生物多样性红色名录等级： 无危。

日本立碗藓

拉丁学名： *Physcomitrium japonicum*

物种简介： 葫芦藓科立碗藓属藓类植物。
生长于林缘及路边土壁上、石壁上，田边
土坡上。北京市新记录种。

采集地点： 渤海镇沙峪村（兴隆沟），怀柔
滨河森林公园。

中国生物多样性红色名录等级： 无危。

鳞叶藓

拉丁学名：*Taxiphyllum taxirameum*

物种简介：灰藓科鳞叶藓属藓类植物。生长于林地土壤上、岩面上、腐殖质上。

采集地点：庄户村，大沟门东沟，长条地，玄云寺，四道河东沟，百泉山风景区，喇叭沟门满族乡原始次生林。

中国生物多样性红色名录等级：无危。

假细罗藓

拉丁学名：*Pseudoleskeella catenulata*

物种简介：假细罗藓科假细罗藓属藓类植物。生长于岩石、岩壁上。

采集地点：塘泉沟，长条地。

中国生物多样性红色名录等级：无危。

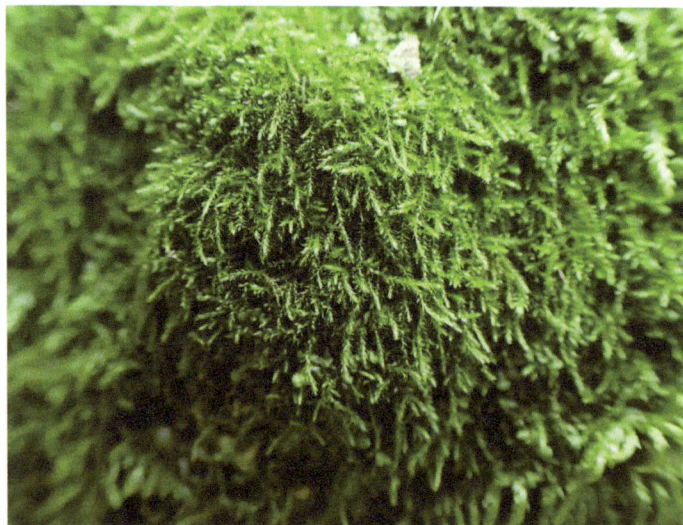

细罗藓

拉丁学名：*Leskeella nervosa*

物种简介：假细罗藓科细罗藓属藓类植物。生长于林下土面。

采集地点：喇叭沟门满族乡原始次生林。

中国生物多样性红色名录等级：无危。

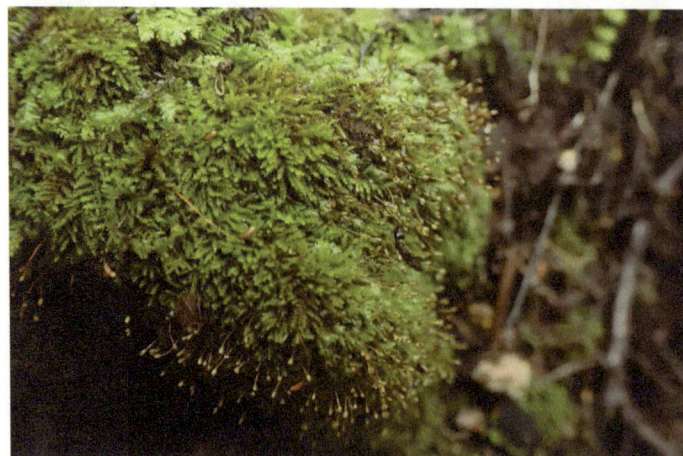

中华细枝藓

拉丁学名： *Lindbergia sinensis*

物种简介： 假细罗藓科细枝藓属藓类植物。生长于中高海拔林地树干上。

采集地点： 喇叭沟门满族乡原始次生林。

中国生物多样性红色名录等级： 无危。

特有性： 中国特有种。

仙鹤藓

拉丁学名： *Atrichum undulatum*

物种简介： 金发藓科仙鹤藓属藓类植物。生长于较潮湿的路边、林地或岩面。北京市新记录种。

采集地点： 喇叭沟门原始森林公园。

中国生物多样性红色名录等级： 无危。

小胞仙鹤藓

拉丁学名： *Atrichum rhystophyllum*

物种简介： 金发藓科仙鹤藓属藓类植物。生长于较阴湿的路边或林地土面。北京市新记录种。

采集地点： 百泉山风景区，喇叭沟门原始森林公园。

中国生物多样性红色名录等级： 无危。

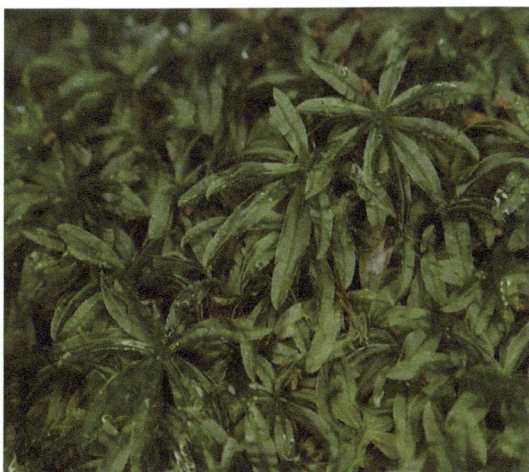

小仙鹤藓

拉丁学名： *Atrichum crispulum*

物种简介： 金发藓科仙鹤藓属藓类植物。生长于较阴湿的路边、林地或土面。北京市新记录种。

采集地点： 百泉山风景区，喇叭沟门原始森林公园。

中国生物多样性红色名录等级： 无危。

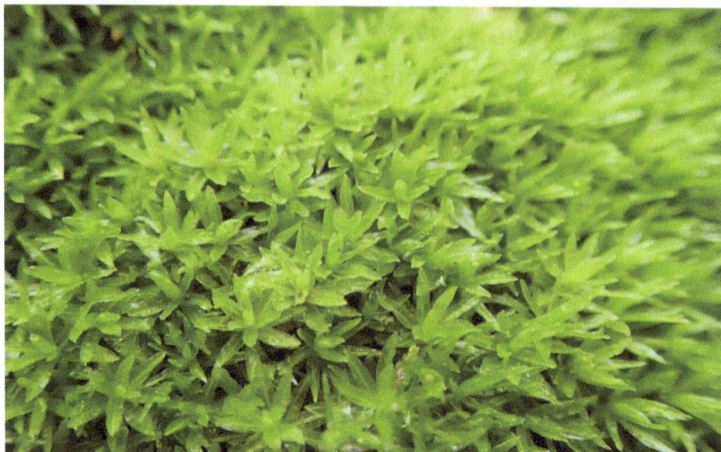

东亚小金发藓

拉丁学名： *Pogonatum inflexum*

物种简介： 金发藓科小金发藓属藓类植物。生长于石隙，海拔870 m。北京市新记录种。

采集地点： 棋盘地。

中国生物多样性红色名录等级： 无危。

弯叶大湿原藓

拉丁学名： *Calliergonella lindbergii*

物种简介： 金灰藓科大湿原藓属藓类植物。生长于岩石、湿土上。

采集地点： 四道河东沟。

中国生物多样性红色名录等级： 无危。

金灰藓

拉丁学名：*Pylaisia polyantha*

物种简介：金灰藓科金灰藓属藓类植物。生长于林下腐木上、树干上，也可生长于岩面或腐殖质上。

采集地点：喇叭沟门原始森林公园。

中国生物多样性红色名录等级：无危。

东亚毛灰藓

拉丁学名：*Homomallium connexum*

物种简介：金灰藓科毛灰藓属藓类植物。生长于树干上、倒木上、岩面、林下土面。

采集地点：塘泉沟，抢坡沟，百泉山峪道河，喇叭沟门满族乡原始次生林，椴树岭村百泉山。

中国生物多样性红色名录等级：无危。

横生绢藓

拉丁学名：*Entodon prorepens*

物种简介：绢藓科绢藓属藓类植物。生长于石上、土面。

采集地点：喇叭沟门满族乡原始次生林。

中国生物多样性红色名录等级：无危。

绢藓

拉丁学名： *Entodon cladorrhizans*

物种简介： 绢藓科绢藓属藓类植物。生长于林下土面。

采集地点： 喇叭沟门满族乡原始次生林。

中国生物多样性红色名录等级： 无危。

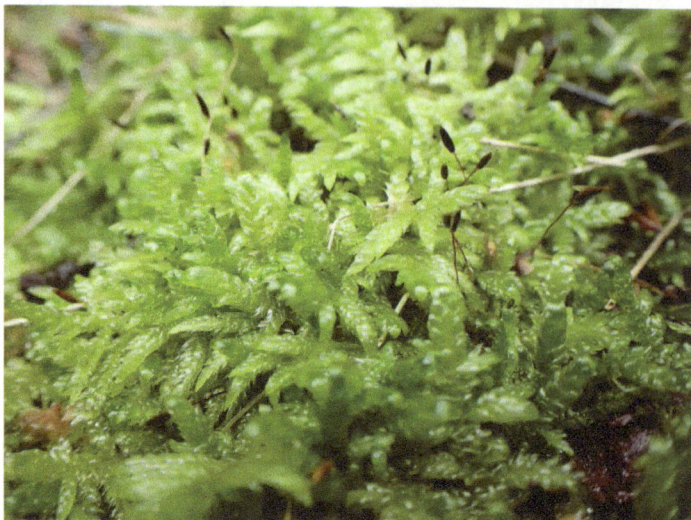

细绢藓

拉丁学名： *Entodon giraldii*

物种简介： 绢藓科绢藓属藓类植物。生长于岩面、砾石上、树干基部。

采集地点： 长条地，塘泉沟，八股山森林公园，庄户沟，大沟门东沟，四道河东沟，百泉山峪道河，百泉山风景区，怀柔水库。

中国生物多样性红色名录等级： 无危。

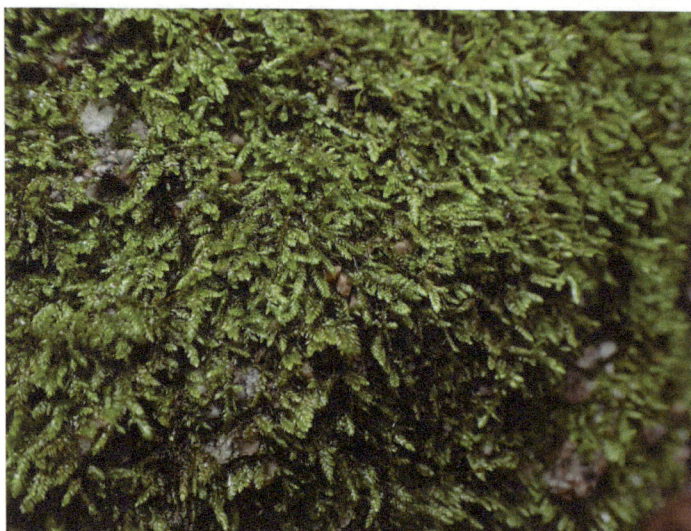

亮叶绢藓

拉丁学名： *Entodon schleicheri*

物种简介： 绢藓科绢藓属藓类植物。生长于岩面薄土。

采集地点： 喇叭沟门满族乡原始次生林。

中国生物多样性红色名录等级： 无危。

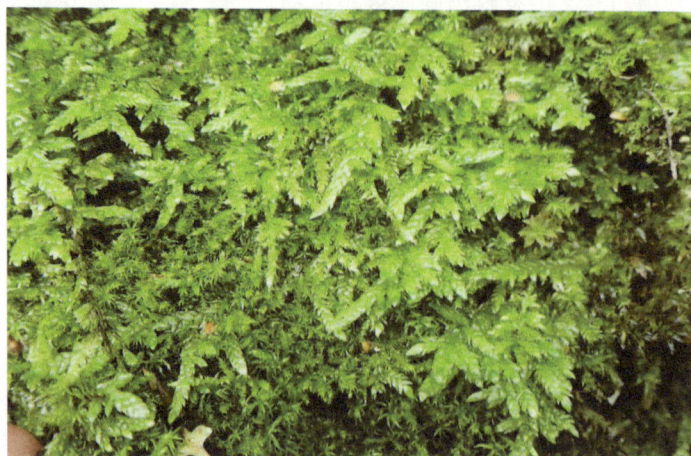

柱蒴绢藓

拉丁学名： *Entodon challengeri*

物种简介： 绢藓科绢藓属藓类植物。生长于树干、树枝、岩面或土坡。

采集地点： 百泉山峪道河，椴树岭村百泉山，喇叭沟门满族乡原始次生林。

中国生物多样性红色名录等级： 无危。

扁枝小锦藓

拉丁学名： *Brotherella complanata*

物种简介： 毛锦藓科小锦藓属藓类植物。生长于岩面。北京市新记录种。

采集地点： 喇叭沟门原始森林公园。

中国生物多样性红色名录等级： 无危。

斜蒴对叶藓

拉丁学名： *Distichium inclinatum*

物种简介： 牛毛藓科对叶藓属藓类植物。生长于岩面薄土上。

采集地点： 喇叭沟门原始森林公园。

中国生物多样性红色名录等级： 无危。

暗绿多枝藓

拉丁学名：*Haplohymenium triste*

物种简介：牛舌藓科多枝藓属藓类植物。生长于树干、树枝及阴湿岩石上。北京市新记录种。

采集地点：喇叭沟门原始森林公园。

中国生物多样性红色名录等级：无危。

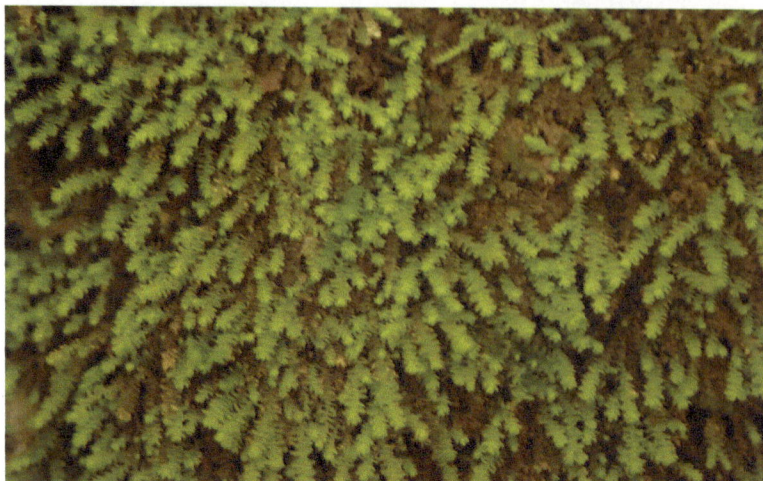

小牛舌藓

拉丁学名：*Anomodon minor*

物种简介：牛舌藓科牛舌藓属藓类植物。生长于岩石上、石壁上、林下土面。

采集地点：长条地，抢坡沟，塘泉沟，四道河东沟，百泉山风景区，喇叭沟门原始森林公园，高寒植物园。

中国生物多样性红色名录等级：无危。

扁枝青藓

拉丁学名：*Brachythecium planiusculum*

物种简介：青藓科青藓属藓类植物。生长于林下大石上。北京市新记录种。

采集地点：喇叭沟门原始森林公园。

中国生物多样性红色名录等级：数据缺乏。

钩叶青藓

拉丁学名：*Brachythecium uncinifolium*

物种简介：青藓科青藓属藓类植物。生长于林地上或林缘土坡上。

采集地点：喇叭沟门原始森林公园。

中国生物多样性红色名录等级：无危。

长肋青藓

拉丁学名：*Brachythecium populeum*

物种简介：青藓科青藓属藓类植物。生长于岩面薄土上。

采集地点：喇叭沟门原始森林公园。

中国生物多样性红色名录等级：无危。

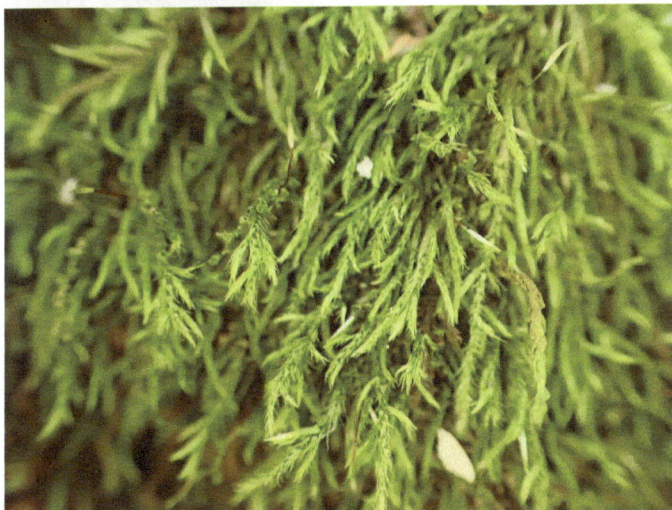

密叶美喙藓

拉丁学名：*Eurhynchium savatieri*

物种简介：青藓科美喙藓属藓类植物。生长于林下土面。

采集地点：喇叭沟门原始森林公园。

中国生物多样性红色名录等级：无危。

小叶美喙藓

拉丁学名：*Eurhynchium filiforme*

物种简介：青藓科美喙藓属藓类植物。生长于岩面或沟边石上。

采集地点：喇叭沟门原始森林公园。

中国生物多样性红色名录等级：无危。

鼠尾藓

拉丁学名：*Myuroclada maximowiczii*

物种简介：青藓科鼠尾藓属藓类植物。生长于水沟旁石壁和岩面薄土上。

采集地点：喇叭沟门原始森林公园。

中国生物多样性红色名录等级：无危。

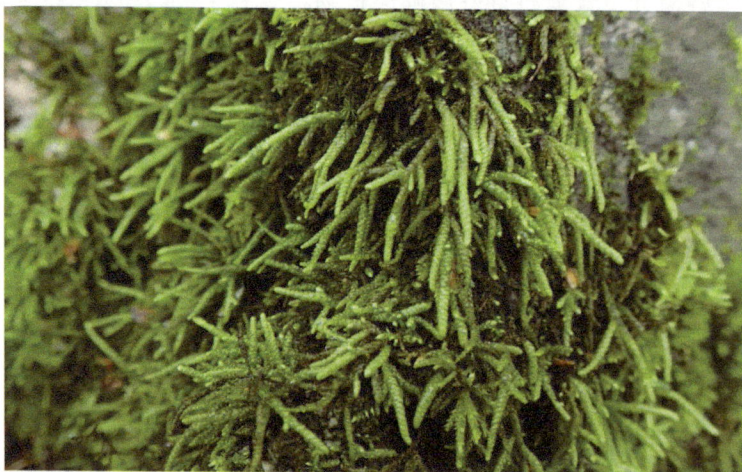

匐枝长喙藓

拉丁学名：*Rhynchostegium serpenticaule*

物种简介：青藓科长喙藓属藓类植物。生长于土面和岩面。

采集地点：喇叭沟门原始森林公园。

中国生物多样性红色名录等级：无危。

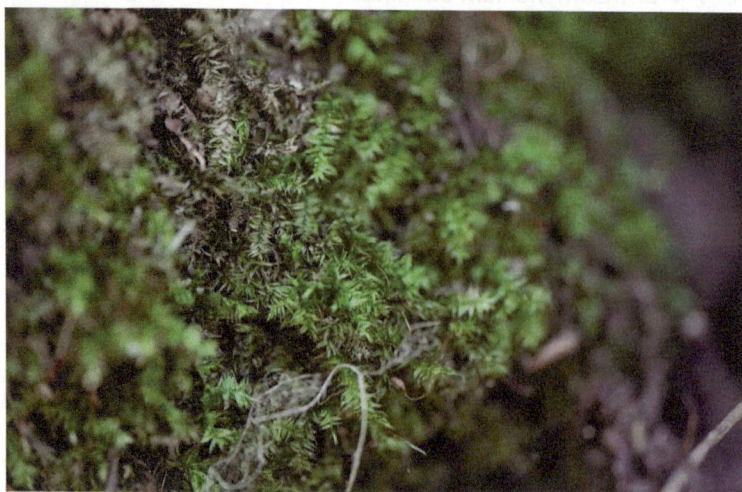

钟帽藓

拉丁学名：*Venturiella sinensis*

物种简介：树生藓科钟帽藓属藓类植物。生长于树干或树枝上，海拔30 ～ 1 650 m。

采集地点：怀柔水库，怀沙河。

中国生物多样性红色名录等级：无危。

八齿碎米藓

拉丁学名：*Fabronia ciliaris*

物种简介：碎米藓科碎米藓属藓类植物。生长于林内树干或湿石上。

采集地点：椴树岭村百泉山。

中国生物多样性红色名录等级：无危。

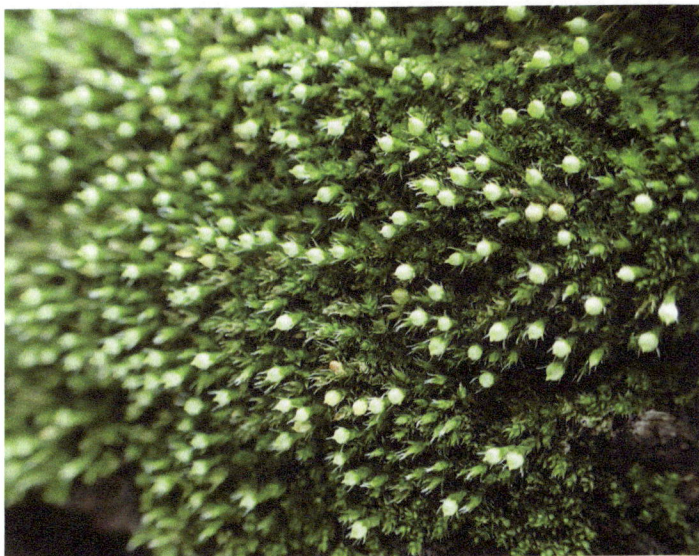

东亚碎米藓

拉丁学名：*Fabronia matsumurae*

物种简介：碎米藓科碎米藓属藓类植物。生长于树干上。

采集地点：高寒植物园，怀柔水库，玄云寺。

中国生物多样性红色名录等级：无危。

中华缩叶藓

拉丁学名：*Ptychomitrium sinense*

物种简介：缩叶藓科缩叶藓属藓类植物。生长于岩石上。

采集地点：塘泉沟，百泉山峪道河，百泉山风景区，喇叭沟门满族乡原始次生林，雁栖湖景区。

中国生物多样性红色名录等级：无危。

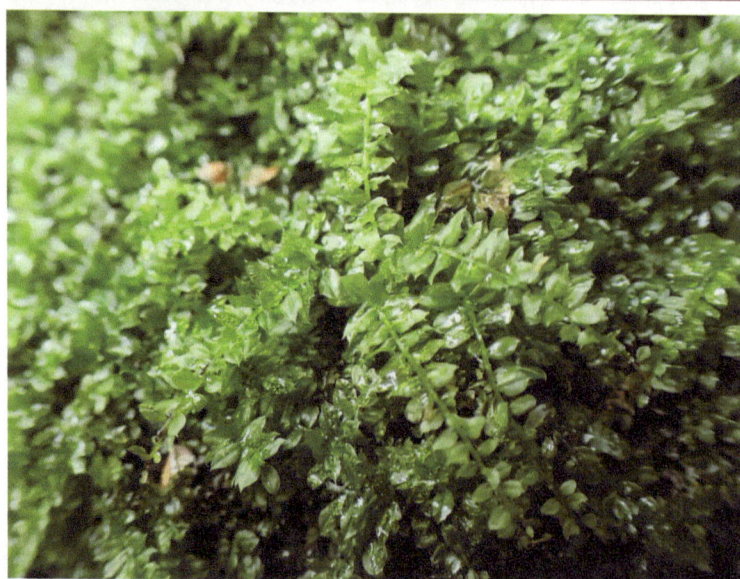

匐灯藓

拉丁学名：*Plagiomnium cuspidatum*

物种简介：提灯藓科匐灯藓属藓类植物。生长于林地、林缘土坡、草地、沟谷水边或河滩地上，海拔 2 000 ～ 3 000 m。

采集地点：四道河东沟，百泉山风景区，喇叭沟门满族乡原始次生林，高寒植物园。

中国生物多样性红色名录等级：无危。

阔边匐灯藓

拉丁学名：*Plagiomnium ellipticum*

物种简介：提灯藓科匐灯藓属藓类植物。生长于中高海拔林下岩面薄土上。

采集地点：喇叭沟门原始森林公园。

中国生物多样性红色名录等级：无危。

偏叶小曲尾藓

拉丁学名： *Dicranella subulata*

物种简介： 小曲尾藓科小曲尾藓属藓类植物。生长于岩石上。北京市新记录种。

采集地点： 棋盘地。

中国生物多样性红色名录等级： 无危。

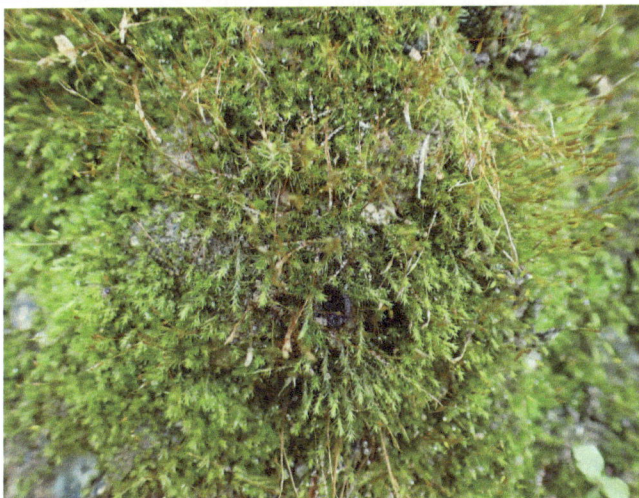

短肋羽藓

拉丁学名： *Thuidium kanedae*

物种简介： 羽藓科羽藓属藓类植物。生长于阴湿岩面、树干基部、腐木上。

采集地点： 喇叭沟门原始森林公园。

中国生物多样性红色名录等级： 无危。

狭叶小羽藓

拉丁学名： *Haplocladium angustifolium*

物种简介： 羽藓科小羽藓属藓类植物。生长于岩面、碎石上。

采集地点： 大沟门东沟，四道河东沟，喇叭沟门满族乡原始次生林。

中国生物多样性红色名录等级： 无危。

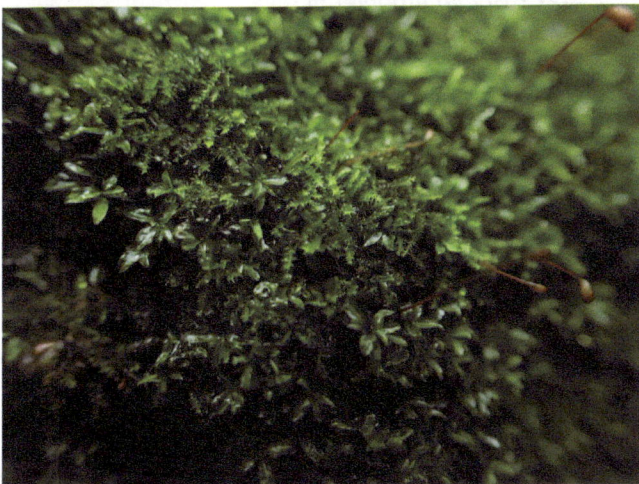

近高山真藓

拉丁学名：*Bryum paradoxum*

物种简介：真藓科真藓属藓类植物。生长于林缘、山地路边、岩面薄土。北京市新记录种。

采集地点：地和路滨河公园。

中国生物多样性红色名录等级：无危。

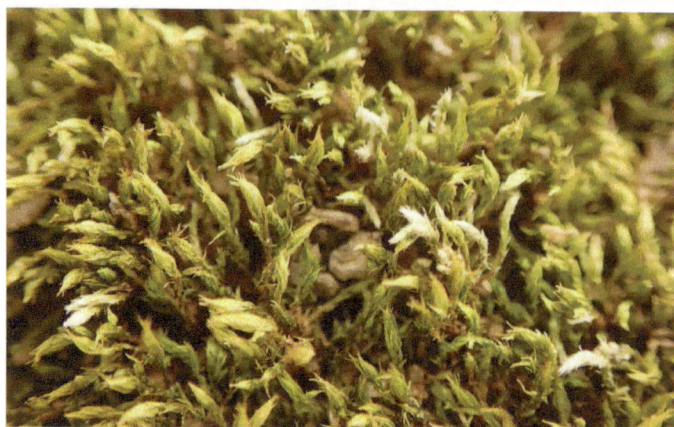

瘤根真藓

拉丁学名：*Bryum bornholmense*

物种简介：真藓科真藓属藓类植物。生长于岩壁上。北京市新记录种。

采集地点：长条地。

中国生物多样性红色名录等级：易危。

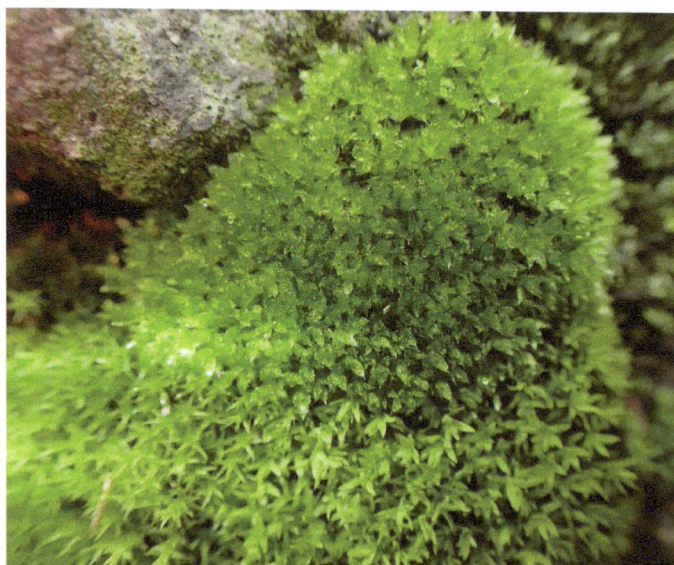

真藓

拉丁学名：*Bryum argenteum*

物种简介：真藓科真藓属藓类植物。生长于岩壁、砾石上。

采集地点：长条地，帽山村，大沟门东沟，百泉山风景区，椴树岭村百泉山，喇叭沟门满族乡原始次生林。

中国生物多样性红色名录等级：无危。

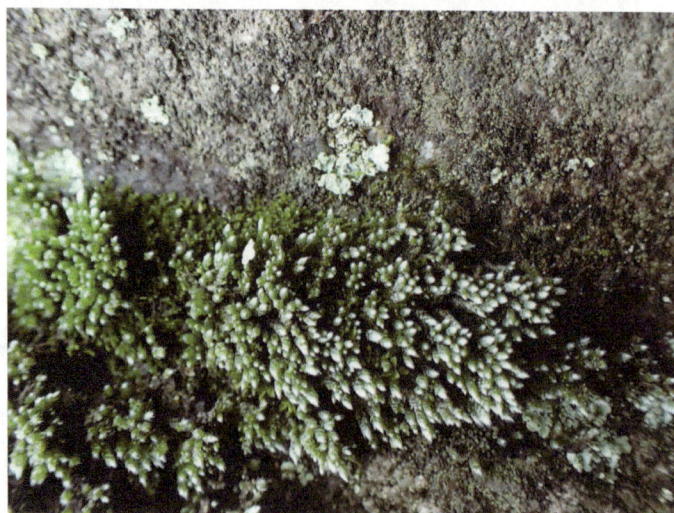

溪岸连轴藓

拉丁学名：*Schistidium rivulare*

物种简介：紫萼藓科紫萼藓属藓类植物。为水湿生种类，多生长于溪流水边岩石面。北京市新记录种。

采集地点：喇叭沟门原始森林公园。

中国生物多样性红色名录等级：无危。

韩氏紫萼藓

拉丁学名：*Grimmia handelii*

物种简介：紫萼藓科紫萼藓属藓类植物。生长于岩石面，海拔 990 m。北京市新记录种。

采集地点：四道河。

中国生物多样性红色名录等级：数据缺乏。

毛尖紫萼藓

拉丁学名：*Grimmia pilifera*

物种简介：紫萼藓科紫萼藓属藓类植物。生长于中高海拔岩面薄土上。

采集地点：喇叭沟门原始森林公园。

中国生物多样性红色名录等级：无危。

第十三章　维管植物

一、怀柔区维管植物多样性

怀柔区维管植物共 133 科 522 属 1 085 种（含种下等级，下同）。其中：石松类与蕨类植物 12 科 23 属 44 种，裸子植物 4 科 7 属 14 种，被子植物 117 科 492 属 1 027 种。怀柔区维管植物科、属、种数量分别占北京市高等植物的 74.3%、50.6%、39.0%（表 16）。怀柔区中国特有植物约 165 种，占全区维管植物总种数的 15.2%。怀柔区北部地处我国暖温带与寒温带交界处，植物区系在北京植物区系中具有一定的独特性。东北多足蕨（*Polypodium sibiricum*）、香鳞毛蕨（*Dryopteris fragrans*）在北京仅分布于怀柔区。

表 16　怀柔区维管植物分类群统计与比较

类群	怀柔区			北京市 *		
	科	属	种	科	属	种
石松类与蕨类植物	12	23	44	17	30	83
裸子植物	4	7	14	8	18	52
被子植物	117	492	1 027	154	983	2 644
合计	133	522	1 085	179	1 031	2 779

* 数据来源为中国科学院植物研究所《北京维管植物编目和分布数据集》。

（一）石松类和蕨类植物科属统计

怀柔区石松类和蕨类植物优势科为卷柏科、蹄盖蕨科、鳞毛蕨科和木贼科，分别含有 6 种、6 种、5 种、5 种。这 4 科植物占全区石松类和蕨类植物总物种数的 50.0%（表 17）。

表 17　怀柔区石松类和蕨类植物科的统计

分类	科数	占总数占比 /%	种数	占总数占比 /%
含 5 种及以上的科	4	33.3	22	50.0
含 2～4 种的科	8	66.7	22	50.0
总计	12		44	

怀柔区蕨类植物优势属为卷柏属、木贼属、岩蕨属 3 属，分别含有 6 种、5 种、4 种，占全区石松类和蕨类植物总物种数的 34.1%。仅含 1 个物种的属共有 14 个，占全区石松类和蕨类植物总属数的 60.9%，占全区石松类和蕨类植物总物种数的 31.8%（表 18）。

根据文献记载，20 世纪 60 年代怀柔区喇叭沟门自然保护区内曾分布瓶尔小草科植物小阴地蕨（*Botrychium lunaria*），又称扇羽阴地蕨，为区域性单种科单种属植物、北京市重点保护植物。但多年来在本区内未再调查到该物种，本次调查也未调查到。

表 18　怀柔区蕨类植物属的统计

分类	属数	占总数占比 /%	种数	占总数占比 /%
含 4 种及以上的属	3	13.0	15	34.1
含 2～3 种的属	6	26.1	15	34.1
含 1 种的属	14	60.9	14	31.8
总计	23		44	

（二）裸子植物科属统计

怀柔区裸子植物优势科为松科和柏科，分别为 7 种、5 种，含有物种数占全区裸子植物总物种数的 85.7%。仅含 1 个物种的科有银杏科、红豆杉科 2 个，含有的物种数占全区裸子植物总物种数的 14.3%（表 19）。

表 19　怀柔区裸子植物科的统计

分类	科数	占总数占比 /%	种数	占总数占比 /%
含 5 种及以上的科	2	50.0	12	85.7
含 1 种的科	2	50.0	2	14.3
总计	4		14	

怀柔区裸子植物优势属为刺柏属和松属，共含有 7 种，占全区裸子植物总物种数的 50.0%。仅含 1 个物种的属共有 3 个，占全区裸子植物总属数的 42.9%，含有的物种数占全区总物种数的 21.4%（表 20）。

表 20　怀柔区裸子植物属的统计

分类	属数	占总数占比 /%	种数	占总数占比 /%
含 3 种及以上的属	2	28.6	7	50.0
含 2 种的属	2	28.6	4	28.6
含 1 种的属	3	42.9	3	21.4
总计	7		14	

（三）被子植物科属统计

怀柔区被子植物优势科为菊科、禾本科、蔷薇科和豆科，分别含有 124 种、87 种、72 种和 53 种。这 4 科植物占全区被子植物科数的 3.4%，但含有物种数占全区被子植物总物种数的 32.7%。仅含 1 个物种的科有杜仲科、防己科、花蔺科、猕猴桃科等 28 个，占全区被子植物科数的 23.9%，含有的物种数占全区被子植物总物种数的 2.7%（表 21）。

表 21　怀柔区被子植物科的统计

分类	科数	占总数百分比 /%	种数	占总数百分比 /%
含 50 种及以上的科	4	3.4	336	32.7
含 20～49 种的科	7	6.0	197	19.1
含 10～19 种的科	16	13.7	199	19.4
含 2～9 种的科	62	53.0	267	26.0
含 1 种的科	28	23.9	28	2.7
总计	117		1 027	

怀柔区被子植物优势属为蒿属和委陵菜属，分别含有 16 种和 15 种，共占全区被子植物总物种数的 3.0%。仅含 1 个物种的属共有 286 个，占全区被子植物总属数的 58.1%，含有的物种数占全区被子植物总物种数的 27.8%（表 22）。

表 22　怀柔区被子植物属的统计

分类	属数	占总数占比 /%	种数	占总数占比 /%
含 15 种及以上的属	2	0.4	31	3.0
含 10 ～ 14 种的属	7	1.4	78	7.6
含 2 ～ 9 种的属	197	40.0	632	61.5
含 1 种的属	286	58.1	286	27.8
总计	492		1 027	

根据文献记载，怀柔区兰科植物有 15 种。但 2019 年以来的调查中仅记录到 6 种，包括大花杓兰（*Cypripedium macranthos*）、裂瓣角盘兰（*Herminium alaschanicum*）、角盘兰（*Herminium monorchis*）、尖唇鸟巢兰（*Neottia acuminata*）、二叶兜被兰（*Neottianthe cucullata*）和绶草（*Spiranthes sinensis*）。紫点杓兰（*Cypripedium guttatum*）、山西杓兰（*Cypripedium shanxiense*）、手参（*Gymnadenia conopsea*）、凹舌掌裂兰（*Dactylorhiza viridis*）、二叶舌唇兰（*Platanthera chlorantha*）、蜻蜓兰（*Platanthera fuscescens*）、对叶兰（*Neottia puberula*）、齿唇羊耳蒜（*Liparis campylostalix*）和沼兰（*Malaxis monophyllos*）9 种兰科植物 2019 年以来未在野外调查发现。

二、怀柔区维管植物名录

	中文名	拉丁名		中文名	拉丁名
（一）	石松门	Lycopodiophyta		华中铁角蕨	*Asplenium sarelii*
1.	卷柏科	Selaginellaceae	4.	蹄盖蕨科	Athyriaceae
	垫状卷柏	*Selaginella pulvinata*		日本安蕨	*Anisocampium niponicum*
	旱生卷柏	*Selaginella stauntoniana*		河北峨眉蕨	*Deparia vegetior*
	红枝卷柏	*Selaginella sanguinolenta*		黑鳞短肠蕨	*Diplazium sibiricum*
	卷柏	*Selaginella tamariscina*		东北蹄盖蕨	*Athyrium brevifrons*
	蔓出卷柏	*Selaginella davidii*		麦秆蹄盖蕨	*Athyrium fallaciosum*
	中华卷柏	*Selaginella sinensis*		中华蹄盖蕨	*Athyrium sinense*
（二）	蕨类植物门	Pteridophyta	5.	冷蕨科	Cystopteridaceae
2.	木贼科	Equisetaceae		冷蕨	*Cystopteris fragilis*
	草问荆	*Equisetum pratense*		羽节蕨	*Gymnocarpium jessoense*
	节节草	*Equisetum ramosissimum*	6.	碗蕨科	Dennstaedtiaceae
	木贼	*Equisetum hyemale*		蕨	*Pteridium aquilinum* var. *latiusculum*
	犬问荆	*Equisetum palustre*			
	问荆	*Equisetum arvense*		溪洞碗蕨	*Sitobolium wilfordii*
3.	铁角蕨科	Aspleniaceae	7.	鳞毛蕨科	Dryopteridaceae
	北京铁角蕨	*Asplenium pekinense*		鞭叶耳蕨	*Polystichum craspedosorum*
	过山蕨	*Asplenium ruprechtii*		布朗耳蕨	*Polystichum braunii*

	中文名	拉丁名			中文名	拉丁名
	粗茎鳞毛蕨	*Dryopteris crassirhizoma*			红皮云杉	*Picea koraiensis*
	华北鳞毛蕨	*Dryopteris goeringiana*		（四）	被子植物门	Angiospermae
	香鳞毛蕨	*Dryopteris fragrans*		17.	菖蒲科	Acoraceae
8.	球子蕨科	Onocleaceae			菖蒲	*Acorus calamus*
	荚果蕨	*Matteuccia struthiopteris*		18.	泽泻科	Alismataceae
	球子蕨	*Onoclea sensibilis* var. *interrupta*			野慈姑	*Sagittaria trifolia*
					东方泽泻	*Alisma orientale*
9.	水龙骨科	Polypodiaceae			泽泻	*Alisma plantago-aquatica*
	东北多足蕨	*Polypodium sibiricum*		19.	天南星科	Araceae
	石韦	*Pyrrosia lingua*			半夏	*Pinellia ternata*
	有柄石韦	*Pyrrosia petiolosa*			浮萍	*Lemna minor*
10.	凤尾蕨科	Pteridaceae			东北南星	*Arisaema amurense*
	小叶中国蕨	*Aleuritopteris albofusca*			天南星	*Arisaema heterophyllum*
	银粉背蕨	*Aleuritopteris argentea*			一把伞南星	*Arisaema erubescens*
	耳羽金毛裸蕨	*Paragymnopteris bipinnata* var. *auriculata*			紫萍	*Spirodela polyrhiza*
				20.	花蔺科	Butomaceae
	普通铁线蕨	*Adiantum edgeworthii*			花蔺	*Butomus umbellatus*
11.	岩蕨科	Woodsiaceae		21.	水鳖科	Hydrocharitaceae
	大囊岩蕨	*Woodsia macrochlaena*			大茨藻	*Najas marina*
	东亚岩蕨	*Woodsia intermedia*			黑藻	*Hydrilla verticillata*
	耳羽岩蕨	*Woodsia polystichoides*			苦草	*Vallisneria natans*
	华北岩蕨	*Woodsia hancockii*			水鳖	*Hydrocharis dubia*
12.	槐叶蘋科	Salviniaceae		22.	水麦冬科	Juncaginaceae
	槐叶蘋	*Salvinia natans*			水麦冬	*Triglochin palustris*
	满江红	*Azolla pinnata* subsp. *asiatica*		23.	眼子菜科	Potamogetonaceae
（三）	裸子植物门	Gymnospermae			篦齿眼子菜	*Stuckenia pectinata*
13.	柏科	Cupressaceae			穿叶眼子菜	*Potamogeton perfoliatus*
	侧柏	*Platycladus orientalis*			小眼子菜	*Potamogeton pusillus*
	叉子圆柏	*Juniperus sabina*			眼子菜	*Potamogeton distinctus*
	刺柏	*Juniperus formosana*			竹叶眼子菜	*Potamogeton wrightii*
	杜松	*Juniperus rigida*			菹草	*Potamogeton crispus*
	圆柏	*Juniperus chinensis*		24.	伞形科	Apiaceae
14.	红豆杉科	Taxaceae			变豆菜	*Sanicula chinensis*
	矮紫杉	*Taxus cuspidata* cv. 'Nana'			北柴胡	*Bupleurum chinense*
15.	银杏科	Ginkgoaceae			红柴胡	*Bupleurum scorzonerifolium*
	银杏	*Ginkgo biloba*			白芷	*Angelica dahurica*
16.	松科	Pinaceae			柳叶芹	*Angelica czernaevia*
	华北落叶松	*Larix gmelinii* var. *principis-rupprechtii*			毒芹	*Cicuta virosa*
					短毛独活	*Heracleum moellendorffii*
	落叶松	*Larix gmelinii*			防风	*Saposhnikovia divaricata*
	白皮松	*Pinus bungeana*			野胡萝卜	*Daucus carota*
	华山松	*Pinus armandi*			积雪草	*Centella asiatica*
	油松	*Pinus tabuliformis*			迷果芹	*Sphallerocarpus gracilis*
	白杆	*Picea meyeri*			小窃衣	*Torilis japonica*

中文名	拉丁名		中文名	拉丁名
大齿山芹	*Ostericum grosseserratum*		天门冬	*Asparagus cochinchinensis*
山芹	*Ostericum sieboldii*		兴安天门冬	*Asparagus dauricus*
辽藁本	*Conioselinum smithii*		鹿药	*Maianthemum japonicum*
细叶藁本	*Conioselinum tenuissimum*		舞鹤草	*Maianthemum bifolium*
蛇床	*Cnidium monnieri*		沿阶草	*Ophiopogon bodinieri*
石防风	*Kitagawia terebinthacea*		玉簪	*Hosta plantaginea*
水芹	*Oenanthe javanica*		知母	*Anemarrhena asphodeloides*
泽芹	*Sium suave*	28.	阿福花科	Asphodelaceae
25. 五加科	Araliaceae		北黄花菜	*Hemerocallis lilioasphodelus*
刺楸	*Kalopanax septemlobus*		北萱草	*Hemerocallis esculenta*
楤木	*Aralia elata*		大花萱草	*Hemerocallis hybridus*
东北土当归	*Aralia continentalis*	29.	鸢尾科	Iridaceae
辽东楤木	*Aralia elata* var. *glabrescens*		射干	*Belamcanda chinensis*
刺五加	*Eleutherococcus senticosus*		黄菖蒲	*Iris pseudacorus*
无梗五加	*Eleutherococcus sessiliflorus*		马蔺	*Iris lactea*
26. 石蒜科	Amaryllidaceae		野鸢尾	*Iris dichotoma*
茖葱	*Allium ochotense*		鸢尾	*Iris tectorum*
黄花葱	*Allium condensatum*		紫苞鸢尾	*Iris ruthenica*
冀韭	*Allium chiwui*	30.	兰科	Orchidaceae
碱韭	*Allium polyrhizum*		大花杓兰	*Cypripedium macranthos*
球序韭	*Allium thunbergii*		二叶兜被兰	*Neottianthe cucullata*
山韭	*Allium senescens*		角盘兰	*Herminium monorchis*
细叶韭	*Allium tenuissimum*		裂瓣角盘兰	*Herminium alaschanicum*
薤白	*Allium macrostemon*		尖唇鸟巢兰	*Neottia acuminata*
野韭	*Allium ramosum*		绶草	*Spiranthes sinensis*
长柱韭	*Allium longistylum*	31.	菊科	Asteraceae
假葱	*Nothoscordum bivalve*		百日菊	*Zinnia elegans*
27. 天门冬科	Asparagaceae		苍耳	*Xanthium strumarium*
二苞黄精	*Polygonatum involucratum*		苍术	*Atractylodes lancea*
黄精	*Polygonatum sibiricum*		翠菊	*Callistephus chinensis*
轮叶黄精	*Polygonatum verticillatum*		大丁草	*Leibnitzia anandria*
热河黄精	*Polygonatum macropodum*		福王草	*Nabalus tatarinowii*
五叶黄精	*Polygonatum acuminatifolium*		飞廉	*Carduus nutans*
狭叶黄精	*Polygonatum stenophyllum*		丝毛飞廉	*Carduus crispus*
小玉竹	*Polygonatum humile*		堪察加飞蓬	*Erigeron acris* subsp. *kamtschaticus*
玉竹	*Polygonatum odoratum*			
铃兰	*Convallaria keiskei*		小蓬草	*Erigeron canadensis*
绵枣儿	*Barnardia japonica*		一年蓬	*Erigeron annuus*
山麦冬	*Liriope spicata*		篦苞风毛菊	*Saussurea pectinata*
凤尾丝兰	*Yucca gloriosa*		草地风毛菊	*Saussurea amara*
龙须菜	*Asparagus schoberioides*		风毛菊	*Saussurea japonica*
南玉带	*Asparagus oligoclonos*		美花风毛菊	*Saussurea pulchella*
攀缘天门冬	*Asparagus brachyphyllus*		蒙古风毛菊	*Saussurea mongolica*
曲枝天门冬	*Asparagus trichophyllus*		乌苏里风毛菊	*Saussurea ussuriensis*

怀山柔水，万物共生：北京市怀柔区生物多样性

中文名	拉丁名	中文名	拉丁名
小花风毛菊	*Saussurea parviflora*	楔叶菊	*Chrysanthemum naktongense*
银背风毛菊	*Saussurea nivea*	紫花野菊	*Chrysanthemum zawadzkii*
折苞风毛菊	*Saussurea recurvata*	苣荬菜	*Sonchus wightianus*
狗舌草	*Tephroseris kirilowii*	苦苣菜	*Sonchus oleraceus*
大狼耙草	*Bidens frondosa*	长裂苦苣菜	*Sonchus brachyotus*
鬼针草	*Bidens pilosa*	苦荬菜	*Ixeris polycephala*
狼耙草	*Bidens tripartita*	中华苦荬菜	*Ixeris chinensis*
柳叶鬼针草	*Bidens cernua*	蓝刺头	*Echinops davuricus*
婆婆针	*Bidens bipinnata*	鳢肠	*Eclipta prostrata*
小花鬼针草	*Bidens parviflora*	倒折联毛紫菀	*Symphyotrichum retroflexum*
艾	*Artemisia argyi*	联毛紫菀	*Symphyotrichum novi-belgii*
白莲蒿	*Artemisia gmelinii*	钻叶紫菀	*Symphyotrichum subulatum*
大籽蒿	*Artemisia sieversiana*	漏芦	*Rhaponticum uniflorum*
黄花蒿	*Artemisia annua*	多花麻花头	*Klasea centauroides* subsp. *polycephala*
蒌蒿	*Artemisia selengensis*		
毛莲蒿	*Artemisia vestita*	麻花头	*Klasea centauroides*
蒙古蒿	*Artemisia mongolica*	毛连菜	*Picris hieracioides*
牡蒿	*Artemisia japonica*	泥胡菜	*Hemisteptia lyrata*
南牡蒿	*Artemisia eriopoda*	牛蒡	*Arctium lappa*
牛尾蒿	*Artemisia dubia*	粗毛牛膝菊	*Galinsoga quadriradiata*
歧茎蒿	*Artemisia igniaria*	牛膝菊	*Galinsoga parviflora*
无毛牛尾蒿	*Artemisia dubia* var. *subdigitata*	蒲公英	*Taraxacum mongolicum*
		棕色蒲公英	*Taraxacum badiocinnamomeum*
五月艾	*Artemisia indica*		
野艾蒿	*Artemisia lavandulifolia*	林荫千里光	*Senecio nemorensis*
茵陈蒿	*Artemisia capillaris*	黄秋英	*Cosmos sulphureus*
猪毛蒿	*Artemisia scoparia*	秋英	*Cosmos bipinnatus*
和尚菜	*Adenocaulon himalaicum*	山柳菊	*Hieracium umbellatum*
火绒草	*Leontopodium leontopodioides*	山牛蒡	*Synurus deltoides*
绢茸火绒草	*Leontopodium smithianum*	桃叶鸦葱	*Scorzonera sinensis*
刺儿菜	*Cirsium arvense* var. *integrifolium*	高山蓍	*Achillea alpina*
		石胡荽	*Centipeda minima*
大刺儿菜	*Cirsium arvense* var. *setosum*	天名精	*Carpesium abrotanoides*
蓟	*Cirsium japonicum*	烟管头草	*Carpesium cernuum*
魁蓟	*Cirsium leo*	天人菊	*Gaillardia pulchella*
绒背蓟	*Cirsium vlassovianum*	兔儿伞	*Syneilesis aconitifolia*
烟管蓟	*Cirsium pendulum*	三裂叶豚草	*Ambrosia trifida*
黄瓜菜	*Crepidiastrum denticulatum*	豚草	*Ambrosia artemisiifolia*
尖裂假还阳参	*Crepidiastrum sonchifolium*	橐吾	*Ligularia sibirica*
黑心菊	*Rudbeckia hirta*	狭苞橐吾	*Ligularia intermedia*
菊苣	*Cichorium intybus*	翅果菊	*Lactuca indica*
甘菊	*Chrysanthemum lavandulifolium*	山莴苣	*Lactuca sibirica*
		野莴苣	*Lactuca serriola*
小红菊	*Chrysanthemum chanetii*	翼柄翅果菊	*Lactuca triangulata*

中文名	拉丁名		中文名	拉丁名
豨莶	*Sigesbeckia orientalis*		斑种草	*Bothriospermum chinense*
腺梗豨莶	*Sigesbeckia pubescens*		多苞斑种草	*Bothriospermum secundum*
线叶菊	*Filifolium sibiricum*		北齿缘草	*Eritrichium borealisinense*
菊芋	*Helianthus tuberosus*		钝萼附地菜	*Trigonotis peduncularis* var. *amblyosepala*
向日葵	*Helianthus annuus*			
小甘菊	*Cancrinia discoidea*		附地菜	*Trigonotis peduncularis*
山尖子	*Parasenecio hastatus*		鹤虱	*Lappula myosotis*
欧亚旋覆花	*Inula britannica*		聚合草	*Symphytum officinale*
线叶旋覆花	*Inula linariifolia*		湿地勿忘草	*Myosotis caespitosa*
旋覆花	*Inula japonica*		紫草	*Lithospermum erythrorhizon*
鸦葱	*Takhtajaniantha austriaca*	36.	十字花科	Brassicaceae
一枝黄花	*Solidago decurrens*		播娘蒿	*Descurainia sophia*
银胶菊	*Parthenium hysterophorus*		垂果南芥	*Catolobus pendulus*
蚂蚱腿子	*Pertya dioica*		豆瓣菜	*Nasturtium officinale*
阿尔泰狗娃花	*Aster altaicus*		北美独行菜	*Lepidium virginicum*
东风菜	*Aster scaber*		独行菜	*Lepidium apetalum*
狗娃花	*Aster hispidus*		密花独行菜	*Lepidium densiflorum*
裂叶马兰	*Aster incisus*		风花菜	*Rorippa globosa*
马兰	*Aster indicus*		蔊菜	*Rorippa indica*
蒙古马兰	*Aster mongolicus*		沼生蔊菜	*Rorippa palustris*
全叶马兰	*Aster pekinensis*		花旗杆	*Dontostemon dentatus*
三脉紫菀	*Aster ageratoides*		荠	*Capsella bursa-pastoris*
山马兰	*Aster lautureanus*		硬毛南芥	*Arabis hirsuta*
紫菀	*Aster tataricus*		涩芥	*Strigosella africana*
32. 桔梗科	Campanulaceae		白花碎米荠	*Cardamine leucantha*
党参	*Codonopsis pilosula*		大叶碎米荠	*Cardamine macrophylla*
羊乳	*Codonopsis lanceolata*		裸茎碎米荠	*Cardamine scaposa*
紫斑风铃草	*Campanula punctata*		波齿糖芥	*Erysimum macilentum*
桔梗	*Platycodon grandiflorus*		糖芥	*Erysimum amurense*
多歧沙参	*Adenophora potaninii* subsp. *wawreana*		小花糖芥	*Erysimum cheiranthoides*
			诸葛菜	*Orychophragmus violaceus*
荠苨	*Adenophora trachelioides*	37.	白花菜科	Cleomaceae
毛萼石沙参	*Adenophora polyantha* subsp. *scabricalyx*		白花菜	*Gynandropsis gynandra*
		38.	黄杨科	Buxaceae
石沙参	*Adenophora polyantha*		小叶黄杨	*Buxus sinica* var. *parvifolia*
细叶沙参	*Adenophora capillaris* subsp. *paniculata*	39.	苋科	Amaranthaceae
			东亚市藜	*Oxybasis micrantha*
展枝沙参	*Adenophora divaricata*		灰绿藜	*Oxybasis glauca*
33. 睡菜科	Menyanthaceae		尖头叶藜	*Chenopodium acuminatum*
荇菜	*Nymphoides peltata*		藜	*Chenopodium album*
34. 五味子科	Schisandraceae		小藜	*Chenopodium ficifolium*
华中五味子	*Schisandra sphenanthera*		杂配藜	*Chenopodiastrum hybridum*
五味子	*Schisandra chinensis*		牛膝	*Achyranthes bidentata*
35. 紫草科	Boraginaceae		鸡冠花	*Celosia cristata*

怀山柔水，万物共生：北京市怀柔区生物多样性

中文名	拉丁名			中文名	拉丁名
地肤	*Bassia scoparia*			尼泊尔蓼	*Persicaria nepalensis*
凹头苋	*Amaranthus blitum*			水蓼	*Persicaria hydropiper*
反枝苋	*Amaranthus retroflexus*			酸模叶蓼	*Persicaria lapathifolia*
绿穗苋	*Amaranthus hybridus*			圆基长鬃蓼	*Persicaria longiseta* var. *rotundata*
长芒苋	*Amaranthus palmeri*				
皱果苋	*Amaranthus viridis*			长戟叶蓼	*Persicaria maackiana*
菊叶香藜	*Dysphania schraderiana*			长鬃蓼	*Persicaria longiseta*
轴藜	*Axyris amaranthoides*			苦荞麦	*Fagopyrum tataricum*
刺沙蓬	*Salsola tragus*			荞麦	*Fagopyrum esculentum*
猪毛菜	*Salsola collina*			拳参	*Bistorta officinalis*
40.	石竹科	Caryophyllaceae		巴天酸模	*Rumex patientia*
	叉歧繁缕	*Stellaria dichotoma*		刺酸模	*Rumex maritimus*
	鹅肠菜	*Stellaria aquatica*		毛脉酸模	*Rumex gmelinii*
	繁缕	*Stellaria media*		酸模	*Rumex acetosa*
	中国繁缕	*Stellaria chinensis*		羊蹄	*Rumex japonicus*
	肥皂草	*Saponaria officinalis*		齿翅蓼	*Fallopia dentatoalata*
	蔓孩儿参	*Pseudostellaria davidii*		卷茎蓼	*Fallopia convolvulus*
	瞿麦	*Dianthus superbus*		西伯利亚蓼	*Knorringia sibirica*
	石竹	*Dianthus chinensis*	45.	马齿苋科	Portulacaceae
	坚硬女娄菜	*Silene firma*		大花马齿苋	*Portulaca grandiflora*
	剪秋罗	*Silene fulgens*		马齿苋	*Portulaca oleracea*
	蔓茎蝇子草	*Silene repens*	46.	卫矛科	Celastraceae
	女娄菜	*Silene aprica*		刺苞南蛇藤	*Celastrus flagellaris*
	山蚂蚱草	*Silene jeniseensis*		南蛇藤	*Celastrus orbiculatus*
	石生蝇子草	*Silene tatarinowii*		白杜	*Euonymus maackii*
41.	紫茉莉科	Nyctaginaceae		冬青卫矛	*Euonymus japonicus*
	紫茉莉	*Mirabilis jalapa*		扶芳藤	*Euonymus fortunei*
42.	商陆科	Phytolaccaceae		卫矛	*Euonymus alatus*
	垂序商陆	*Phytolacca americana*	47.	金鱼藻科	Ceratophyllaceae
	商陆	*Phytolacca acinosa*		金鱼藻	*Ceratophyllum demersum*
43.	白花丹科	Plumbaginaceae	48.	金粟兰科	Chloranthaceae
	二色补血草	*Limonium bicolor*		银线草	*Chloranthus quadrifolius*
44.	蓼科	Polygonaceae	49.	鸭跖草科	Commelinaceae
	萹蓄	*Polygonum aviculare*		饭包草	*Commelina benghalensis*
	叉分蓼	*Koenigia divaricata*		鸭跖草	*Commelina communis*
	高山蓼	*Koenigia alpina*		竹叶子	*Streptolirion volubile*
	何首乌	*Pleuropterus multiflorus*	50.	雨久花科	Pontederiaceae
	春蓼	*Persicaria maculosa*		雨久花	*Pontederia korsakowii*
	刺蓼	*Persicaria senticosa*	51.	山茱萸科	Cornaceae
	红蓼	*Persicaria orientalis*		红瑞木	*Cornus alba*
	戟叶蓼	*Persicaria thunbergii*		沙梾	*Cornus bretschneideri*
	箭头蓼	*Persicaria sagittata*		四照花	*Cornus kousa* subsp. *chinensis*
	扛板归	*Persicaria perfoliata*	52.	绣球科	Hydrangeaceae
	柳叶刺蓼	*Persicaria bungeana*		山梅花	*Philadelphus incanus*

中文名	拉丁名		中文名	拉丁名
太平花	*Philadelphus pekinensis*		接骨木	*Sambucus williamsii*
大花溲疏	*Deutzia grandiflora*		五福花	*Adoxa moschatellina*
钩齿溲疏	*Deutzia baroniana*	59. 猕猴桃科	Actinidiaceae
小花溲疏	*Deutzia parviflora*		软枣猕猴桃	*Actinidia arguta*
东陵绣球	*Hydrangea bretschneideri*	60. 凤仙花科	Balsaminaceae
圆锥绣球	*Hydrangea paniculata*		凤仙花	*Impatiens balsamina*
53. 省沽油科	Staphyleaceae		水金凤	*Impatiens noli-tangere*
省沽油	*Staphylea bumalda*	61. 柿科	Ebenaceae
54. 秋海棠科	Begoniaceae		君迁子	*Diospyros lotus*
中华秋海棠	*Begonia grandis* subsp. *sinensis*		柿	*Diospyros kaki*
		62. 杜鹃花科	Ericaceae
55. 葫芦科	Cucurbitaceae		杜鹃	*Rhododendron simsii*
赤瓟	*Thladiantha dubia*		迎红杜鹃	*Rhododendron mucronulatum*
南赤瓟	*Thladiantha nudiflora*		照山白	*Rhododendron micranthum*
栝楼	*Trichosanthes kirilowii*		鹿蹄草	*Pyrola calliantha*
盒子草	*Actinostemma tenerum*	63. 报春花科	Primulaceae
黄瓜	*Cucumis sativus*		白花点地梅	*Androsace incana*
裂瓜	*Schizopepon bryoniifolius*		点地梅	*Androsace umbellata*
南瓜	*Cucurbita moschata*		黄连花	*Lysimachia davurica*
56. 薯蓣科	Dioscoreaceae		狼尾花	*Lysimachia barystachys*
穿龙薯蓣	*Dioscorea nipponica*		狭叶珍珠菜	*Lysimachia pentapetala*
薯蓣	*Dioscorea polystachya*	64. 豆科	Fabaceae
57. 忍冬科	Caprifoliaceae		扁豆	*Lablab purpureus*
败酱	*Patrinia scabiosifolia*		菜豆	*Phaseolus vulgaris*
糙叶败酱	*Patrinia scabra*		草木樨	*Melilotus suaveolens*
异叶败酱	*Patrinia heterophylla*		白车轴草	*Trifolium repens*
日本续断	*Dipsacus japonicus*		刺槐	*Robinia pseudoacacia*
锦带花	*Weigela florida*		野大豆	*Glycine soja*
窄叶蓝盆花	*Scabiosa comosa*		葛	*Pueraria montana* var. *lobata*
六道木	*Zabelia biflora*		筑子梢	*Campylotropis macrocarpa*
北京忍冬	*Lonicera elisae*		合萌	*Aeschynomene indica*
丁香叶忍冬	*Lonicera oblata*		短梗胡枝子	*Lespedeza cyrtobotrya*
华北忍冬	*Lonicera tatarinowii*		多花胡枝子	*Lespedeza floribunda*
金花忍冬	*Lonicera chrysantha*		胡枝子	*Lespedeza bicolor*
金银忍冬	*Lonicera maackii*		尖叶铁扫帚	*Lespedeza juncea*
忍冬	*Lonicera japonica*		截叶铁扫帚	*Lespedeza cuneata*
小叶忍冬	*Lonicera microphylla*		绿叶胡枝子	*Lespedeza buergeri*
缬草	*Valeriana officinalis*		绒毛胡枝子	*Lespedeza tomentosa*
58. 荚蒾科	Viburnaceae		兴安胡枝子	*Lespedeza davurica*
桦叶荚蒾	*Viburnum betulifolium*		阴山胡枝子	*Lespedeza inschanica*
鸡树条	*Viburnum opulus* subsp. *calvescens*		长叶胡枝子	*Lespedeza caraganae*
		中华胡枝子	*Lespedeza chinensis*
蒙古荚蒾	*Viburnum mongolicum*		槐	*Styphnolobium japonicum*
欧洲荚蒾	*Viburnum opulus*		草木樨状黄芪	*Astragalus melilotoides*

中文名	拉丁名		中文名	拉丁名
黄檀	*Dalbergia hupeana*	67.	壳斗科	Fagaceae
鸡眼草	*Kummerowia striata*		房山栎	*Quercus × fangshanensis*
长萼鸡眼草	*Kummerowia stipulacea*		槲栎	*Quercus aliena*
蓝花棘豆	*Oxytropis coerulea*		槲树	*Quercus dentata*
硬毛棘豆	*Oxytropis hirta*		蒙古栎	*Quercus mongolica*
贼小豆	*Vigna minima*		栓皮栎	*Quercus variabilis*
北京锦鸡儿	*Caragana pekinensis*		栗	*Castanea mollissima*
红花锦鸡儿	*Caragana rosea*		茅栗	*Castanea seguinii*
锦鸡儿	*Caragana sinica*	68.	胡桃科	Juglandaceae
树锦鸡儿	*Caragana arborescens*		枫杨	*Pterocarya stenoptera*
小叶锦鸡儿	*Caragana microphylla*		胡桃	*Juglans regia*
苦参	*Sophora flavescens*		胡桃楸	*Juglans mandshurica*
两型豆	*Amphicarpaea edgeworthii*	69.	杜仲科	Eucommiaceae
蔓黄芪	*Phyllolobium chinense*		杜仲	*Eucommia ulmoides*
米口袋	*Gueldenstaedtia verna*	70.	夹竹桃科	Apocynaceae
狭叶米口袋	*Gueldenstaedtia stenophylla*		白薇	*Vincetoxicum atratum*
矮铁扫帚	*Indigofera bungeana* var. *nana*		变色白前	*Vincetoxicum versicolor*
河北木蓝	*Indigofera bungeana*		徐长卿	*Vincetoxicum pycnostelma*
花木蓝	*Indigofera kirilowii*		竹灵消	*Vincetoxicum inamoenum*
天蓝苜蓿	*Medicago lupulina*		白首乌	*Cynanchum bungei*
野苜蓿	*Medicago falcata*		地梢瓜	*Cynanchum thesioides*
豆茶山扁豆	*Chamaecrista nomame*		鹅绒藤	*Cynanchum chinense*
大山黧豆	*Lathyrus davidii*		萝藦	*Cynanchum rostellatum*
大花野豌豆	*Vicia bungei*		紫花杯冠藤	*Cynanchum purpureum*
大野豌豆	*Vicia sinogigantea*		杠柳	*Periploca sepium*
大叶野豌豆	*Vicia pseudo-orobus*		罗布麻	*Apocynum venetum*
广布野豌豆	*Vicia cracca*	71.	龙胆科	Gentianaceae
山野豌豆	*Vicia amoena*		花锚	*Halenia corniculata*
歪头菜	*Vicia unijuga*		笔龙胆	*Gentiana zollingeri*
紫荆	*Cercis chinensis*		龙胆	*Gentiana scabra*
紫穗槐	*Amorpha fruticosa*		秦艽	*Gentiana macrophylla*
65.	远志科	Polygalaceae		北方獐牙菜	*Swertia diluta*
西伯利亚远志	*Polygala sibirica*	72.	茜草科	Rubiaceae
远志	*Polygala tenuifolia*		蓬子菜	*Galium verum*
66.	桦木科	Betulaceae		四叶葎	*Galium bungei*
鹅耳枥	*Carpinus turczaninovii*		异叶轮草	*Galium maximoviczii*
虎榛子	*Ostryopsis davidiana*		茜草	*Rubia cordifolia*
白桦	*Betula platyphylla*		薄皮木	*Leptodermis oblonga*
黑桦	*Betula dahurica*	73.	牻牛儿苗科	Geraniaceae
红桦	*Betula albosinensis*		粗根老鹳草	*Geranium dahuricum*
坚桦	*Betula chinensis*		老鹳草	*Geranium wilfordii*
硕桦	*Betula costata*		毛蕊老鹳草	*Geranium platyanthum*
毛榛	*Corylus mandshurica*		鼠掌老鹳草	*Geranium sibiricum*
榛	*Corylus heterophylla*		牻牛儿苗	*Erodium stephanianum*

中文名	拉丁名		中文名	拉丁名
74. 紫葳科	Bignoniaceae		益母草	*Leonurus japonicus*
角蒿	*Incarvillea sinensis*		錾菜	*Leonurus pseudomacranthus*
75. 苦苣苔科	Gesneriaceae		紫苏	*Perilla frutescens*
旋蒴苣苔	*Dorcoceras hygrometricum*	77. 木樨科	Oleaceae
76. 唇形科	Lamiaceae		白蜡树	*Fraxinus chinensis*
百里香	*Thymus mongolicus*		花曲柳	*Fraxinus chinensis* subsp. *rhynchophylla*
地椒	*Thymus quinquecostatus*		水曲柳	*Fraxinus mandshurica*
薄荷	*Mentha canadensis*		小叶梣	*Fraxinus bungeana*
糙苏	*Phlomoides umbrosa*		暴马丁香	*Syringa reticulata* subsp. *amurensis*
口外糙苏	*Phlomoides jeholensis*		北京丁香	*Syringa reticulata* subsp. *pekinensis*
地笋	*Lycopus lucidus*		红丁香	*Syringa villosa*
风轮菜	*Clinopodium chinense*		巧玲花	*Syringa pubescens*
麻叶风轮菜	*Clinopodium urticifolium*		紫丁香	*Syringa oblata*
并头黄芩	*Scutellaria scordiifolia*		金钟花	*Forsythia viridissima*
大齿黄芩	*Scutellaria macrodonta*		连翘	*Forsythia suspensa*
黄芩	*Scutellaria baicalensis*		流苏树	*Chionanthus retusus*
京黄芩	*Scutellaria pekinensis*		女贞	*Ligustrum lucidum*
纤弱黄芩	*Scutellaria dependens*		迎春花	*Jasminum nudiflorum*
活血丹	*Glechoma longituba*	78. 列当科	Orobanchaceae
藿香	*Agastache rugosa*		地黄	*Rehmannia glutinosa*
白苞筋骨草	*Ajuga lupulina*		疗齿草	*Odontites vulgaris*
筋骨草	*Ajuga ciliata*		黄花列当	*Orobanche pycnostachya*
裂叶荆芥	*Schizonepeta tenuifolia*		列当	*Orobanche coerulescens*
荆条	*Vitex negundo* var. *heterophylla*		返顾马先蒿	*Pedicularis resupinata*
毛建草	*Dracocephalum rupestre*		红纹马先蒿	*Pedicularis striata*
香青兰	*Dracocephalum moldavica*		穗花马先蒿	*Pedicularis spicata*
丹参	*Salvia miltiorrhiza*		山罗花	*Melampyrum roseum*
荔枝草	*Salvia plebeia*		松蒿	*Phtheirospermum japonicum*
林荫鼠尾草	*Salvia nemorosa*		阴行草	*Siphonostegia chinensis*
荫生鼠尾草	*Salvia umbratica*	79. 泡桐科	Paulowniaceae
水棘针	*Amethystea caerulea*		白花泡桐	*Paulownia fortunei*
甘露子	*Stachys sieboldii*		毛泡桐	*Paulownia tomentosa*
华水苏	*Stachys chinensis*	80. 透骨草科	Phrymaceae
毛水苏	*Stachys baicalensis*		沟酸浆	*Erythranthe tenella*
夏至草	*Lagopsis supina*		透骨草	*Phryma leptostachya* subsp. *asiatica*
蓝萼香茶菜	*Isodon japonicus* var. *glaucocalyx*	81. 车前科	Plantaginaceae
内折香茶菜	*Isodon inflexus*		茶菱	*Trapella sinensis*
密花香薷	*Elsholtzia densa*		车前	*Plantago asiatica*
木香薷	*Elsholtzia stauntonii*		大车前	*Plantago major*
香薷	*Elsholtzia ciliata*		平车前	*Plantago depressa*
大花益母草	*Leonurus macranthus*			
细叶益母草	*Leonurus sibiricus*			
兴安益母草	*Leonurus deminutus*			

怀山柔水，万物共生：北京市怀柔区生物多样性

中文名	拉丁名		中文名	拉丁名
草本威灵仙	*Veronicastrum sibiricum*		黄珠子草	*Phyllanthus virgatus*
柳穿鱼	*Linaria vulgaris* subsp. *chinensis*	91.	杨柳科	Salicaceae
			垂柳	*Salix babylonica*
北水苦荬	*Veronica anagallis-aquatica*		谷柳	*Salix taraikensis*
水苦荬	*Veronica undulata*		旱柳	*Salix matsudana*
杉叶藻	*Hippuris vulgaris*		蒿柳	*Salix schwerinii*
水蔓菁	*Pseudolysimachion linariifolium* subsp. *dilatatum*		黄花柳	*Salix caprea*
			筐柳	*Salix linearistipularis*
细叶水蔓菁	*Pseudolysimachion linariifolium*		中国黄花柳	*Salix sinica*
			北京杨	*Populus* × *beijingensis*
82.	玄参科	Scrophulariaceae		黑杨	*Populus nigra*
	华北玄参	*Scrophularia moellendorffii*		加杨	*Populus* × *canadensis*
	山西玄参	*Scrophularia modesta*		辽杨	*Populus maximowiczii*
83.	百合科	Liliaceae		毛白杨	*Populus tomentosa*
	卷丹	*Lilium lancifolium*		青杨	*Populus cathayana*
	山丹	*Lilium pumilum*		山杨	*Populus davidiana*
	野百合	*Lilium brownii*		小叶杨	*Populus simonii*
	有斑百合	*Lilium concolor* var. *pulchellum*	92.	堇菜科	Violaceae
				斑叶堇菜	*Viola variegata*
	小顶冰花	*Gagea terraccianoana*		北京堇菜	*Viola pekinensis*
	黄花油点草	*Tricyrtis pilosa*		鸡腿堇菜	*Viola acuminata*
84.	藜芦科	Melanthiaceae		裂叶堇菜	*Viola dissecta*
	藜芦	*Veratrum nigrum*		蒙古堇菜	*Viola mongolica*
	北重楼	*Paris verticillata*		球果堇菜	*Viola collina*
85.	菝葜科	Smilacaceae		深山堇菜	*Viola selkirkii*
	鞘柄菝葜	*Smilax stans*		西山堇菜	*Viola hancockii*
86.	木兰科	Magnoliaceae		早开堇菜	*Viola prionantha*
	玉兰	*Yulania denudata*		紫花地丁	*Viola philippica*
87.	大戟科	Euphorbiaceae	93.	锦葵科	Malvaceae
	蓖麻	*Ricinus communis*		扁担杆	*Grewia biloba*
	斑地锦草	*Euphorbia maculata*		小花扁担杆	*Grewia biloba* var. *parviflora*
	大地锦草	*Euphorbia nutans*		椴树	*Tilia tuan*
	大戟	*Euphorbia pekinensis*		辽椴	*Tilia mandshurica*
	地锦草	*Euphorbia humifusa*		蒙椴	*Tilia mongolica*
	乳浆大戟	*Euphorbia esula*		紫椴	*Tilia amurensis*
	铁苋菜	*Acalypha australis*		锦葵	*Malva cathayensis*
88.	金丝桃科	Hypericaceae		野葵	*Malva verticillata*
	赶山鞭	*Hypericum attenuatum*		圆叶锦葵	*Malva pusilla*
	黄海棠	*Hypericum ascyron*		野西瓜苗	*Hibiscus trionum*
89.	亚麻科	Linaceae		苘麻	*Abutilon theophrasti*
	野亚麻	*Linum stelleroides*		蜀葵	*Alcea rosea*
90.	叶下珠科	Phyllanthaceae		田麻	*Corchoropsis crenata*
	叶底珠	*Flueggea suffruticosa*	94.	瑞香科	Thymelaeaceae
	雀儿舌头	*Leptopus chinensis*		草瑞香	*Diarthron linifolium*

中文名	拉丁名	中文名	拉丁名
狼毒	*Stellera chamaejasme*	白头山薹草	*Carex peiktusani*
河朔荛花	*Wikstroemia chamaedaphne*	大披针薹草	*Carex lanceolata*
95. 千屈菜科	Lythraceae	尖嘴薹草	*Carex leiorhyncha*
欧菱	*Trapa natans*	宽叶薹草	*Carex siderosticta*
千屈菜	*Lythrum salicaria*	麻根薹草	*Carex arnellii*
96. 柳叶菜科	Onagraceae	披针薹草	*Carex lancifolia*
柳兰	*Chamerion angustifolium*	青绿薹草	*Carex breviculmis*
柳叶菜	*Epilobium hirsutum*	嵩草	*Carex myosuroides*
小花柳叶菜	*Epilobium parviflorum*	细叶薹草	*Carex duriuscula* subsp. *stenophylloides*
沼生柳叶菜	*Epilobium palustre*		
高山露珠草	*Circaea alpina*	亚柄薹草	*Carex lanceolata* var. *subpediformis*
露珠草	*Circaea cordata*		
小花山桃草	*Oenothera curtiflora*	异鳞薹草	*Carex heterolepis*
月见草	*Oenothera biennis*	翼果薹草	*Carex neurocarpa*
97. 睡莲科	Nymphaeaceae	鸭绿薹草	*Carex jaluensis*
芡	*Euryale ferox*	白颖薹草	*Carex duriuscula* subsp. *rigescens*
白睡莲	*Nymphaea alba*		
睡莲	*Nymphaea tetragona*	猪毛草	*Schoenoplectiella wallichii*
98. 酢浆草科	Oxalidaceae	101. 灯芯草科	Juncaceae
酢浆草	*Oxalis corniculata*	扁茎灯芯草	*Juncus gracillimus*
99. 马兜铃科	Aristolochiaceae	灯芯草	*Juncus effusus*
北马兜铃	*Aristolochia contorta*	尖被灯芯草	*Juncus turczaninowii*
100. 莎草科	Cyperaceae	小花灯芯草	*Juncus articulatus*
具刚毛荸荠	*Eleocharis valleculosa* var. *setosa*	102. 禾本科	Poaceae
		白茅	*Imperata cylindrica*
透明鳞荸荠	*Eleocharis pellucida*	稗	*Echinochloa crus-galli*
红鳞扁莎	*Pycreus sanguinolentus*	光头稗	*Echinochloa colona*
球穗扁莎	*Pycreus flavidus*	无芒稗	*Echinochloa crus-galli* var. *mitis*
东方藨草	*Scirpus orientalis*		
复序飘拂草	*Fimbristylis bisumbellata*	西来稗	*Echinochloa crus-galli* var. *zelayensis*
两歧飘拂草	*Fimbristylis dichotoma*		
扁秆荆三棱	*Bolboschoenus planiculmis*	长芒稗	*Echinochloa caudata*
阿穆尔莎草	*Cyperus amuricus*	紫穗稗	*Echinochloa esculenta*
白鳞莎草	*Cyperus nipponicus*	中华草沙蚕	*Tripogon chinensis*
风车草	*Cyperus involucratus*	抱草	*Melica virgata*
褐穗莎草	*Cyperus fuscus*	臭草	*Melica scabrosa*
具芒碎米莎草	*Cyperus microiria*	大臭草	*Melica turczaninowiana*
碎米莎草	*Cyperus iria*	广序臭草	*Melica onoei*
头状穗莎草	*Cyperus glomeratus*	大油芒	*Spodiopogon sibiricus*
旋鳞莎草	*Cyperus michelianus*	锋芒草	*Tragus mongolorum*
异型莎草	*Cyperus difformis*	拂子茅	*Calamagrostis epigejos*
三棱水葱	*Schoenoplectus triqueter*	假苇拂子茅	*Calamagrostis pseudophragmites*
水葱	*Schoenoplectus tabernaemontani*		
		高粱	*Sorghum bicolor*

中文名	拉丁名		中文名	拉丁名
弓果黍	*Cyrtococcum patens*		虮子草	*Leptochloa panicea*
狗尾草	*Setaria viridis*		双稃草	*Leptochloa fusca*
金色狗尾草	*Setaria pumila*		求米草	*Oplismenus undulatifolius*
粟	*Setaria italica* var. *germanica*		雀稗	*Paspalum thunbergii*
狗牙根	*Cynodon dactylon*		牛筋草	*Eleusine indica*
菰	*Zizania latifolia*		粟草	*Milium effusum*
虎尾草	*Chloris virgata*		假鼠妇草	*Glyceria leptolepis*
大画眉草	*Eragrostis cilianensis*		菵草	*Beckmannia syzigachne*
画眉草	*Eragrostis pilosa*		蜈蚣草	*Eremochloa ciliaris*
秋画眉草	*Eragrostis autumnalis*		远东羊茅	*Festuca extremiorientalis*
小画眉草	*Eragrostis minor*		野古草	*Arundinella hirta*
知风草	*Eragrostis ferruginea*		大叶章	*Deyeuxia purpurea*
芨芨草	*Neotrinia splendens*		野青茅	*Deyeuxia pyramidalis*
假稻	*Leersia japonica*		野黍	*Eriochloa villosa*
李氏禾	*Leersia hexandra*		薏苡	*Coix lacryma-jobi*
蓉草	*Leersia oryzoides*		虉草	*Phalaris arundinacea*
黄背草	*Themeda triandra*		北京隐子草	*Cleistogenes hancei*
华北剪股颖	*Agrostis clavata*		丛生隐子草	*Cleistogenes caespitosa*
荩草	*Arthraxon hispidus*		多叶隐子草	*Cleistogenes polyphylla*
矛叶荩草	*Arthraxon prionodes*		京芒草	*Achnatherum pekinense*
看麦娘	*Alopecurus aequalis*		羽茅	*Achnatherum sibiricum*
白羊草	*Bothriochloa ischaemum*		玉蜀黍	*Zea mays*
赖草	*Leymus secalinus*		草地早熟禾	*Poa pratensis*
羊草	*Leymus chinensis*		多叶早熟禾	*Poa sphondylodes* var. *erikssonii*
白草	*Pennisetum flaccidum*		硬质早熟禾	*Poa sphondylodes*
狼尾草	*Pennisetum alopecuroides*		早熟禾	*Poa annua*
芦苇	*Phragmites australis*		长芒草	*Stipa bungeana*
日本乱子草	*Muhlenbergia japonica*	103.	香蒲科	Typhaceae
马唐	*Digitaria sanguinalis*		黑三棱	*Sparganium stoloniferum*
毛马唐	*Digitaria ciliaris* var. *chrysoblephara*		达香蒲	*Typha davidiana*
紫马唐	*Digitaria violascens*		水烛	*Typha angustifolia*
荻	*Miscanthus sacchariflorus*		香蒲	*Typha orientalis*
牛鞭草	*Hemarthria sibirica*		小香蒲	*Typha minima*
鹅观草	*Elymus kamoji*		长苞香蒲	*Typha domingensis*
肥披碱草	*Elymus excelsus*	104.	莲科	Nelumbonaceae
老芒麦	*Elymus sibiricus*		莲	*Nelumbo nucifera*
毛节毛盘草	*Elymus barbicallus* var. *pubinodis*	105.	悬铃木科	Platanaceae
			二球悬铃木	*Platanus acerifolia*
披碱草	*Elymus dahuricus*		一球悬铃木	*Platanus occidentalis*
纤毛鹅观草	*Elymus ciliaris*	106.	小檗科	Berberidaceae
圆柱披碱草	*Elymus dahuricus* var. *cylindricus*		黄芦木	*Berberis amurensis*
			细叶小檗	*Berberis poiretii*
直穗鹅观草	*Elymus gmelinii*			

中文名	拉丁名		中文名	拉丁名
紫叶小檗	*Berberis thunbergii* cv. 'Atropurpurea'		北乌头	*Aconitum kusnezoffii*
			高乌头	*Aconitum sinomontanum*
107. 防己科	Menispermaceae		黄草乌	*Aconitum vilmorinianum*
蝙蝠葛	*Menispermum dauricum*		两色乌头	*Aconitum alboviolaceum*
108. 罂粟科	Papaveraceae		牛扁	*Aconitum barbatum* var. *puberulum*
白屈菜	*Chelidonium majus*			
博落回	*Macleaya cordata*		小花草玉梅	*Anemone rivularis* var. *flore-minore*
秃疮花	*Dicranostigma leptopodum*			
地丁草	*Corydalis bungeana*		110. 大麻科	Cannabaceae
黄堇	*Corydalis pallida*		大麻	*Cannabis sativa*
小黄紫堇	*Corydalis raddeana*		葎草	*Humulus scandens*
小药巴蛋子	*Corydalis caudata*		大叶朴	*Celtis koraiensis*
109. 毛茛科	Ranunculaceae		黑弹树	*Celtis bungeana*
白头翁	*Pulsatilla chinensis*		朴树	*Celtis sinensis*
翠雀	*Delphinium grandiflorum*		111. 胡颓子科	Elaeagnaceae
金莲花	*Trollius chinensis*		沙棘	*Hippophae rhamnoides*
单穗升麻	*Actaea simplex*		中国沙棘	*Hippophae rhamnoides* subsp. *sinensis*
类叶升麻	*Actaea asiatica*			
升麻	*Actaea cimicifuga*		112. 桑科	Moraceae
华北楼斗菜	*Aquilegia yabeana*		柘	*Maclura tricuspidata*
楼斗菜	*Aquilegia viridiflora*		构	*Broussonetia papyrifera*
紫花楼斗菜	*Aquilegia viridiflora* var. *atropurpurea*		黑桑	*Morus nigra*
			鸡桑	*Morus australis*
北京水毛茛	*Ranunculus pekinensis*		蒙桑	*Morus mongolica*
茴茴蒜	*Ranunculus chinensis*		桑	*Morus alba*
毛茛	*Ranunculus japonicus*		113. 鼠李科	Rhamnaceae
石龙芮	*Ranunculus sceleratus*		东北鼠李	*Rhamnus schneideri* var. *manshurica*
水毛茛	*Ranunculus bungei*			
瓣蕊唐松草	*Thalictrum petaloideum*		冻绿	*Rhamnus utilis*
贝加尔唐松草	*Thalictrum baicalense*		卵叶鼠李	*Rhamnus bungeana*
东亚唐松草	*Thalictrum minus* var. *hypoleucum*		锐齿鼠李	*Rhamnus arguta*
			鼠李	*Rhamnus davurica*
箭头唐松草	*Thalictrum simplex*		乌苏里鼠李	*Rhamnus ussuriensis*
唐松草	*Thalictrum aquilegiifolium* var. *sibiricum*		小叶鼠李	*Rhamnus parvifolia*
			圆叶鼠李	*Rhamnus globosa*
长柄唐松草	*Thalictrum przewalskii*		酸枣	*Ziziphus jujuba* var. *spinosa*
半钟铁线莲	*Clematis sibirica* var. *ochotensis*		枣	*Ziziphus jujuba*
			114. 蔷薇科	Rosaceae
大叶铁线莲	*Clematis heracleifolia*		齿叶白鹃梅	*Exochorda serratifolia*
短尾铁线莲	*Clematis brevicaudata*		野草莓	*Fragaria vesca*
棉团铁线莲	*Clematis hexapetala*		地蔷薇	*Chamaerhodos erecta*
太行铁线莲	*Clematis kirilowii*		地榆	*Sanguisorba officinalis*
铁线莲	*Clematis florida*		风箱果	*Physocarpus amurensis*
羽叶铁线莲	*Clematis pinnata*		花楸树	*Sorbus pohuashanensis*

中文名	拉丁名		中文名	拉丁名
水榆花楸	*Sorbus alnifolia*		菊叶委陵菜	*Potentilla tanacetifolia*
蕨麻	*Argentina anserina*		莓叶委陵菜	*Potentilla fragarioides*
白梨	*Pyrus bretschneideri*		匍匐委陵菜	*Potentilla reptans*
豆梨	*Pyrus calleryana*		匍枝委陵菜	*Potentilla flagellaris*
杜梨	*Pyrus betulifolia*		三叶委陵菜	*Potentilla freyniana*
秋子梨	*Pyrus ussuriensis*		委陵菜	*Potentilla chinensis*
稠李	*Prunus padus*		西山委陵菜	*Potentilla sischanensis*
李	*Prunus salicina*		细裂委陵菜	*Potentilla chinensis* var. *lineariloba*
毛叶稠李	*Prunus padus* var. *pubescens*		腺毛委陵菜	*Potentilla longifolia*
欧李	*Prunus humilis*		雪白委陵菜	*Potentilla nivea*
山桃	*Prunus davidiana*		蚊子草	*Filipendula digitata*
山杏	*Prunus sibirica*		华北绣线菊	*Spiraea fritschiana*
桃	*Prunus persica*		毛花绣线菊	*Spiraea dasyantha*
杏	*Prunus armeniaca*		三裂绣线菊	*Spiraea trilobata*
榆叶梅	*Prunus triloba*		土庄绣线菊	*Spiraea ouensanensis*
紫叶李	*Prunus cerasifera* cv. 'Atropurpurea'		绣球绣线菊	*Spiraea blumei*
龙牙草	*Agrimonia pilosa*		绣线菊	*Spiraea salicifolia*
路边青	*Geum aleppicum*		高粱藨	*Rubus lambertianus*
毛山荆子	*Malus baccata* var. *mandshurica*		华北覆盆子	*Rubus idaeus* var. *borealisinensis*
苹果	*Malus pumila*		牛叠肚	*Rubus crataegifolius*
楸子	*Malus prunifolia*		石生悬钩子	*Rubus saxatilis*
森林苹果	*Malus sylvestris*		灰栒子	*Cotoneaster acutifolius*
山荆子	*Malus baccata*		水栒子	*Cotoneaster multiflorus*
西府海棠	*Malus* × *micromalus*		华北珍珠梅	*Sorbaria kirilowii*
刺蔷薇	*Rosa acicularis*		珍珠梅	*Sorbaria sorbifolia*
钝叶蔷薇	*Rosa sertata*	115.	榆科	Ulmaceae
丰花月季	*Rosa*（Floribundas Group）		刺榆	*Hemiptelea davidii*
黄刺玫	*Rosa xanthina*		春榆	*Ulmus davidiana* var. *japonica*
缫丝花	*Rosa roxburghii*		大果榆	*Ulmus macrocarpa*
山刺玫	*Rosa davurica*		裂叶榆	*Ulmus laciniata*
野蔷薇	*Rosa multiflora*		脱皮榆	*Ulmus lamellosa*
月季花	*Rosa chinensis*		榆	*Ulmus pumila*
山里红	*Crataegus pinnatifida* var. *major*	116.	荨麻科	Urticaceae
山楂	*Crataegus pinnatifida*		透茎冷水花	*Pilea pumila*
野山楂	*Crataegus cuneata*		墙草	*Parietaria micrantha*
蛇莓	*Duchesnea indica*		蝎子草	*Girardinia diversifolia* subsp. *suborbiculata*
薄叶委陵菜	*Potentilla dickinsii*		宽叶荨麻	*Urtica laetevirens*
朝天委陵菜	*Potentilla supina*		麻叶荨麻	*Urtica cannabina*
等齿委陵菜	*Potentilla simulatrix*		狭叶荨麻	*Urtica angustifolia*
多茎委陵菜	*Potentilla multicaulis*		赤麻	*Boehmeria silvestrii*
翻白草	*Potentilla discolor*		小赤麻	*Boehmeria spicata*

	中文名	拉丁名		中文名	拉丁名
117.	檀香科	Santalaceae	125.	小二仙草科	Haloragaceae
	百蕊草	*Thesium chinense*		狐尾藻	*Myriophyllum verticillatum*
	槲寄生	*Viscum coloratum*		穗状狐尾藻	*Myriophyllum spicatum*
118.	漆树科	Anacardiaceae	126.	芍药科	Paeoniaceae
	黄栌	*Cotinus coggygria* var. *cinereus*		草芍药	*Paeonia obovata*
				芍药	*Paeonia lactiflora*
	毛黄栌	*Cotinus coggygria* var. *pubescens*	127.	扯根菜科	Penthoraceae
				扯根菜	*Penthorum chinense*
	火炬树	*Rhus typhina*	128.	虎耳草科	Saxifragaceae
	盐麸木	*Rhus chinensis*		独根草	*Oresitrophe rupifraga*
119.	楝科	Meliaceae		球茎虎耳草	*Saxifraga sibirica*
	香椿	*Toona sinensis*		落新妇	*Astilbe chinensis*
120.	芸香科	Rutaceae	129.	旋花科	Convolvulaceae
	黄檗	*Phellodendron amurense*		打碗花	*Calystegia hederacea*
	臭檀吴萸	*Tetradium daniellii*		藤长苗	*Calystegia pellita*
121.	无患子科	Sapindaceae		牵牛	*Ipomoea nil*
	倒地铃	*Cardiospermum halicacabum*		圆叶牵牛	*Ipomoea purpurea*
	栾	*Koelreuteria paniculata*		金灯藤	*Cuscuta japonica*
	大翅色木槭	*Acer pictum* subsp. *macropterum*		南方菟丝子	*Cuscuta australis*
				菟丝子	*Cuscuta chinensis*
	葛萝槭	*Acer davidii* subsp. *grosseri*		田旋花	*Convolvulus arvensis*
	红枫	*Acer palmatum* cv. 'Atropurpureum'		北鱼黄草	*Merremia sibirica*
			130.	茄科	Solanaceae
	鸡爪槭	*Acer palmatum*		枸杞	*Lycium chinense*
	青榨槭	*Acer davidii*		宁夏枸杞	*Lycium barbarum*
	色木槭	*Acer pictum*		辣椒	*Capsicum annuum*
	五角槭	*Acer pictum* subsp. *mono*		曼陀罗	*Datura stramonium*
	元宝槭	*Acer truncatum*		白英	*Solanum lyratum*
122.	苦木科	Simaroubaceae		番茄	*Solanum lycopersicum*
	臭椿	*Ailanthus altissima*		龙葵	*Solanum nigrum*
	苦木	*Picrasma quassioides*		青杞	*Solanum septemlobum*
123.	景天科	Crassulaceae		野海茄	*Solanum japonense*
	钝叶瓦松	*Hylotelephium malacophyllum*		华北散血丹	*Physaliastrum sinicum*
	华北八宝	*Hylotelephium tatarinowii*		日本散血丹	*Physaliastrum echinatum*
	费菜	*Phedimus aizoon*		挂金灯	*Alkekengi officinarum* var. *franchetii*
	狭叶红景天	*Rhodiola kirilowii*			
	垂盆草	*Sedum sarmentosum*		酸浆	*Alkekengi officinarum*
	繁缕景天	*Sedum stellariifolium*		天仙子	*Hyoscyamus niger*
	瓦松	*Orostachys fimbriata*		苦蘵	*Physalis angulata*
	晚红瓦松	*Orostachys japonica*		小酸浆	*Physalis minima*
124.	茶藨子科	Grossulariaceae	131.	葡萄科	Vitaceae
	刺果茶藨子	*Ribes burejense*		地锦	*Parthenocissus tricuspidata*
	东北茶藨子	*Ribes mandshuricum*		五叶地锦	*Parthenocissus quinquefolia*
	红茶藨子	*Ribes rubrum*		葡萄	*Vitis vinifera*

中文名	拉丁名		中文名	拉丁名
山葡萄	*Vitis amurensis*		掌裂草葡萄	*Ampelopsis aconitifolia* var. *palmiloba*
白蔹	*Ampelopsis japonica*			
葎叶蛇葡萄	*Ampelopsis humulifolia*		掌裂蛇葡萄	*Ampelopsis delavayana* var. *glabra*
三裂蛇葡萄	*Ampelopsis delavayana*			
蛇葡萄	*Ampelopsis glandulosa*	132.	美人蕉科	Cannaceae
乌头叶蛇葡萄	*Ampelopsis aconitifolia*		粉美人蕉	*Canna glauca*
绣毛蛇葡萄	*Ampelopsis heterophylla* var. *vestita*	133.	蒺藜科	Zygophyllaceae
			蒺藜	*Tribulus terrestris*

三、怀柔区维管植物图集

（一）石松类与蕨类植物

旱生卷柏

拉丁学名：*Selaginella stauntoniana*

物种简介：卷柏科卷柏属多年生草本。

分布状况：怀柔区中部山区。

中国生物多样性红色名录等级：无危。

红枝卷柏

拉丁学名：*Selaginella sanguinolenta*

物种简介：卷柏科卷柏属多年生草本。

分布状况：怀柔区北部与中部山区。

中国生物多样性红色名录等级：无危。

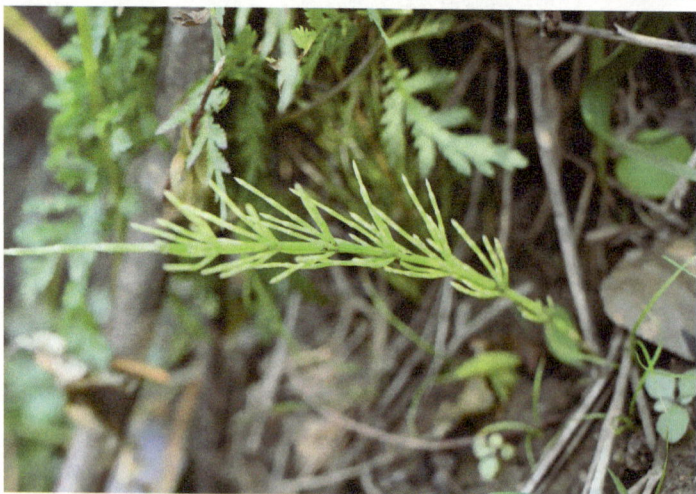

蔓出卷柏

拉丁学名：*Selaginella davidii*

物种简介：卷柏科卷柏属多年生草本。

分布状况：怀柔区北部山区。

中国生物多样性红色名录等级：未评估。

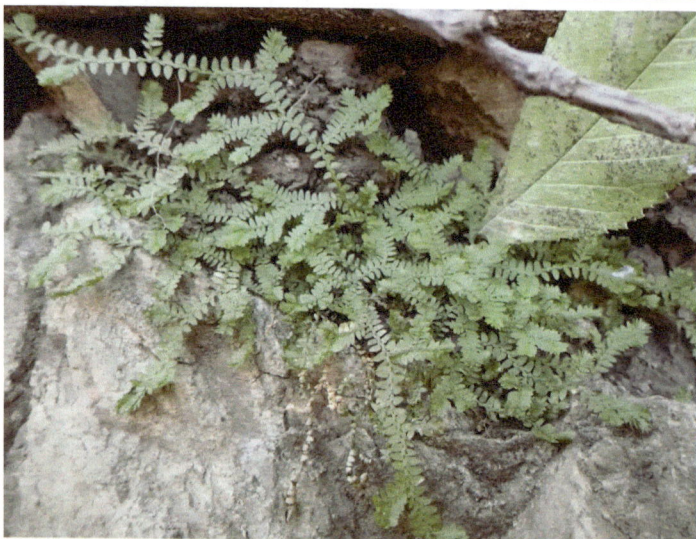

问荆

拉丁学名：*Equisetum arvense*

物种简介：木贼科木贼属草本。

分布状况：天河、白河、琉璃河、怀沙河、怀九河等湿地。

中国生物多样性红色名录等级：无危。

节节草

拉丁学名： *Equisetum ramosissimum*

物种简介： 木贼科木贼属草本。

分布状况： 怀柔区低山区，白河、汤河、雁栖河等湿地。

中国生物多样性红色名录等级： 无危。

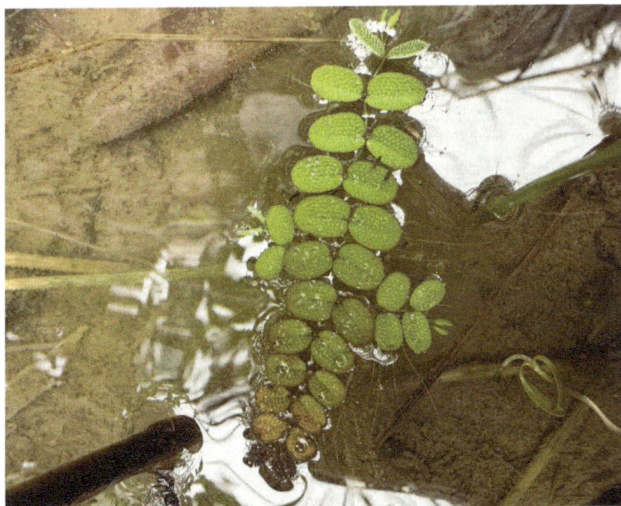

槐叶蘋

拉丁学名： *Salvinia natans*

物种简介： 槐叶蘋科槐叶蘋属浮水植物。

分布状况： 白河、雁栖河、怀沙河、怀九河、怀河等湿地。

中国生物多样性红色名录等级： 无危。

满江红

拉丁学名： *Azolla pinnata* subsp. *asiatica*

物种简介： 槐叶蘋科槐叶蘋属浮水植物。

分布状况： 雁栖河、怀沙河等湿地。

中国生物多样性红色名录等级： 未评估。

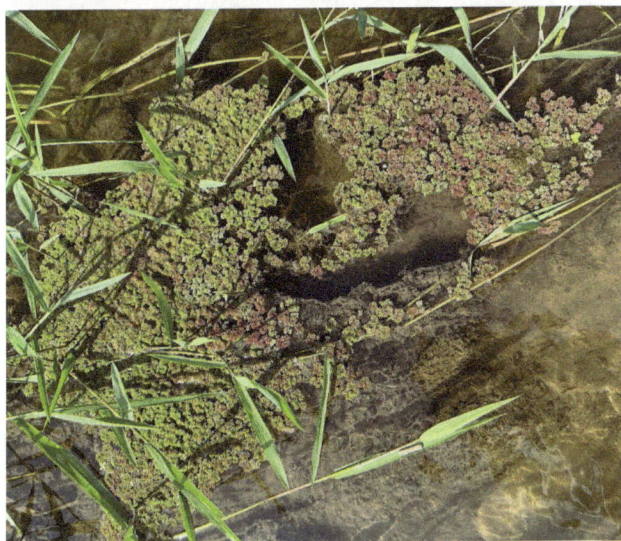

银粉背蕨

拉丁学名：*Aleuritopteris argentea*

物种简介：凤尾蕨科粉背蕨属草本。

分布状况：怀柔区北部与中部山区。

中国生物多样性红色名录等级：无危。

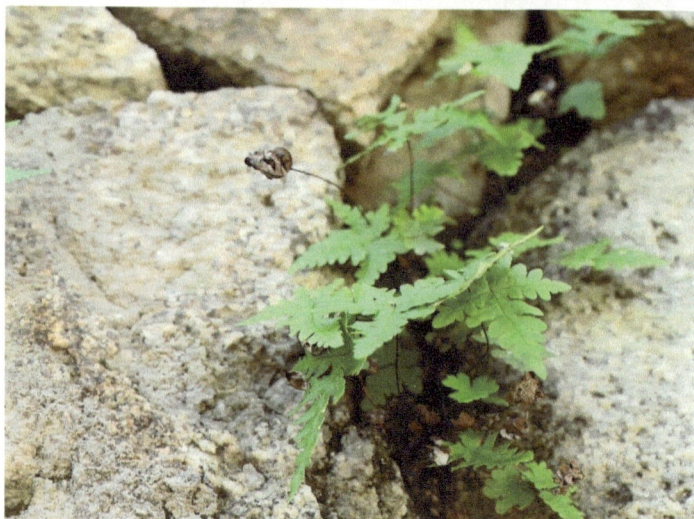

黑鳞短肠蕨

拉丁学名：*Diplazium sibiricum*

物种简介：蹄盖蕨科双盖蕨属草本。

分布状况：怀柔区北部山区。

中国生物多样性红色名录等级：无危。

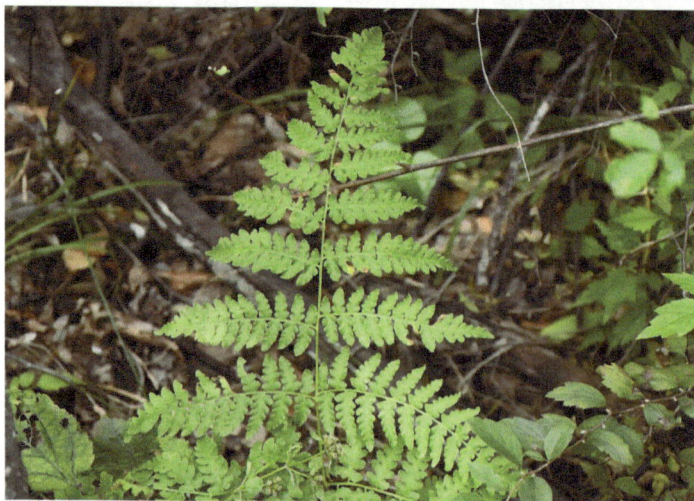

香鳞毛蕨

拉丁学名：*Dryopteris fragrans*

物种简介：鳞毛蕨科鳞毛蕨属草本。

分布状况：在北京仅分布于怀柔区喇叭沟门高海拔林下石缝。

中国生物多样性红色名录等级：无危。

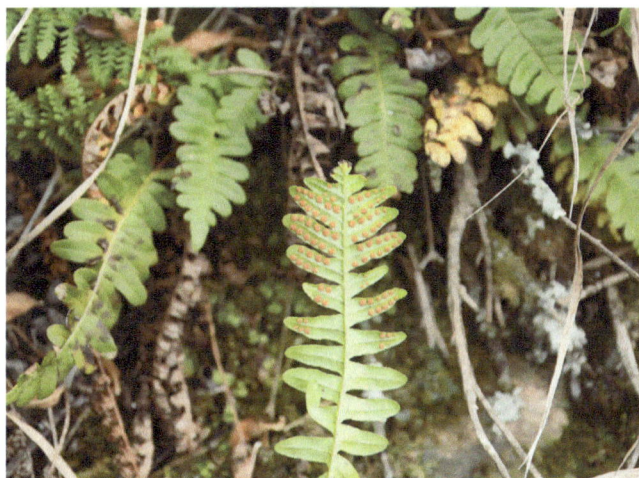

东北多足蕨

拉丁学名：*Polypodium sibiricum*

物种简介：水龙骨科多足蕨属草本，又称东北水龙骨。

分布状况：在北京仅分布于怀柔区喇叭沟门高海拔林下石缝。

中国生物多样性红色名录等级：无危。

有柄石韦

拉丁学名：*Pyrrosia petiolosa*

物种简介：水龙骨科石韦属附生植物。

分布状况：怀柔区北部与中部山区。

中国生物多样性红色名录等级：无危。

（二）裸子植物

华北落叶松

拉丁学名：*Larix gmelinii* var. *principis-rupprechtii*

物种简介：松科落叶松属乔木。

分布状况：怀柔区北部与中部较高海拔山区。

保护等级：北京市重点保护。

中国生物多样性红色名录等级：易危。

特有性：中国特有种。

油松

拉丁学名： *Pinus tabuliformis*

物种简介： 松科松属乔木。

分布状况： 怀柔区中低海拔山区，城区、村镇均有种植。

中国生物多样性红色名录等级： 无危。

特有性： 中国特有种。

白杆

拉丁学名： *Picea meyeri*

物种简介： 松科云杉属乔木。

分布状况： 怀柔区北部山区。

保护等级： 北京市重点保护。

中国生物多样性红色名录等级： 近危。

特有性： 中国特有种。

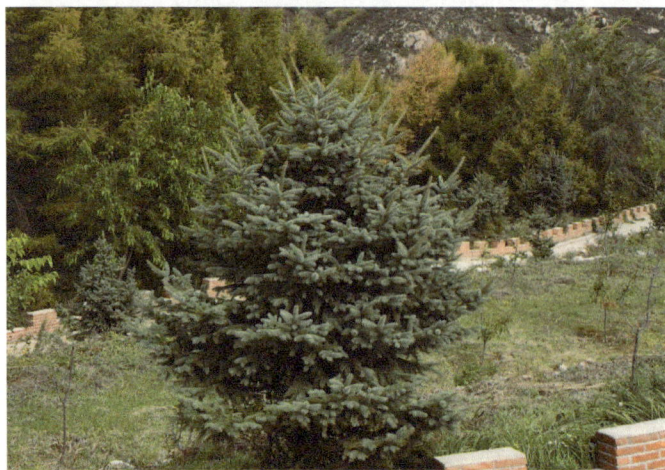

侧柏

拉丁学名： *Platycladus orientalis*

物种简介： 柏科侧柏属乔木。

分布状况： 怀柔区中低海拔山区，村镇、公园中均有种植。

中国生物多样性红色名录等级： 无危。

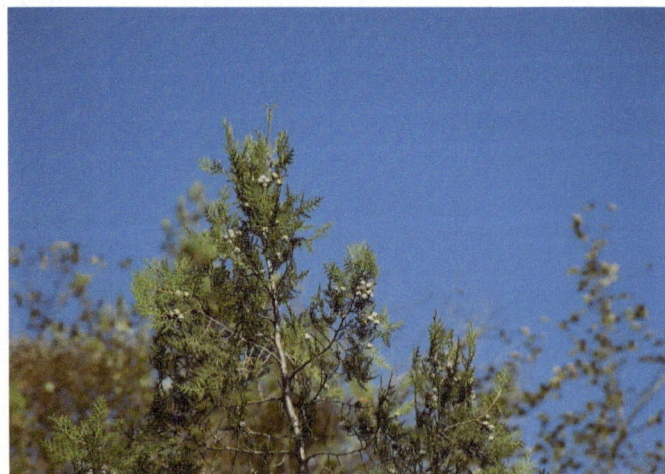

圆柏

拉丁学名： *Juniperus chinensis*

物种简介： 柏科刺柏属乔木。

分布状况： 怀柔区城区、村镇均有种植。

中国生物多样性红色名录等级： 无危。

刺柏

拉丁学名： *Juniperus formosana*

物种简介： 柏科刺柏属乔木。

分布状况： 怀柔区城区有种植。

中国生物多样性红色名录等级： 无危。

特有性： 中国特有种。

（三）被子植物

1. 乔木

黄檗

拉丁学名： *Phellodendron amurense*

物种简介： 芸香科黄檗属落叶乔木。

分布状况： 怀柔区北部山区。

保护等级： 国家二级保护。

中国生物多样性红色名录等级： 易危。

紫椴

拉丁学名：*Tilia amurensis*

物种简介：锦葵科椴属落叶乔木。

分布状况：怀柔区北部与中部山区。

保护等级：国家二级保护。

中国生物多样性红色名录等级：易危。

白杜

拉丁学名：*Euonymus maackii*

物种简介：卫矛科卫矛属落叶小乔木。

分布状况：怀柔区北部与中部山区。

中国生物多样性红色名录等级：无危。

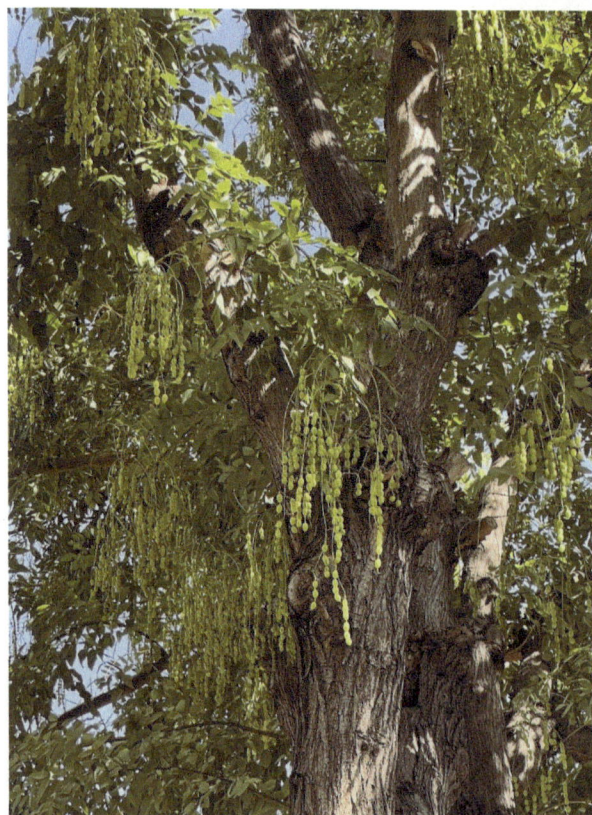

槐

拉丁学名：*Styphnolobium japonicum*

物种简介：豆科槐属落叶乔木。

分布状况：怀柔区各乡镇、街道广泛种植。

中国生物多样性红色名录等级：无危。

黄檀

拉丁学名： *Dalbergia hupeana*

物种简介： 豆科黄檀属落叶乔木。

分布状况： 怀柔区中部山区。

中国生物多样性红色名录等级： 近危。

鹅耳枥

拉丁学名： *Carpinus turczaninovii*

物种简介： 桦木科鹅耳枥属落叶乔木。

分布状况： 怀柔区中部山区。

中国生物多样性红色名录等级： 无危。

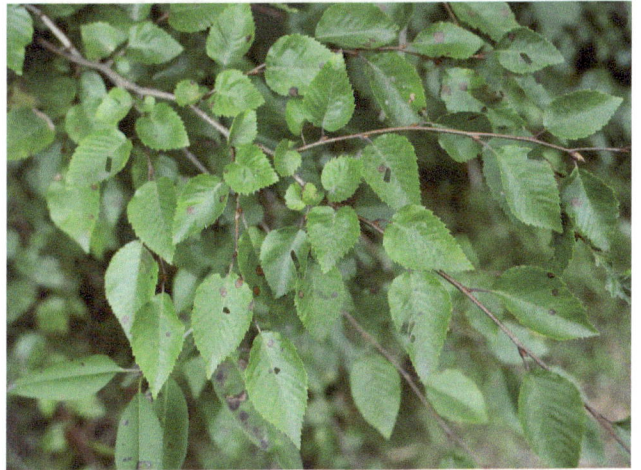

蒙古栎

拉丁学名： *Quercus mongolica*

物种简介： 壳斗科栎属落叶乔木。

分布状况： 怀柔区北部与中部山区。

中国生物多样性红色名录等级： 无危。

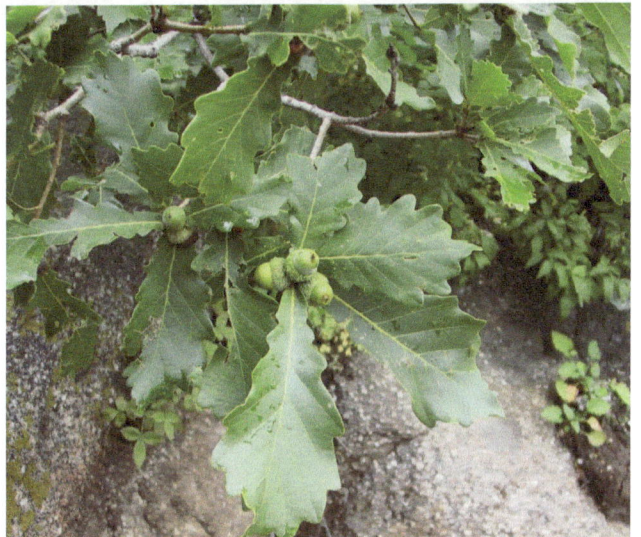

栗

拉丁学名： *Castanea mollissima*

物种简介： 壳斗科栗属落叶乔木。

分布状况： 怀柔区低山区种植。

中国生物多样性红色名录等级： 无危。

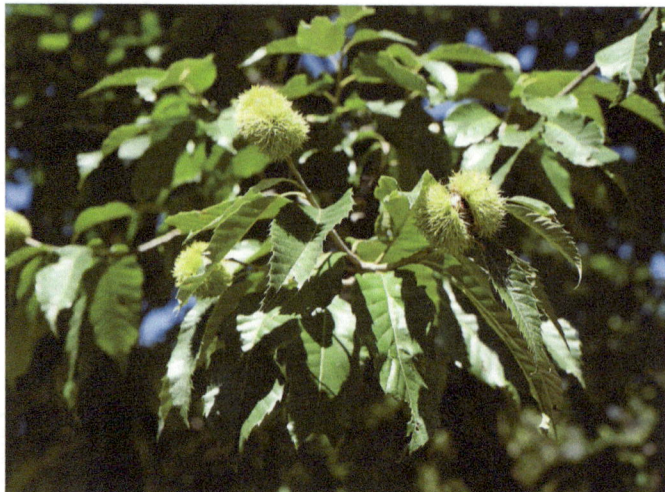

胡桃楸

拉丁学名： *Juglans mandshurica*

物种简介： 胡桃科胡桃属落叶乔木。

分布状况： 怀柔区北部与中部山区。

中国生物多样性红色名录等级： 无危。

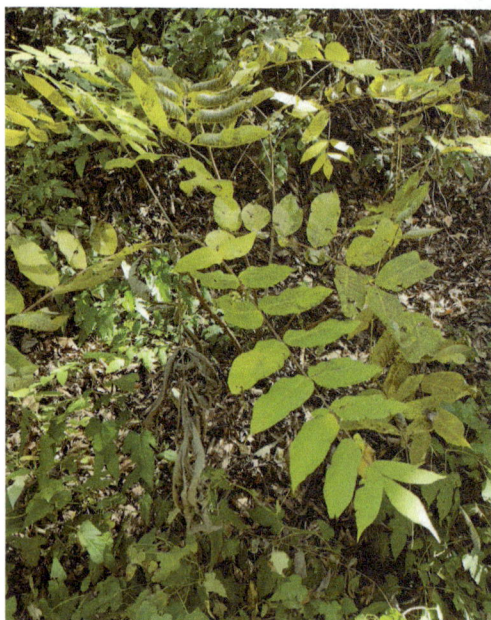

荆条

拉丁学名： *Vitex negundo* var. *heterophylla*

物种简介： 唇形科牡荆属落叶小乔木。

分布状况： 怀柔区平原与低山区。

中国生物多样性红色名录等级： 无危。

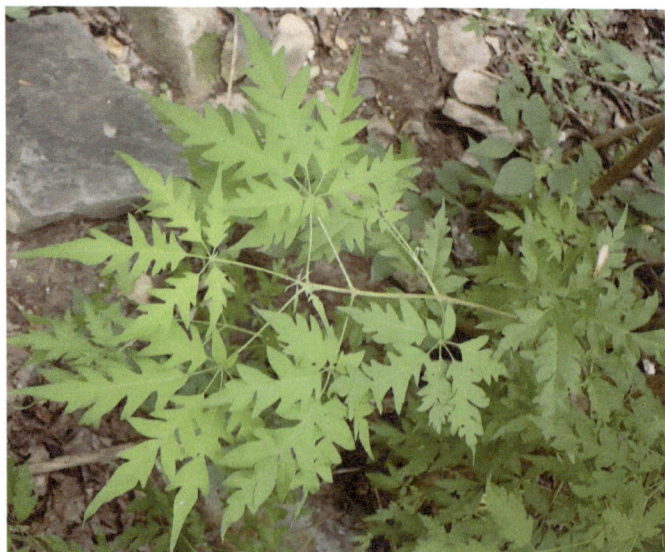

花曲柳

拉丁学名： *Fraxinus chinensis* subsp. *rhynchophylla*

物种简介： 木樨科梣属落叶乔木。

分布状况： 怀柔区北部与中部山区。

中国生物多样性红色名录等级： 无危。

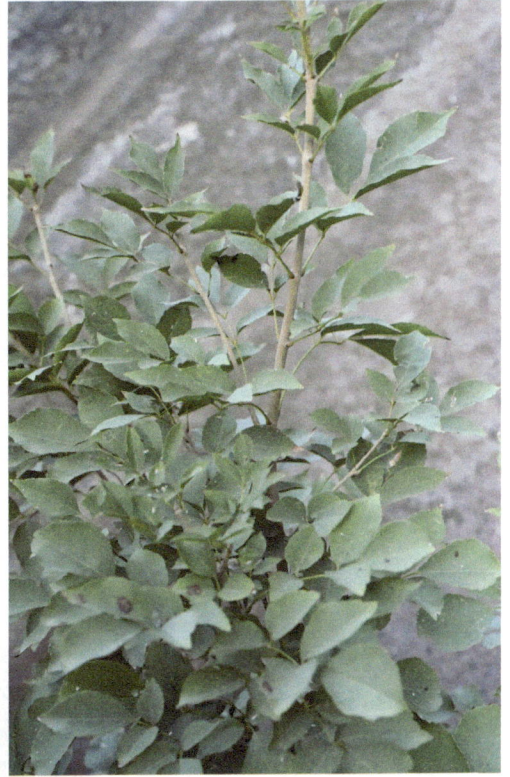

小叶梣

拉丁学名： *Fraxinus bungeana*

物种简介： 木樨科梣属落叶小乔木。

分布状况： 怀柔区北部与中部山区。

中国生物多样性红色名录等级： 无危。

特有性： 中国特有种。

白蜡树

拉丁学名： *Fraxinus chinensis*

物种简介： 木樨科梣属落叶乔木。

分布状况： 怀柔区中部山区，城区、村镇均有种植。

中国生物多样性红色名录等级： 无危。

暴马丁香

拉丁学名：*Syringa reticulata* subsp. *amurensis*

物种简介：木樨科丁香属落叶乔木。

分布状况：怀柔区城区有种植。

中国生物多样性红色名录等级：无危。

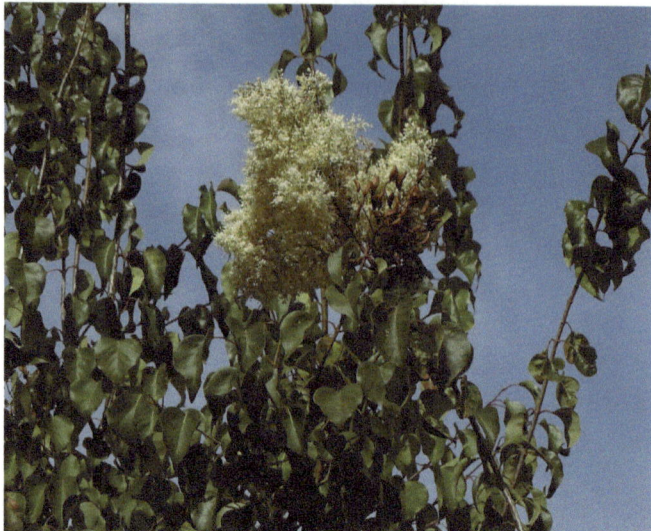

毛泡桐

拉丁学名：*Paulownia tomentosa*

物种简介：泡桐科泡桐属落叶乔木。

分布状况：怀柔区城区、村镇、路边有种植。

中国生物多样性红色名录等级：无危。

旱柳

拉丁学名：*Salix matsudana*

物种简介：杨柳科柳属落叶乔木。

分布状况：怀柔区平原与低山区。

中国生物多样性红色名录等级：无危。

特有性：中国特有种。

山杨

拉丁学名：_Populus davidiana_

物种简介：杨柳科杨属落叶乔木。

分布状况：怀柔区北部与中部山区。

中国生物多样性红色名录等级：无危。

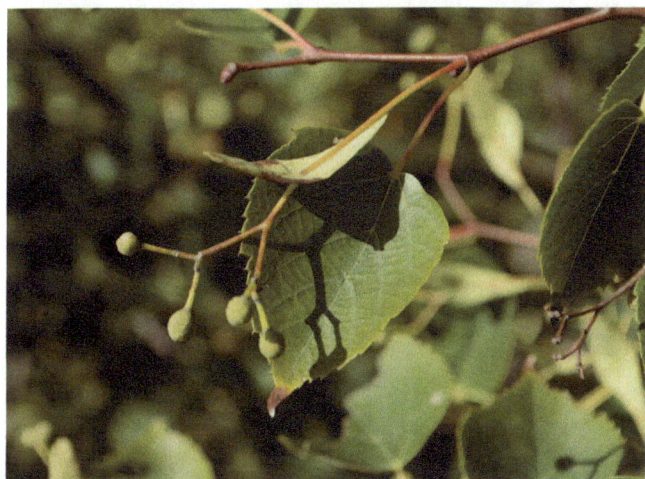

辽椴

拉丁学名：_Tilia mandshurica_

物种简介：锦葵科椴属落叶乔木，又称糠椴。

分布状况：怀柔区北部与中部山区。

中国生物多样性红色名录等级：无危。

蒙椴

拉丁学名：_Tilia mongolica_

物种简介：锦葵科椴属落叶乔木。

分布状况：怀柔区北部与中部山区。

中国生物多样性红色名录等级：无危。

特有性：中国特有种。

黑弹树

拉丁学名：*Celtis bungeana*

物种简介：大麻科朴属落叶乔木。

分布状况：怀柔区北部与中部山区。

中国生物多样性红色名录等级：无危。

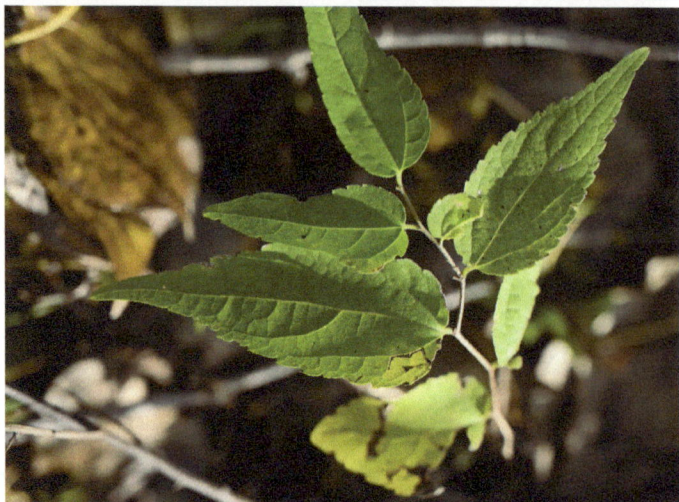

构

拉丁学名：*Broussonetia papyrifera*

物种简介：桑科构属落叶乔木。

分布状况：怀柔区平原与低山区。

中国生物多样性红色名录等级：无危。

桑

拉丁学名：*Morus alba*

物种简介：桑科桑属落叶乔木。

分布状况：怀柔区平原与低山区。

中国生物多样性红色名录等级：无危。

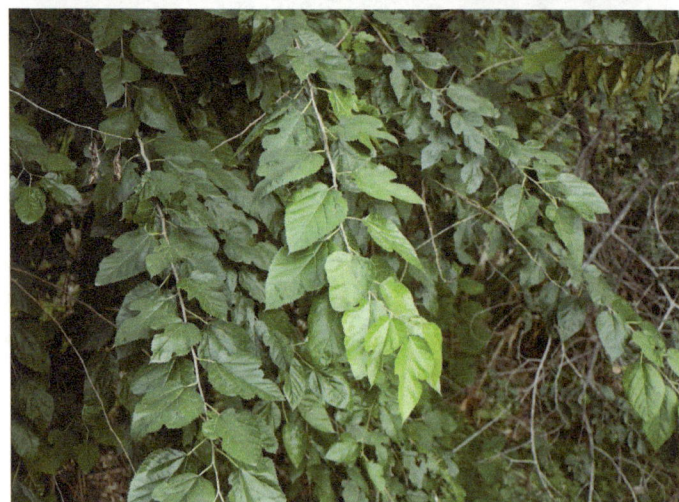

花楸树

拉丁学名： *Sorbus pohuashanensis*

物种简介： 蔷薇科花楸属落叶乔木。

分布状况： 怀柔区北部山区。

中国生物多样性红色名录等级： 无危。

特有性： 中国特有种。

水榆花楸

拉丁学名： *Sorbus alnifolia*

物种简介： 蔷薇科花楸属落叶乔木。

分布状况： 怀柔区中部山区。

保护等级： 北京市重点保护。

中国生物多样性红色名录等级： 无危。

豆梨

拉丁学名： *Pyrus calleryana*

物种简介： 蔷薇科梨属落叶乔木。

分布状况： 怀柔区中部山区。

中国生物多样性红色名录等级： 无危。

杜梨

拉丁学名： *Pyrus betulifolia*

物种简介： 蔷薇科梨属落叶乔木。

分布状况： 怀柔区北部与中部山区。

中国生物多样性红色名录等级： 无危。

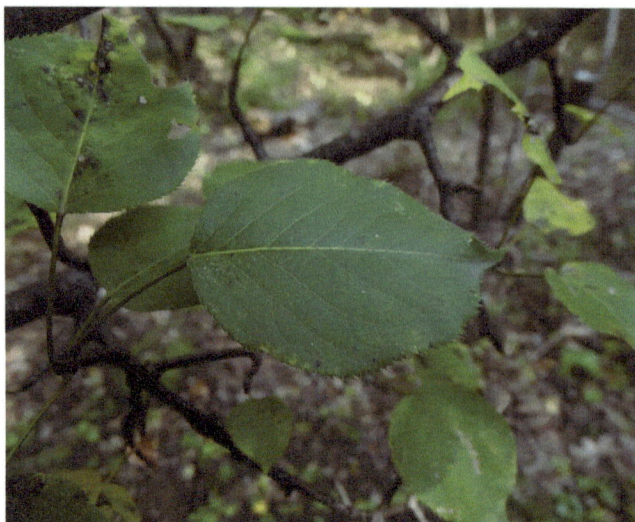

大果榆

拉丁学名： *Ulmus macrocarpa*

物种简介： 榆科榆属落叶乔木。

分布状况： 怀柔区北部与中部山区。

中国生物多样性红色名录等级： 无危。

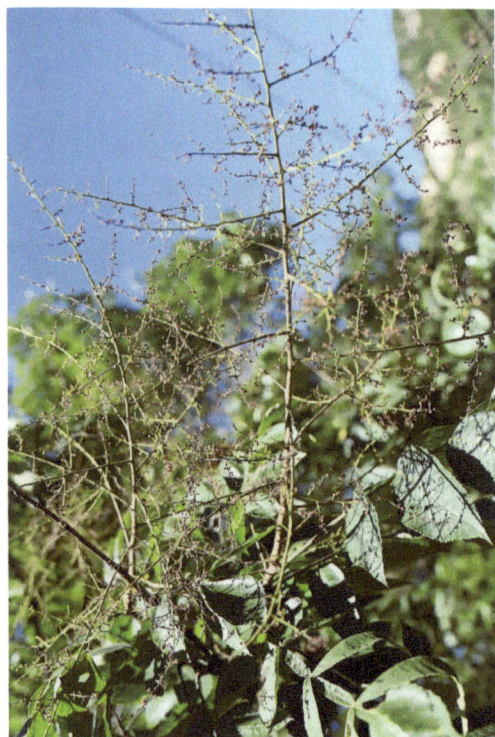

盐麸木

拉丁学名： *Rhus chinensis*

物种简介： 漆树科盐麸木属落叶小乔木。

分布状况： 怀柔区中部山区。

中国生物多样性红色名录等级： 无危。

栾

拉丁学名：*Koelreuteria paniculata*

物种简介：无患子科栾属落叶乔木。

分布状况：怀柔区低山区，城镇有栽培。

中国生物多样性红色名录等级：无危。

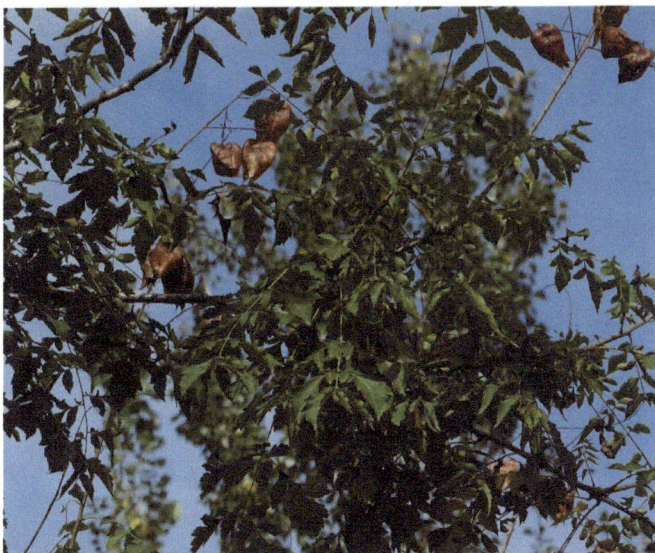

元宝槭

拉丁学名：*Acer truncatum*

物种简介：无患子科槭属落叶乔木。

分布状况：怀柔区北部与中部山区，城区有栽培。

中国生物多样性红色名录等级：无危。

臭椿

拉丁学名：*Ailanthus altissima*

物种简介：苦木科臭椿属落叶乔木。

分布状况：怀柔区平原与低山区。

中国生物多样性红色名录等级：无危。

2. 灌木

丁香叶忍冬

拉丁学名：*Lonicera oblata*

物种简介：忍冬科忍冬属落叶灌木。

分布状况：怀柔区中部山区。

保护等级：国家二级保护。

中国生物多样性红色名录等级：易危。

特有性：华北特有种。

无梗五加

拉丁学名：*Eleutherococcus sessiliflorus*

物种简介：五加科五加属灌木或小乔木。

分布状况：怀柔区北部与中部山区。

保护等级：北京市重点保护。

中国生物多样性红色名录等级：无危。

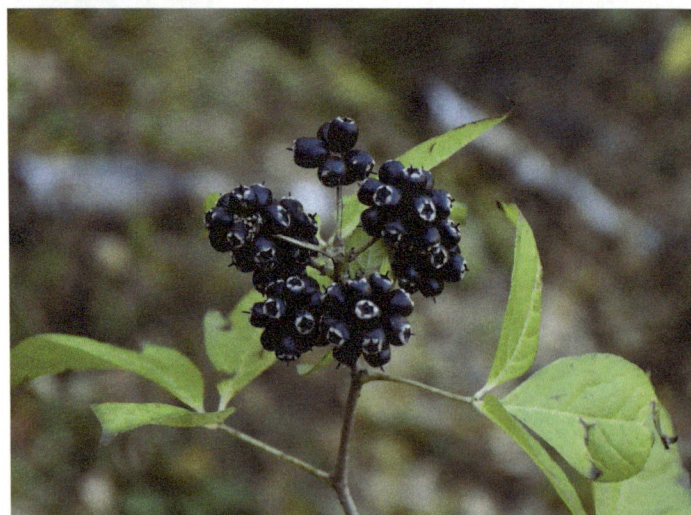

刺五加

拉丁学名：*Eleutherococcus senticosus*

物种简介：五加科五加属灌木。

分布状况：怀柔区北部与中部山区。

保护等级：北京市重点保护。

中国生物多样性红色名录等级：无危。

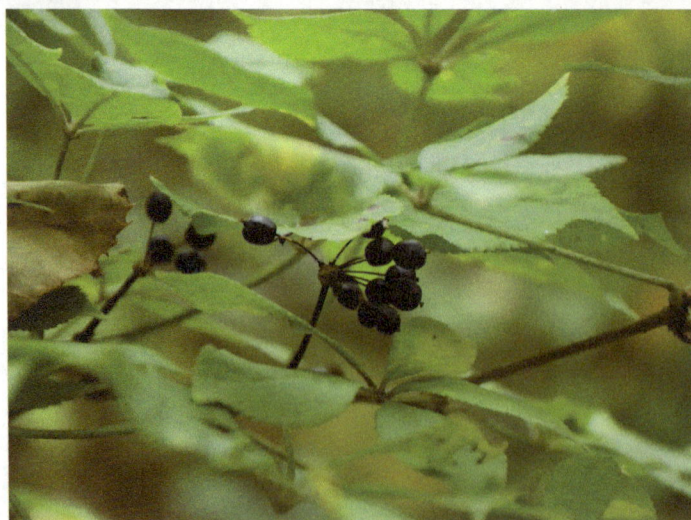

楤木

拉丁学名：*Aralia elata*

物种简介：五加科楤木属落叶灌木或小乔木。

分布状况：怀柔区中部山区。

保护等级：北京市重点保护。

中国生物多样性红色名录等级：无危。

蚂蚱腿子

拉丁学名：*Pertya dioica*

物种简介：菊科帚菊属落叶小灌木。

分布状况：怀柔区北部与中部山区。

中国生物多样性红色名录等级：无危。

特有性：中国特有种。

南蛇藤

拉丁学名：*Celastrus orbiculatus*

物种简介：卫矛科南蛇藤属藤状灌木。

分布状况：怀柔区北部与中部山区。

中国生物多样性红色名录等级：无危。

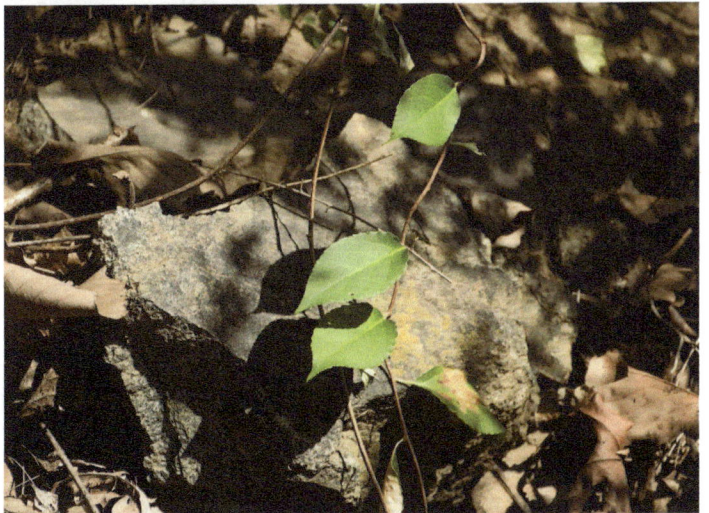

红瑞木

拉丁学名：*Cornus alba*

物种简介：山茱萸科山茱萸属落叶灌木。

分布状况：怀柔区北部与中部山区，城区有栽培。

中国生物多样性红色名录等级：无危。

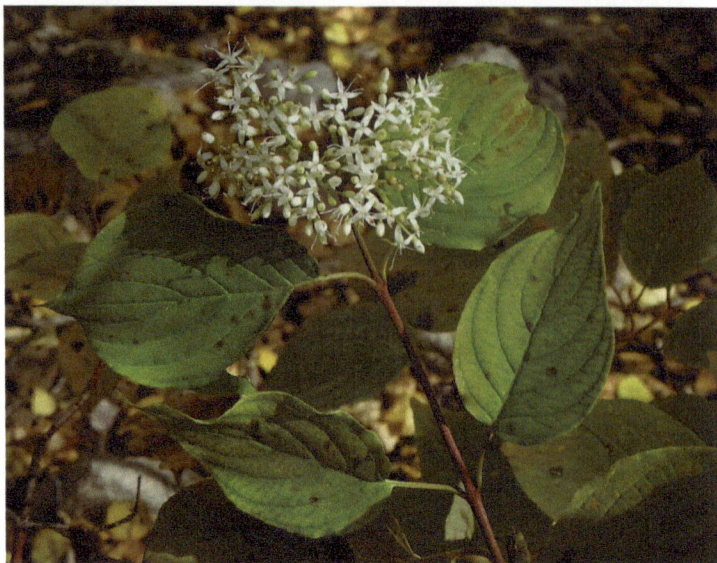

接骨木

拉丁学名：*Sambucus williamsii*

物种简介：荚蒾科接骨木属落叶灌木或小乔木。

分布状况：怀柔区北部与中部山区。

中国生物多样性红色名录等级：无危。

特有性：中国特有种。

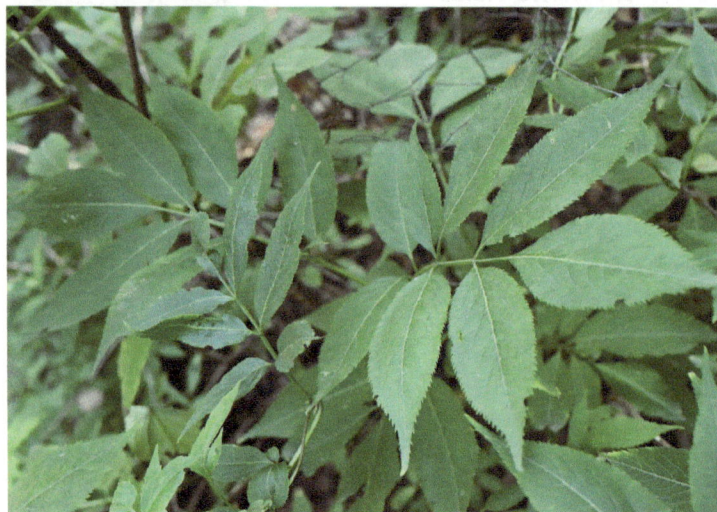

金花忍冬

拉丁学名：*Lonicera chrysantha*

物种简介：忍冬科忍冬属落叶灌木。

分布状况：怀柔区北部山区。

中国生物多样性红色名录等级：无危。

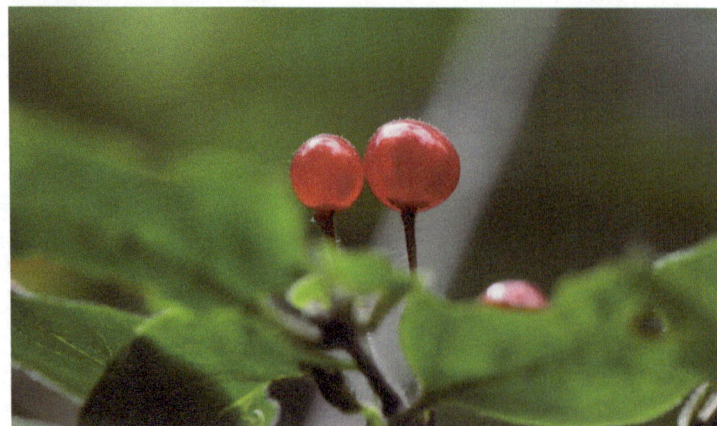

金银忍冬

拉丁学名：*Lonicera maackii*

物种简介：忍冬科忍冬属落叶灌木。

分布状况：怀柔区城区、村镇均有栽培。

中国生物多样性红色名录等级：无危。

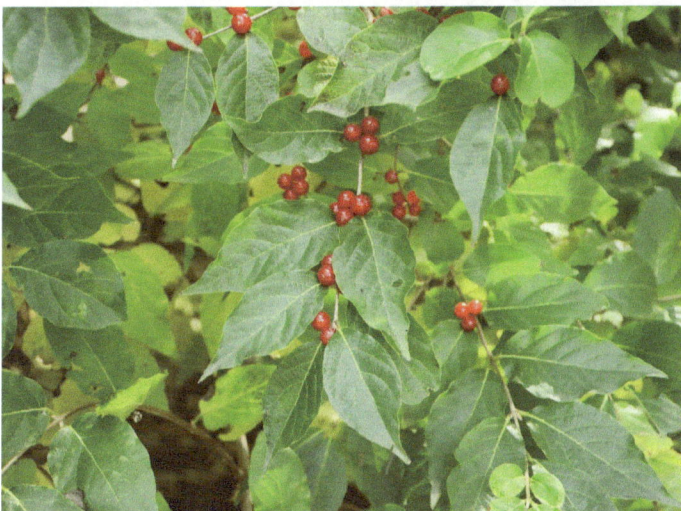

鸡树条

拉丁学名：*Viburnum opulus* subsp. *calvescens*

物种简介：荚蒾科荚蒾属落叶灌木，又称天目琼花。

分布状况：怀柔区北部与中部山区。

中国生物多样性红色名录等级：无危。

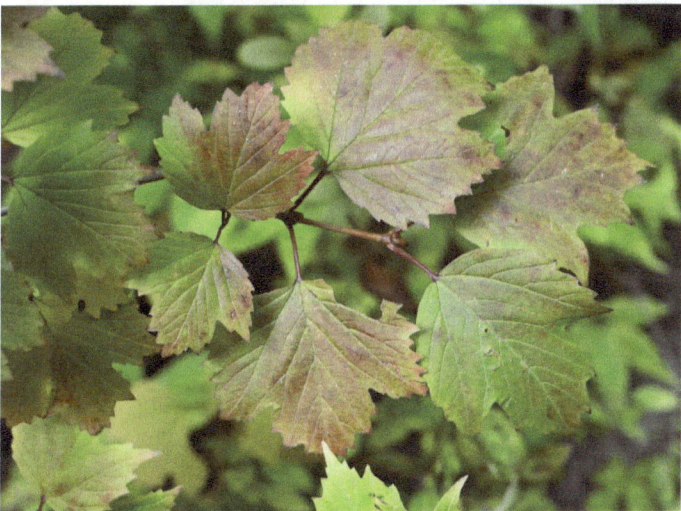

迎红杜鹃

拉丁学名：*Rhododendron mucronulatum*

物种简介：杜鹃花科杜鹃花属落叶灌木。

分布状况：怀柔区北部与中部山区。

保护等级：北京市重点保护。

中国生物多样性红色名录等级：无危。

尖叶铁扫帚

拉丁学名：*Lespedeza juncea*

物种简介：豆科胡枝子属落叶小灌木。

分布状况：怀柔区中低海拔山区。

中国生物多样性红色名录等级：无危。

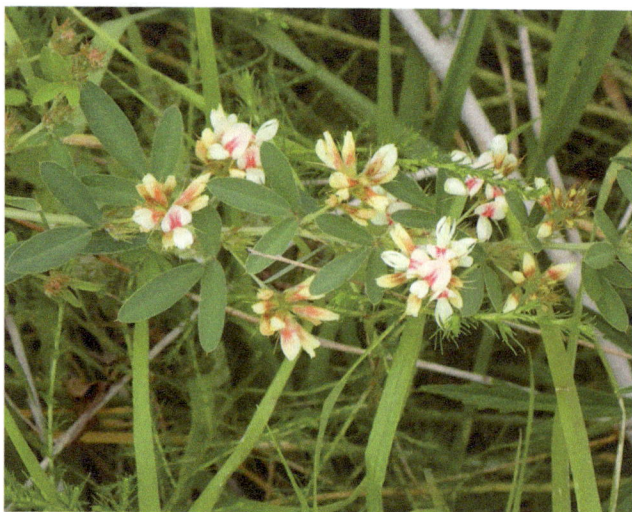

兴安胡枝子

拉丁学名：*Lespedeza davurica*

物种简介：豆科胡枝子属落叶小灌木。

分布状况：怀柔区平原与低山区。

中国生物多样性红色名录等级：无危。

红花锦鸡儿

拉丁学名：*Caragana rosea*

物种简介：豆科锦鸡儿属落叶灌木。

分布状况：怀柔区北部与中部山区。

中国生物多样性红色名录等级：无危。

特有性：中国特有种。

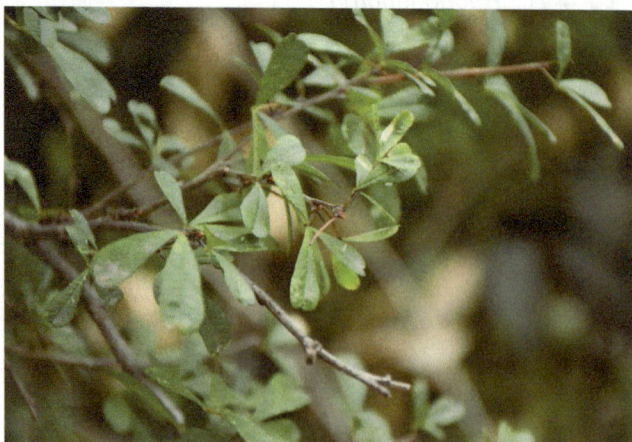

坚桦

拉丁学名：*Betula chinensis*

物种简介：桦木科桦木属落叶灌木或小乔木。

分布状况：怀柔区北部与中部山区。

中国生物多样性红色名录等级：无危。

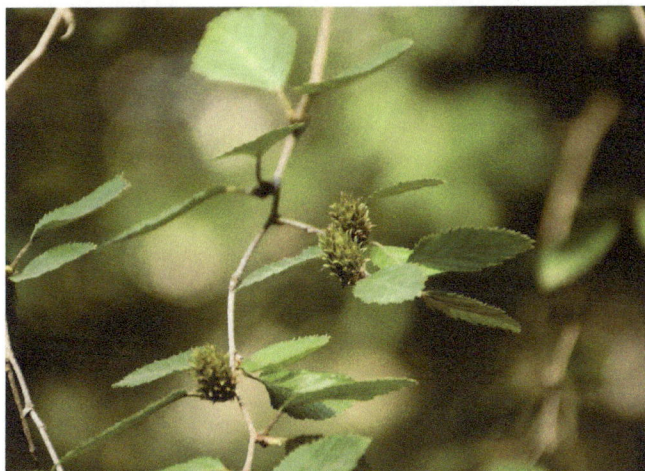

榛

拉丁学名：*Corylus heterophylla*

物种简介：桦木科榛属落叶灌木或小乔木。

分布状况：怀柔区北部与中部山区。

中国生物多样性红色名录等级：无危。

薄皮木

拉丁学名：*Leptodermis oblonga*

物种简介：茜草科野丁香属落叶灌木。

分布状况：怀柔区中部与南部低山区。

中国生物多样性红色名录等级：无危。

特有性：中国特有种。

巧玲花

拉丁学名： *Syringa pubescens*

物种简介： 木樨科丁香属落叶灌木。

分布状况： 怀柔区北部山区。

中国生物多样性红色名录等级： 无危。

特有性： 中国特有种。

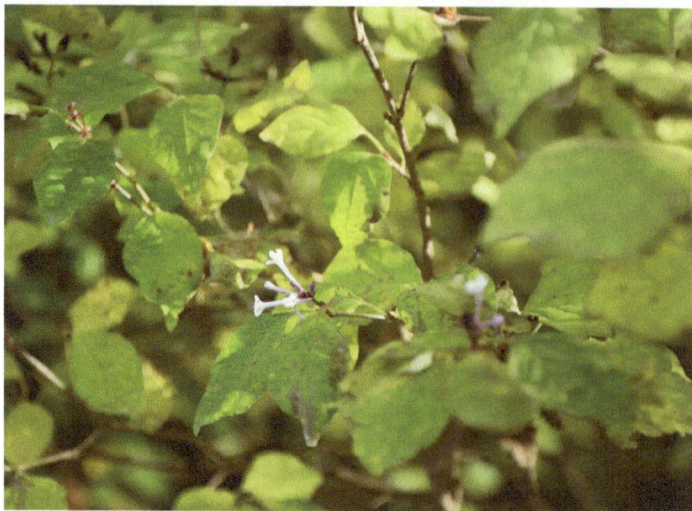

细叶小檗

拉丁学名： *Berberis poiretii*

物种简介： 小檗科小檗属落叶灌木。

分布状况： 怀柔区北部山区。

中国生物多样性红色名录等级： 无危。

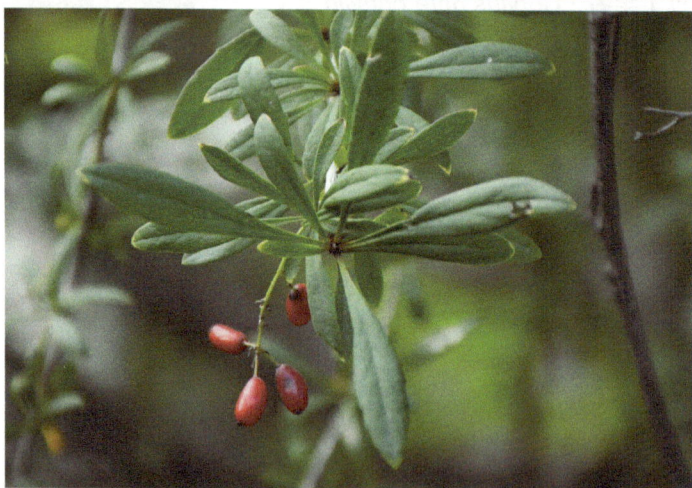

黄芦木

拉丁学名： *Berberis amurensis*

物种简介： 小檗科小檗属落叶灌木。

分布状况： 怀柔区北部与中部山区。

中国生物多样性红色名录等级： 无危。

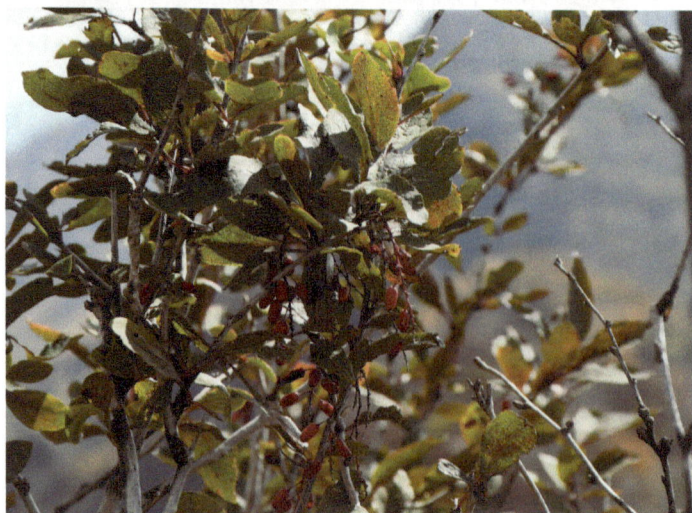

卵叶鼠李

拉丁学名： *Rhamnus bungeana*

物种简介： 鼠李科鼠李属落叶灌木。

分布状况： 怀柔区中低海拔山区。

中国生物多样性红色名录等级： 无危。

特有性： 中国特有种。

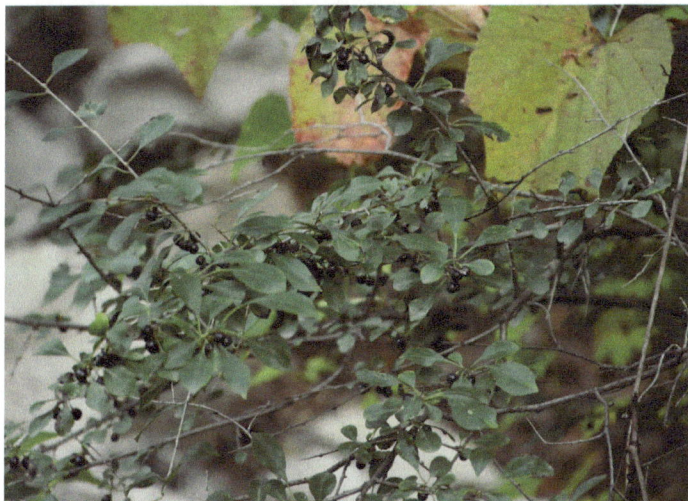

鼠李

拉丁学名： *Rhamnus davurica*

物种简介： 鼠李科鼠李属落叶灌木。

分布状况： 怀柔区中部山区。

中国生物多样性红色名录等级： 无危。

特有性： 中国特有种。

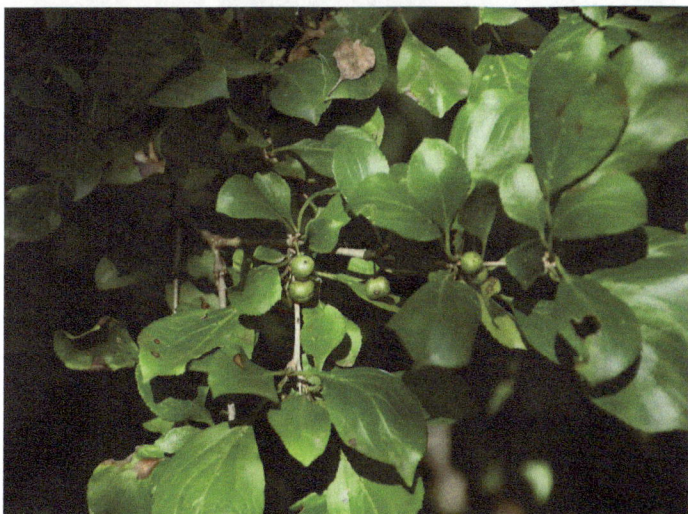

酸枣

拉丁学名： *Ziziphus jujuba* var. *spinosa*

物种简介： 鼠李科枣属落叶灌木。

分布状况： 怀柔区中低海拔山区。

中国生物多样性红色名录等级： 无危。

特有性： 中国特有种。

华北珍珠梅

拉丁学名： *Sorbaria kirilowii*

物种简介： 蔷薇科珍珠梅属落叶灌木。

分布状况： 怀柔区城区、村镇均有栽种。

中国生物多样性红色名录等级： 无危。

特有性： 中国特有种。

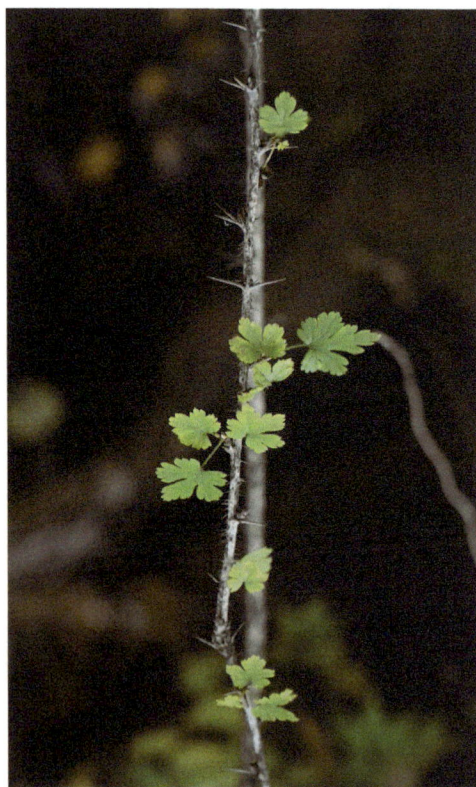

刺果茶藨子

拉丁学名： *Ribes burejense*

物种简介： 茶藨子科茶藨子属落叶灌木。

分布状况： 怀柔区北部山区。

中国生物多样性红色名录等级： 无危。

3. 木质藤本

软枣猕猴桃

拉丁学名： *Actinidia arguta*

物种简介： 猕猴桃科猕猴桃属木质落叶藤本。

分布状况： 怀柔区中部山区。

保护等级： 国家二级保护。

中国生物多样性红色名录等级： 近危。

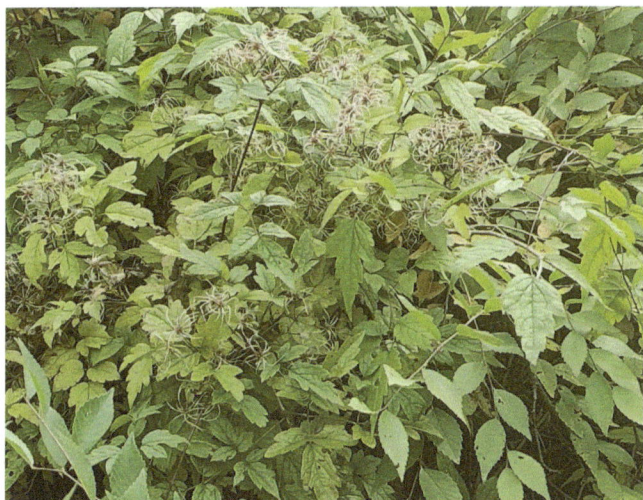

短尾铁线莲

拉丁学名： *Clematis brevicaudata*

物种简介： 毛茛科铁线莲属木质藤本。

分布状况： 怀柔区中低海拔山地。

中国生物多样性红色名录等级： 无危。

山葡萄

拉丁学名： *Vitis amurensis*

物种简介： 葡萄科葡萄属木质落叶藤本。

分布状况： 怀柔区北部与中部山区。

中国生物多样性红色名录等级： 无危。

特有性： 中国特有种。

葎叶蛇葡萄

拉丁学名： *Ampelopsis humulifolia*

物种简介： 葡萄科蛇葡萄属木质落叶藤本。

分布状况： 怀柔区北部与中部山区。

中国生物多样性红色名录等级： 无危。

特有性： 中国特有种。

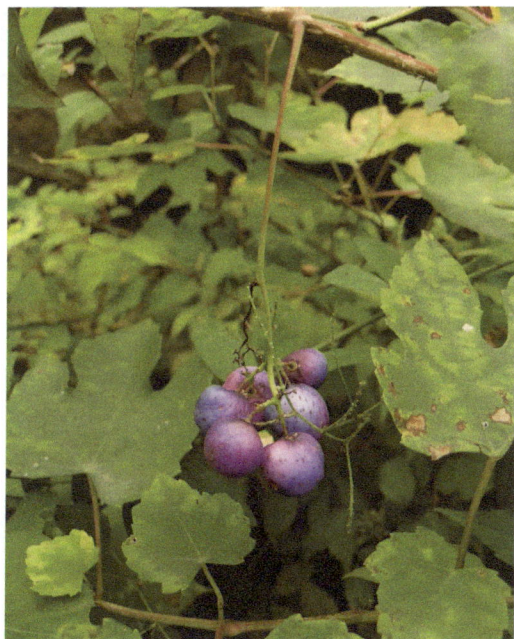

乌头叶蛇葡萄

拉丁学名：*Ampelopsis aconitifolia*

物种简介：葡萄科蛇葡萄属木质落叶藤本。

分布状况：怀柔区北部山区。

中国生物多样性红色名录等级：无危。

特有性：中国特有种。

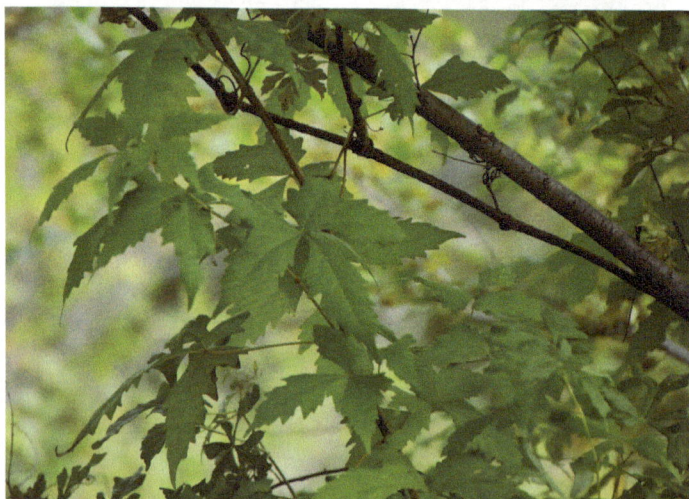

掌裂草葡萄

拉丁学名：*Ampelopsis aconitifolia var. palmiloba*

物种简介：葡萄科蛇葡萄属木质落叶藤本。

分布状况：怀柔区北部山区。

中国生物多样性红色名录等级：无危。

特有性：中国特有种。

地锦

拉丁学名：*Parthenocissus tricuspidata*

物种简介：葡萄科地锦属木质落叶藤本。

分布状况：怀柔区北部与中部山区，城区、村镇均有种植。

中国生物多样性红色名录等级：无危。

五叶地锦

拉丁学名： *Parthenocissus quinquefolia*

物种简介： 葡萄科地锦属木质落叶藤本，原产于北美洲。

分布状况： 琉璃庙镇、怀北镇、雁栖镇、九渡河镇、庙城镇等。

中国生物多样性红色名录等级： 未评估。

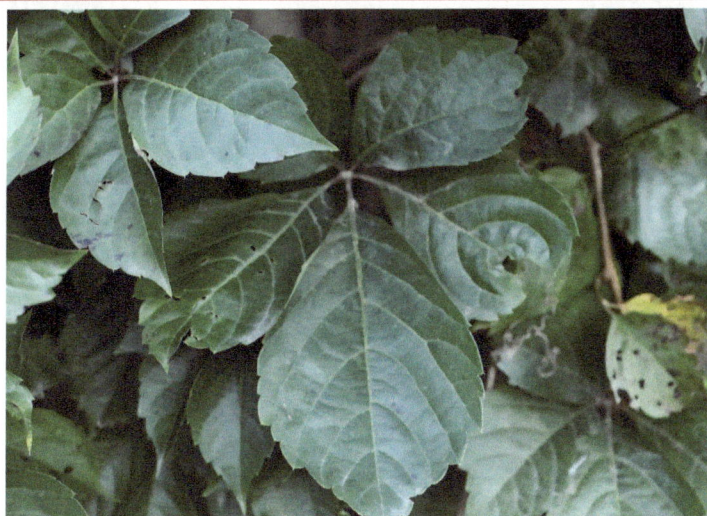

4. 半灌木

地梢瓜

拉丁学名： *Cynanchum thesioides*

物种简介： 夹竹桃科鹅绒藤属直立半灌木。

分布状况： 怀柔区平原与低山区。

中国生物多样性红色名录等级： 无危。

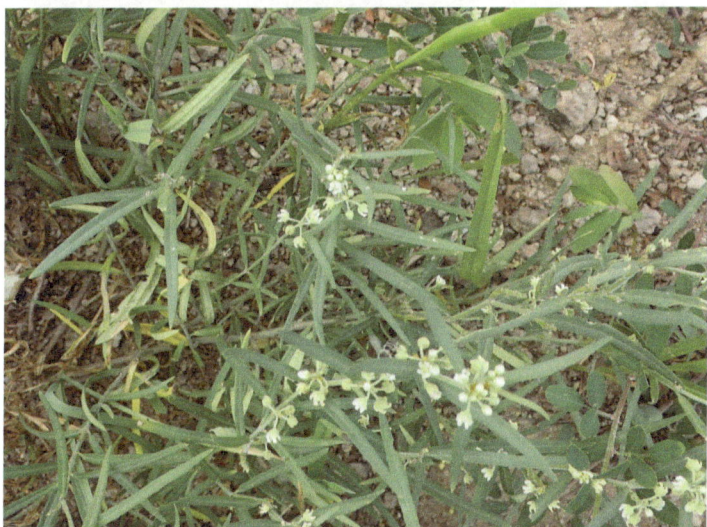

白首乌

拉丁学名： *Cynanchum bungei*

物种简介： 夹竹桃科鹅绒藤属攀援性半灌木。

分布状况： 怀柔区北部与中部山区。

中国生物多样性红色名录等级： 数据缺乏。

5. 陆生草本

大花杓兰

拉丁学名： *Cypripedium macranthos*

物种简介： 兰科杓兰属多年生草本。

分布状况： 喇叭沟门自然保护区。

保护等级： 国家二级保护。

中国生物多样性红色名录等级： 濒危。

野大豆

拉丁学名： *Glycine soja*

物种简介： 豆科大豆属一年生缠绕草本。

分布状况： 怀柔区山区与平原区，湿地中常见。

保护等级： 国家二级保护。

中国生物多样性红色名录等级： 无危。

天南星

拉丁学名： *Arisaema heterophyllum*

物种简介： 天南星科天南星属多年生草本。

分布状况： 怀柔区中部山区。

中国生物多样性红色名录等级： 无危。

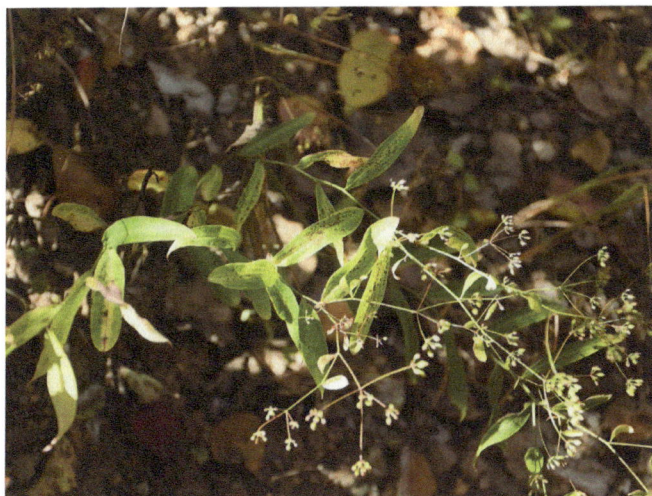

北柴胡

拉丁学名：*Bupleurum chinense*

物种简介：伞形科柴胡属多年生草本。

分布状况：怀柔区中部和北部山区。

中国生物多样性红色名录等级：无危。

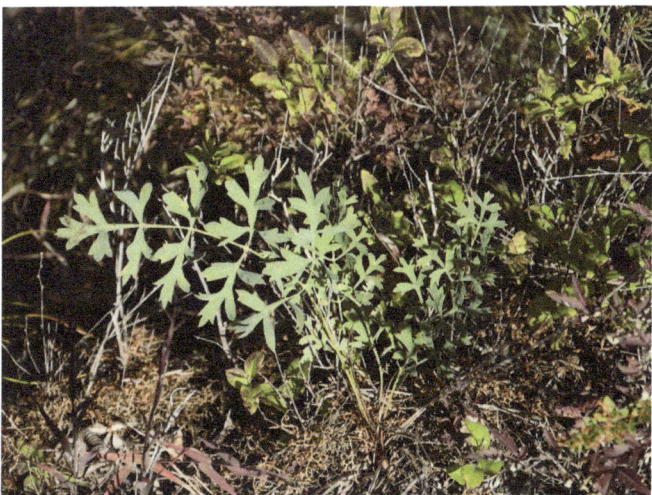

特有性：中国特有种。

白芷

拉丁学名：*Angelica dahurica*

物种简介：伞形科当归属多年生草本。

分布状况：怀柔区北部山区。

中国生物多样性红色名录等级：无危。

防风

拉丁学名：*Saposhnikovia divaricata*

物种简介：伞形科防风属多年生草本。

分布状况：怀柔区中部和北部山区。

中国生物多样性红色名录等级：无危。

球序韭

拉丁学名：*Allium thunbergii*

物种简介：石蒜科葱属多年生草本。

分布状况：怀柔区北部山区。

中国生物多样性红色名录等级：无危。

黄精

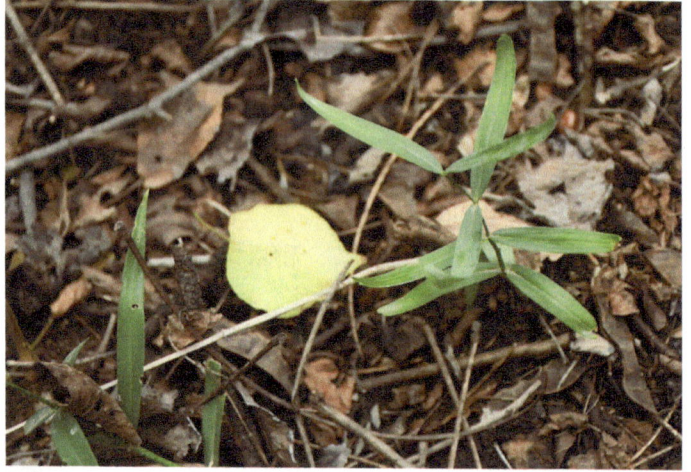

拉丁学名：*Polygonatum sibiricum*

物种简介：天门冬科黄精属多年生草本。

分布状况：怀柔区北部与中部山区。

中国生物多样性红色名录等级：无危。

天门冬

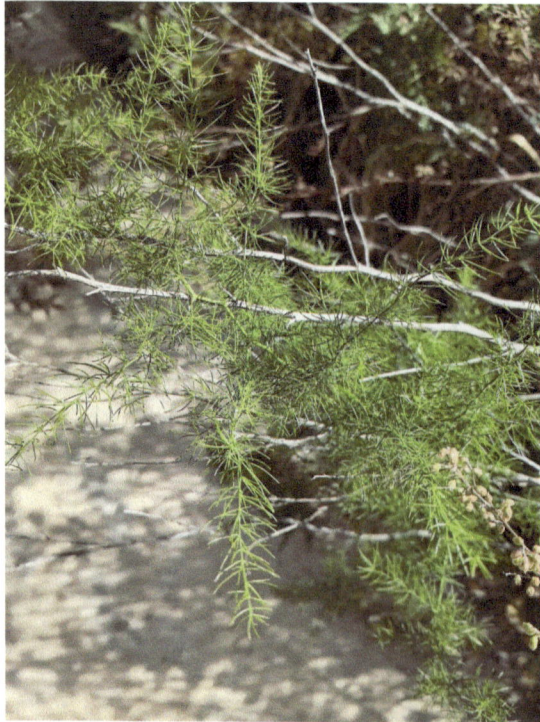

拉丁学名：*Asparagus cochinchinensis*

物种简介：天门冬科天门冬属攀援草本。

分布状况：怀柔区北部山区。

中国生物多样性红色名录等级：无危。

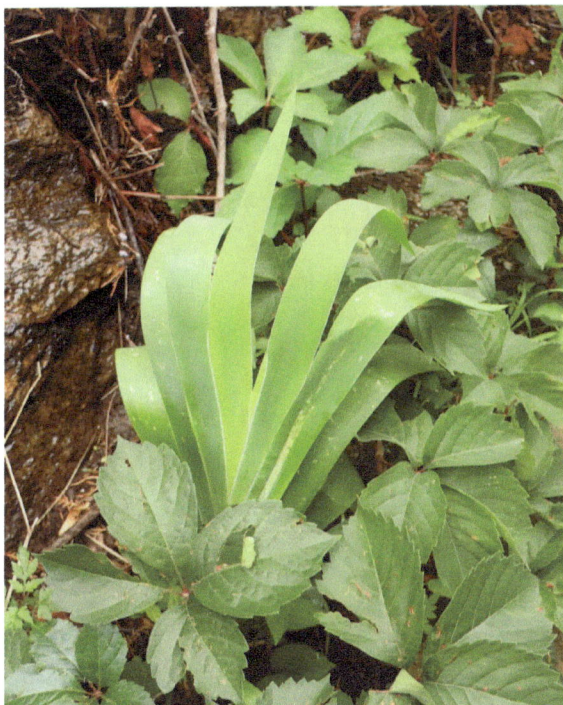

鸢尾

拉丁学名：*Iris tectorum*

物种简介：鸢尾科鸢尾属多年生草本。

分布状况：怀柔区中部和北部山区与湿地。

中国生物多样性红色名录等级：无危。

二叶兜被兰

拉丁学名：*Neottianthe cucullata*

物种简介：兰科兜被兰属多年生草本。

分布状况：怀柔区北部山区。

保护等级：北京市重点保护。

中国生物多样性红色名录等级：近危。

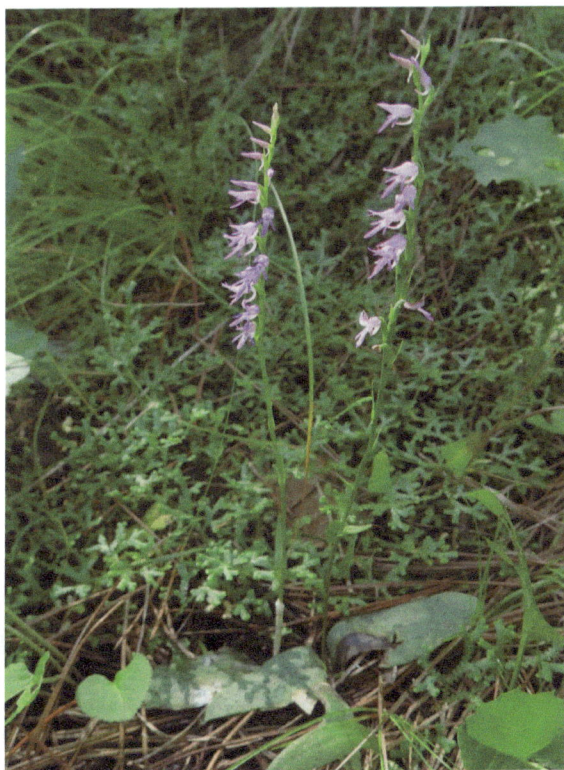

绶草

拉丁学名：*Spiranthes sinensis*

物种简介：兰科绶草属多年生草本。

分布状况：怀柔区北部山区。

保护等级：北京市重点保护。

中国生物多样性红色名录等级：无危。

苍术

拉丁学名： *Atractylodes lancea*

物种简介： 菊科苍术属多年生草本。

分布状况： 怀柔区北部与中部山区。

中国生物多样性红色名录等级： 无危。

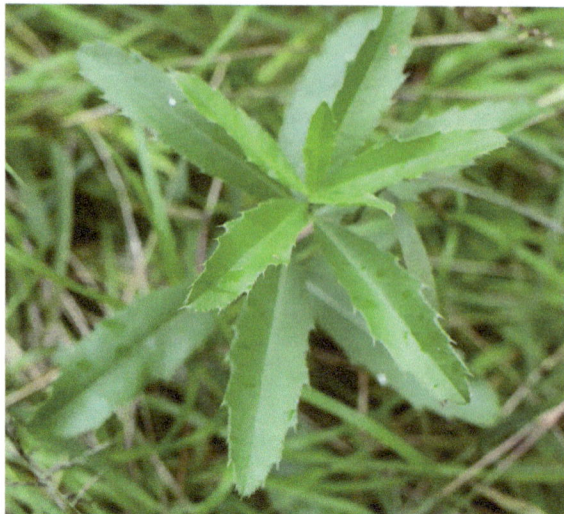

和尚菜

拉丁学名： *Adenocaulon himalaicum*

物种简介： 菊科和尚菜属多年生草本。

分布状况： 怀柔区北部山区。

中国生物多样性红色名录等级： 无危。

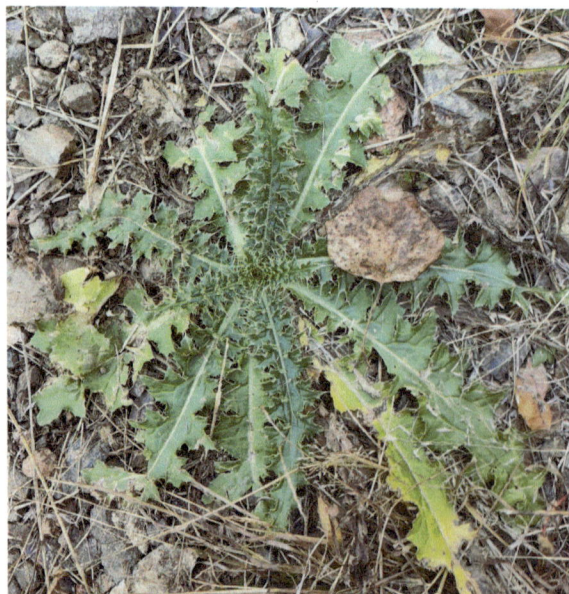

蓟

拉丁学名： *Cirsium japonicum*

物种简介： 菊科蓟属多年生草本。

分布状况： 怀柔区北部与中部山区。

中国生物多样性红色名录等级： 无危。

飞廉

拉丁学名：*Carduus nutans*

物种简介：菊科飞廉属二年生或多年生草本。

分布状况：怀柔区北部与中部山区。

中国生物多样性红色名录等级：无危。

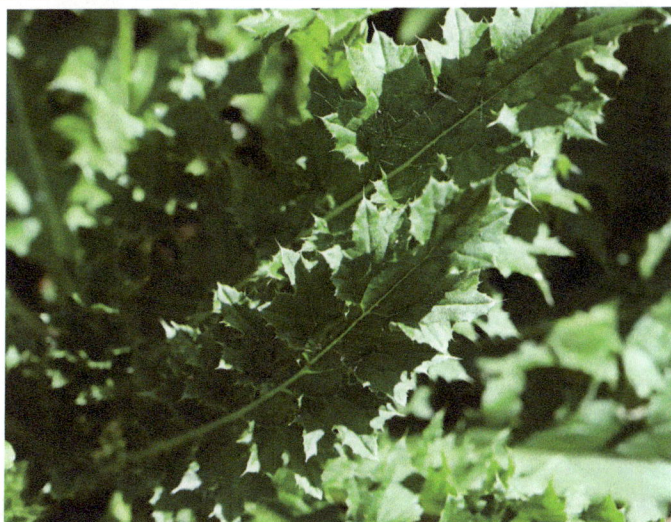

小红菊

拉丁学名：*Chrysanthemum chanetii*

物种简介：菊科菊属多年生草本。

分布状况：怀柔区北部与中部山区。

中国生物多样性红色名录等级：无危。

蓝刺头

拉丁学名：*Echinops davuricus*

物种简介：菊科蓝刺头属多年生草本。

分布状况：怀柔区北部与中部山区。

中国生物多样性红色名录等级：无危。

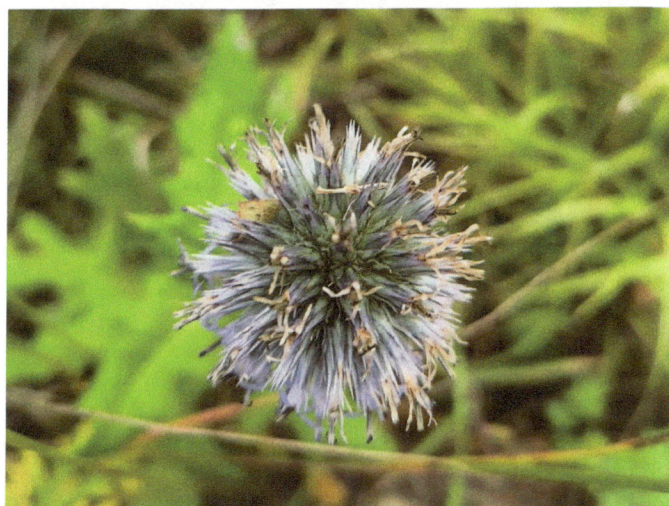

毛连菜

拉丁学名： *Picris hieracioides*

物种简介： 菊科毛连菜属二年生草本。

分布状况： 怀柔区北部山区。

中国生物多样性红色名录等级： 无危。

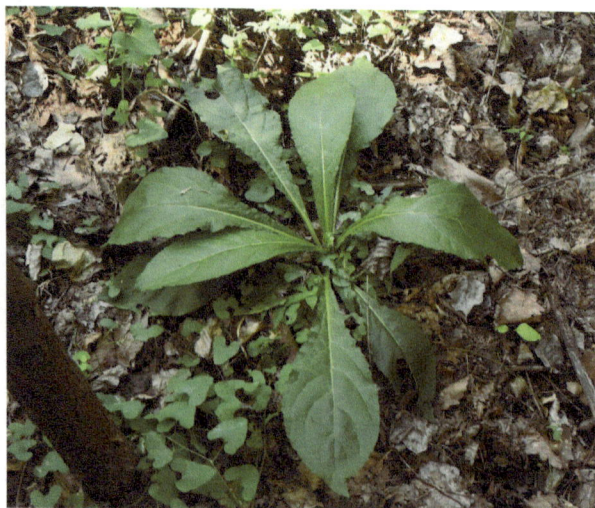

牛蒡

拉丁学名： *Arctium lappa*

物种简介： 菊科牛蒡属二年生草本。

分布状况： 怀柔区北部与中部山区，琉璃河湿地。

中国生物多样性红色名录等级： 无危。

天名精

拉丁学名： *Carpesium abrotanoides*

物种简介： 菊科天名精属多年生草本。

分布状况： 怀柔区中部山区。

中国生物多样性红色名录等级： 无危。

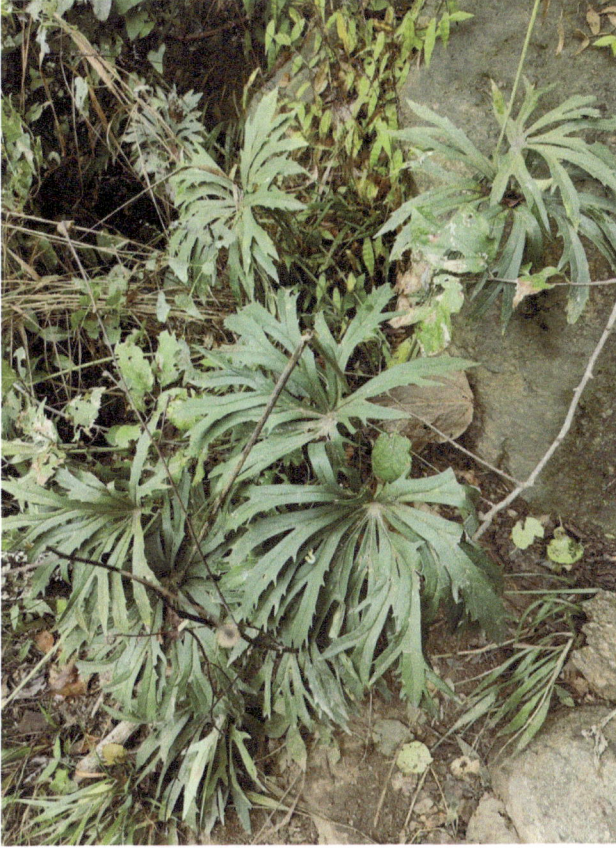

兔儿伞

拉丁学名：*Syneilesis aconitifolia*

物种简介：菊科兔儿伞属多年生草本。

分布状况：怀柔区北部山区。

中国生物多样性红色名录等级：无危。

腺梗豨莶

拉丁学名：*Sigesbeckia pubescens*

物种简介：菊科豨莶属一年生草本。

分布状况：怀柔区平原与低山区。

中国生物多样性红色名录等级：无危。

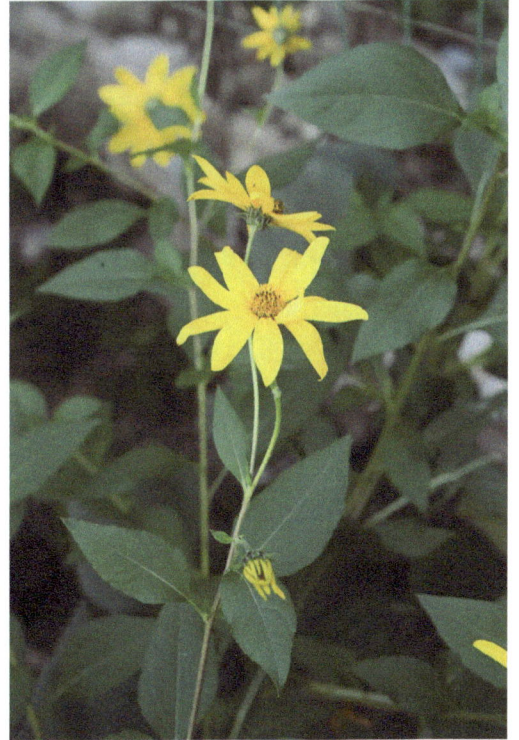

菊芋

拉丁学名：*Helianthus tuberosus*

物种简介：菊科向日葵属多年生草本，原产于北美洲。

分布状况：宝山镇、汤河口镇、怀北镇、雁栖镇等。

中国生物多样性红色名录等级：未评估。

山尖子

拉丁学名： *Parasenecio hastatus*

物种简介： 菊科蟹甲草属多年生草本。

分布状况： 怀柔区北部山区。

中国生物多样性红色名录等级： 无危。

桃叶鸦葱

拉丁学名： *Scorzonera sinensis*

物种简介： 菊科蛇鸦葱属多年生草本。

分布状况： 怀柔区北部与中部山区。

中国生物多样性红色名录等级： 无危。

多歧沙参

拉丁学名： *Adenophora potaninii* subsp. *wawreana*

物种简介： 桔梗科沙参属多年生草本。

分布状况： 怀柔区北部与中部山区。

中国生物多样性红色名录等级： 无危。

特有性： 中国特有种。

毛萼石沙参

拉丁学名： *Adenophora polyantha* subsp. *scabricalyx*

物种简介： 桔梗科沙参属多年生草本。

分布状况： 怀柔区北部与中部山区。

中国生物多样性红色名录等级： 无危。

特有性： 中国特有种。

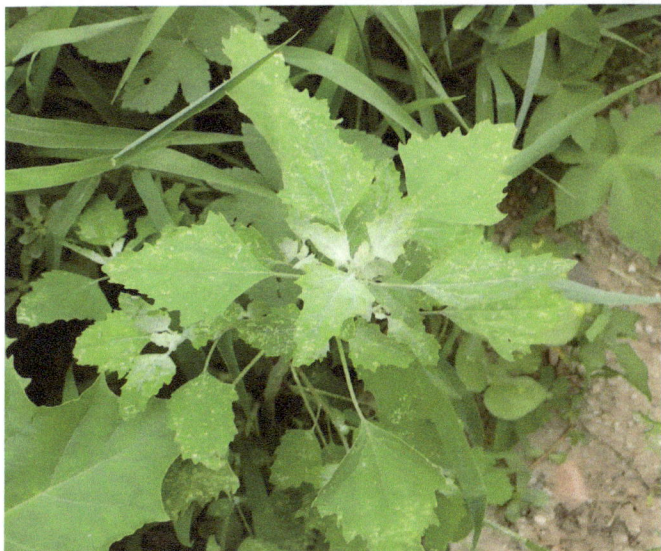

钝萼附地菜

拉丁学名： *Trigonotis peduncularis* var. *amblyosepala*

物种简介： 紫草科附地菜属一年生或二年生草本。

分布状况： 怀柔区北部山区。

中国生物多样性红色名录等级： 无危。

特有性： 中国特有种。

藜

拉丁学名： *Chenopodium album*

物种简介： 苋科藜属一年生草本。

分布状况： 怀柔区平原与低山区。

中国生物多样性红色名录等级： 无危。

萹蓄

拉丁学名：*Polygonum aviculare*

物种简介：蓼科萹蓄属一年生草本。

分布状况：怀柔区平原与低山区。

中国生物多样性红色名录等级：无危。

红蓼

拉丁学名：*Persicaria orientalis*

物种简介：蓼科蓼属一年生草本。

分布状况：白河、汤河、雁栖河、沙河、怀沙河、怀九河、怀柔水库等湿地。

中国生物多样性红色名录等级：无危。

竹叶子

拉丁学名：*Streptolirion volubile*

物种简介：鸭跖草科竹叶子属多年生攀援草本。

分布状况：怀柔区北部与中部山区。

中国生物多样性红色名录等级：无危。

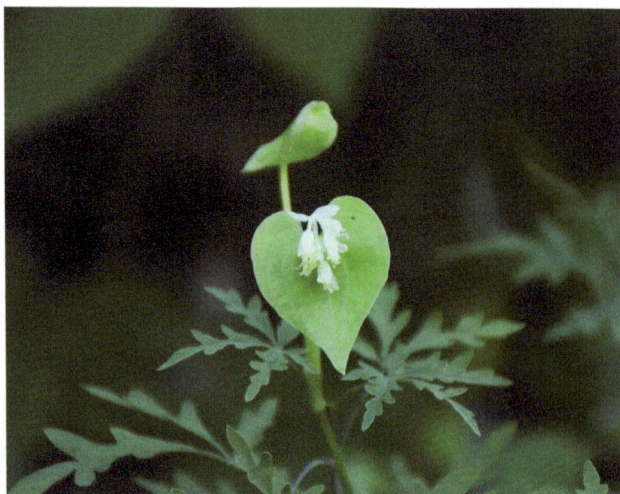

栝楼

拉丁学名：*Trichosanthes kirilowii*

物种简介：葫芦科栝楼属攀援草本。

分布状况：怀柔区平原区。

中国生物多样性红色名录等级：无危。

盒子草

拉丁学名：*Actinostemma tenerum*

物种简介：葫芦科盒子草属攀援草本。

分布状况：怀柔区山区与平原区各湿地。

中国生物多样性红色名录等级：无危。

葛

拉丁学名：*Pueraria montana* var. *lobata*

物种简介：豆科葛属多年生草质藤本。

分布状况：怀柔区北部与中部山区。

中国生物多样性红色名录等级：无危。

合萌

拉丁学名：*Aeschynomene indica*

物种简介：豆科合萌属一年生草本或亚灌木状。

分布状况：怀柔区中部山区。

中国生物多样性红色名录等级：无危。

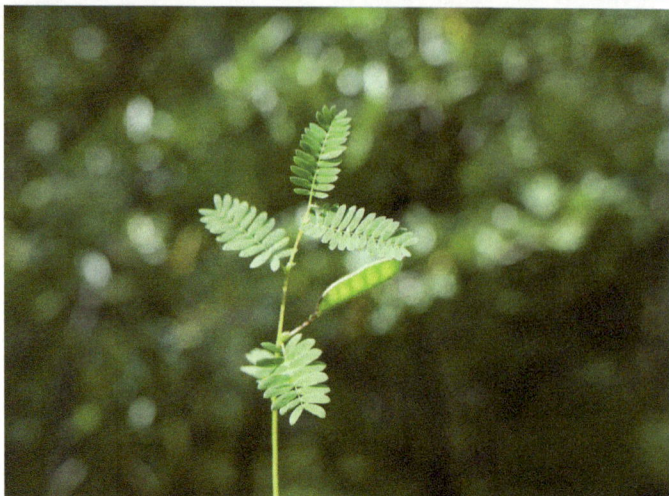

贼小豆

拉丁学名：*Vigna minima*

物种简介：豆科豇豆属一年生缠绕草本。

分布状况：怀柔区中部山区，天河、雁栖河、琉璃河湿地。

中国生物多样性红色名录等级：无危。

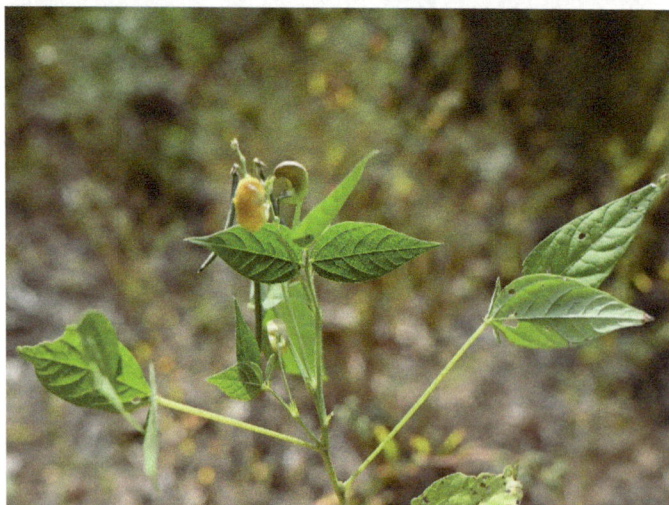

天蓝苜蓿

拉丁学名：*Medicago lupulina*

物种简介：豆科苜蓿属一、二年生或多年生草本。

分布状况：怀柔区低山区。

中国生物多样性红色名录等级：无危。

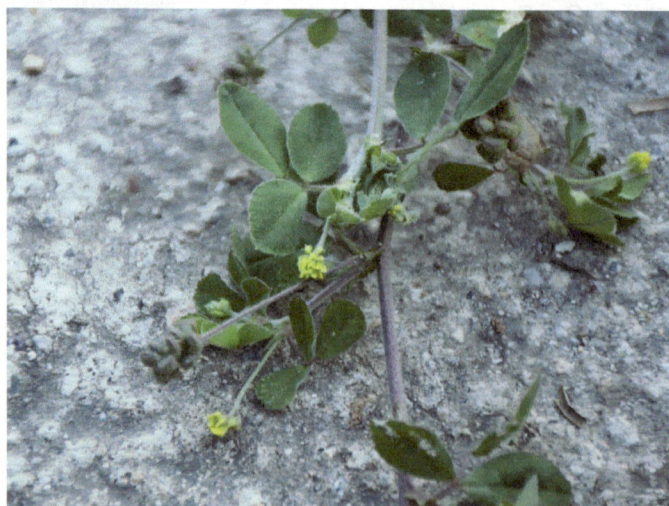

大野豌豆

拉丁学名：*Vicia sinogigantea*

物种简介：豆科野豌豆属多年生草本。

分布状况：怀柔区北部与中部山区。

中国生物多样性红色名录等级：无危。

特有性：中国特有种。

萝藦

拉丁学名：*Cynanchum rostellatum*

物种简介：夹竹桃科鹅绒藤属多年生草质藤本。

分布状况：怀柔区平原与低山区。

中国生物多样性红色名录等级：无危。

北方獐牙菜

拉丁学名：*Swertia diluta*

物种简介：龙胆科獐牙菜属一年生草本。

分布状况：怀柔区北部与中部山区。

中国生物多样性红色名录等级：无危。

茜草

拉丁学名： *Rubia cordifolia*

物种简介： 茜草科茜草属攀援草质藤本。

分布状况： 怀柔区平原与低山区。

中国生物多样性红色名录等级： 无危。

鼠掌老鹳草

拉丁学名： *Geranium sibiricum*

物种简介： 牻牛儿苗科老鹳草属一年生或多年生草本。

分布状况： 怀柔区平原与低山区。

中国生物多样性红色名录等级： 无危。

牻牛儿苗

拉丁学名： *Erodium stephanianum*

物种简介： 牻牛儿苗科牻牛儿苗属多年生草本。

分布状况： 怀柔区平原与低山区。

中国生物多样性红色名录等级： 无危。

旋蒴苣苔

拉丁学名：*Dorcoceras hygrometricum*

物种简介：苦苣苔科旋蒴苣苔属多年生草本。

分布状况：怀柔区北部与中部山区。

中国生物多样性红色名录等级：无危。

特有性：中国特有种。

薄荷

拉丁学名：*Mentha canadensis*

物种简介：唇形科薄荷属多年生草本。

分布状况：怀柔区山区湿地。

中国生物多样性红色名录等级：无危。

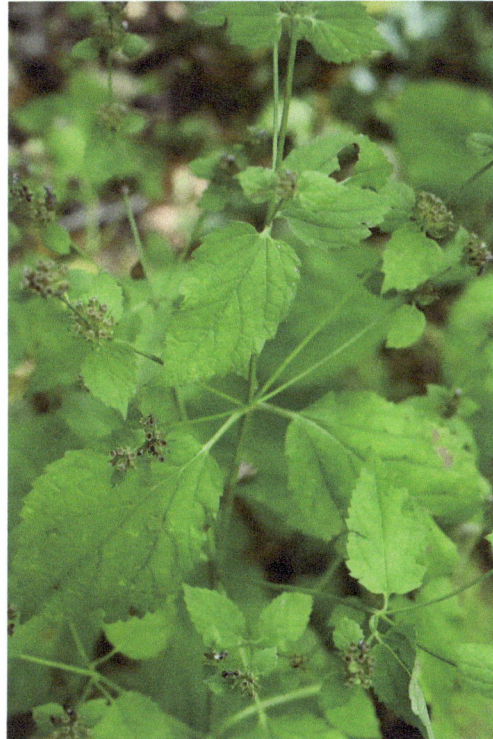

糙苏

拉丁学名：*Phlomoides umbrosa*

物种简介：唇形科糙苏属多年生草本。

分布状况：怀柔区北部与中部山区。

中国生物多样性红色名录等级：无危。

黄芩

拉丁学名：*Scutellaria baicalensis*

物种简介：唇形科黄芩属多年生草本。

分布状况：怀柔区北部与中部山区。

中国生物多样性红色名录等级：无危。

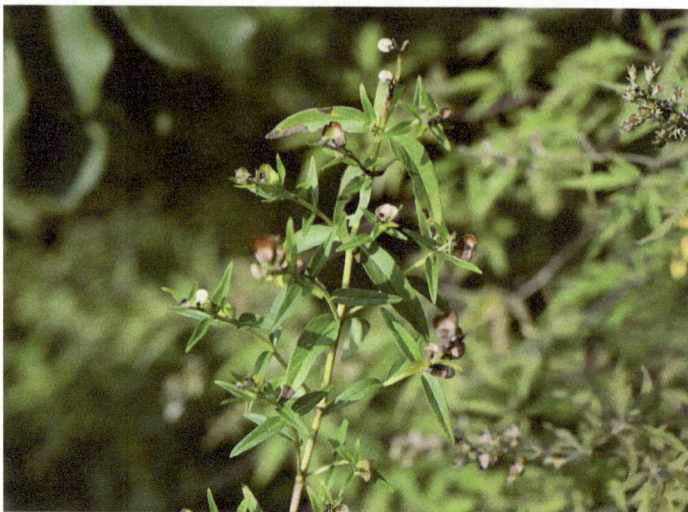

水棘针

拉丁学名：*Amethystea caerulea*

物种简介：唇形科水棘针属一年生草本。

分布状况：怀柔区北部山区。

中国生物多样性红色名录等级：无危。

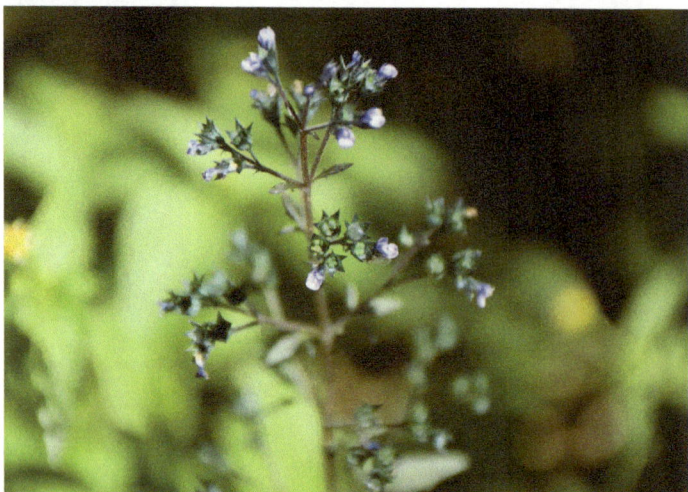

蓝萼香茶菜

拉丁学名：*Isodon japonicus* var. *glaucocalyx*

物种简介：唇形科香茶菜属多年生草本。

分布状况：怀柔区北部与中部山区。

中国生物多样性红色名录等级：无危。

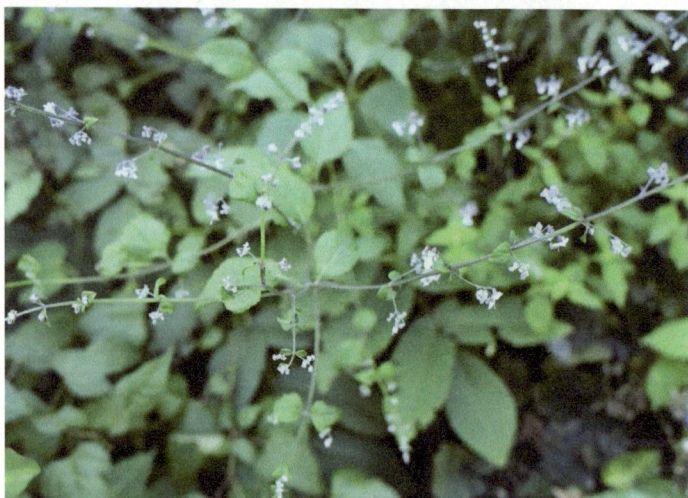

细叶益母草

拉丁学名：*Leonurus sibiricus*

物种简介：唇形科益母草属一年生或二年生草本。

分布状况：怀柔区北部山区，汤河、琉璃河、怀柔水库等湿地。

中国生物多样性红色名录等级：无危。

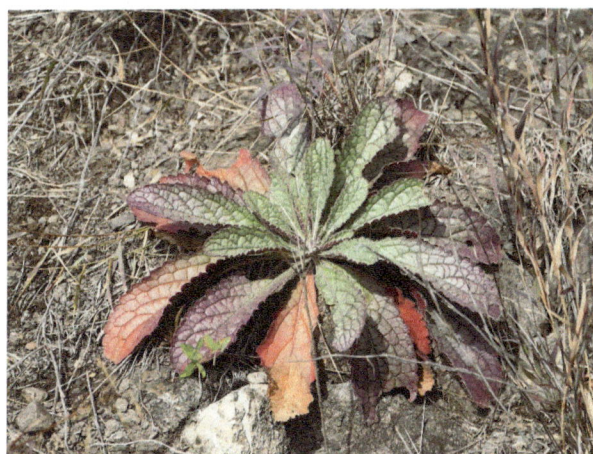

地黄

拉丁学名：*Rehmannia glutinosa*

物种简介：列当科地黄属多年生草本。

分布状况：怀柔区平原与低山区。

中国生物多样性红色名录等级：无危。

特有性：中国特有种。

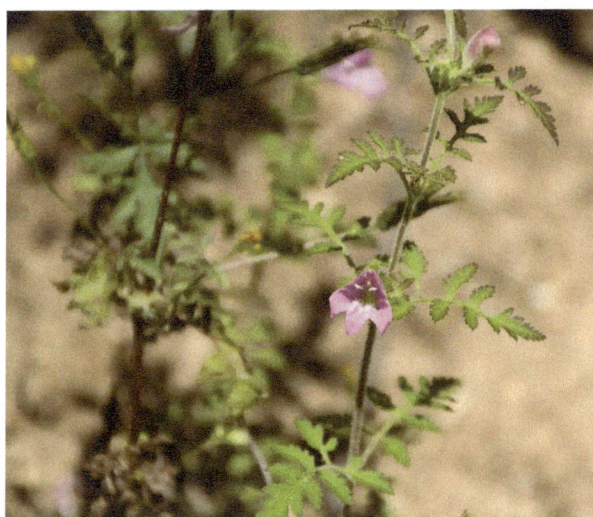

松蒿

拉丁学名：*Phtheirospermum japonicum*

物种简介：列当科松蒿属一年生草本。

分布状况：怀柔区低山区，汤河、白河、雁栖河等湿地。

中国生物多样性红色名录等级：无危。

大车前

拉丁学名：*Plantago major*

物种简介：车前科车前属二年生或多年生草本。

分布状况：怀柔区北部山区，平原区，天河、白河等湿地。

中国生物多样性红色名录等级：无危。

草本威灵仙

拉丁学名：*Veronicastrum sibiricum*

物种简介：车前科腹水草属多年生草本。

分布状况：怀柔区北部山区。

中国生物多样性红色名录等级：无危。

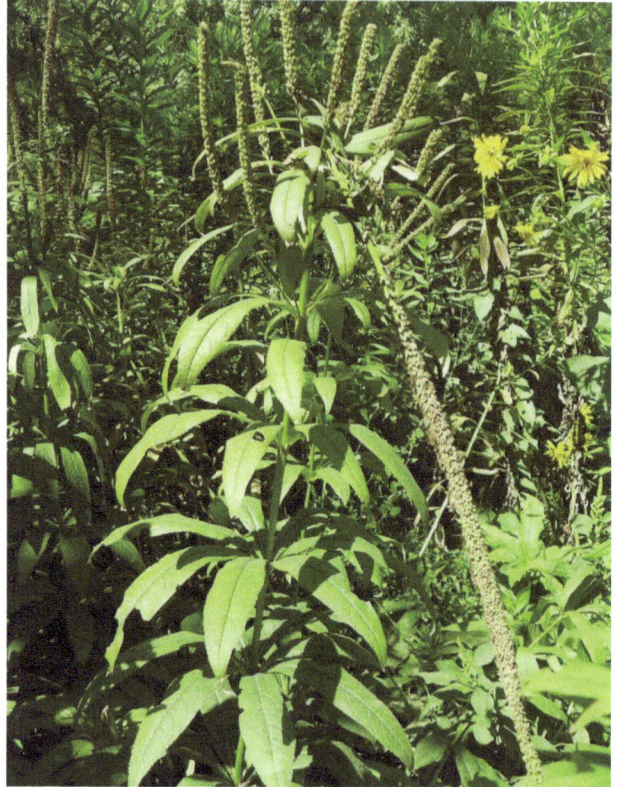

细叶水蔓菁

拉丁学名：*Pseudolysimachion linariifolium*

物种简介：车前科兔尾苗属多年生草本。

分布状况：怀柔区北部与中部山区。

中国生物多样性红色名录等级：无危。

蓖麻

拉丁学名：*Ricinus communis*

物种简介：大戟科蓖麻属一年生粗壮草本，原产非洲东北部。

分布状况：雁栖镇。

中国生物多样性红色名录等级：未评估。

斑地锦草

拉丁学名：*Euphorbia maculata*

物种简介：大戟科大戟属一年生草本，原产于北美洲。

分布状况：怀柔区平原区，怀九河、雁栖河、怀柔水库等湿地。

中国生物多样性红色名录等级：未评估。

大戟

拉丁学名：*Euphorbia pekinensis*

物种简介：大戟科大戟属多年生草本。

分布状况：怀柔区中部山区。

中国生物多样性红色名录等级：无危。

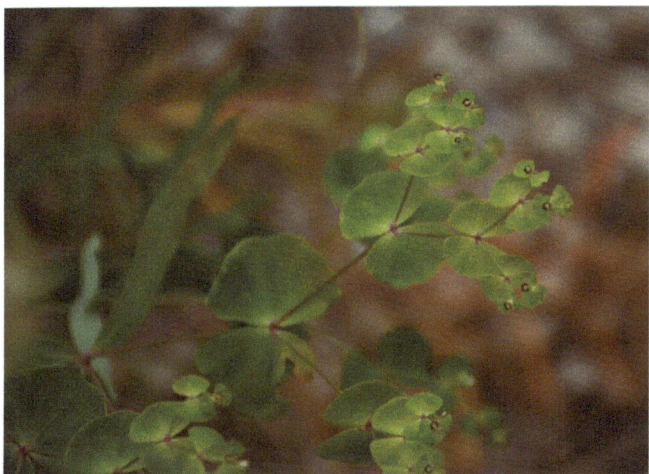

铁苋菜

拉丁学名： *Acalypha australis*

物种简介： 大戟科铁苋菜属一年生草本。

分布状况： 怀柔区山区与平原区。

中国生物多样性红色名录等级： 无危。

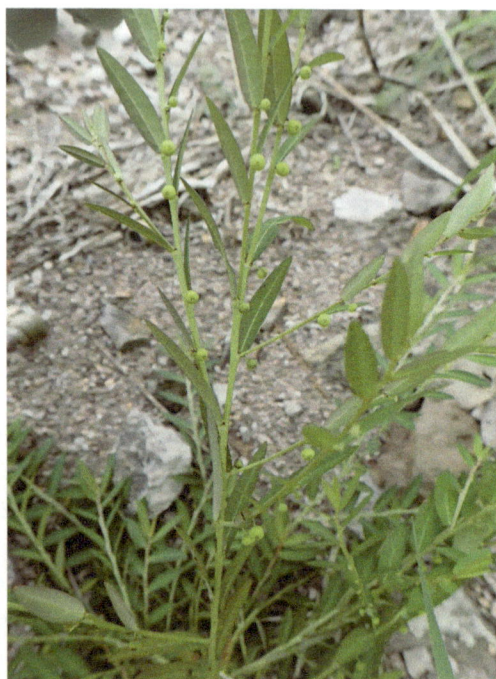

赶山鞭

拉丁学名： *Hypericum attenuatum*

物种简介： 金丝桃科金丝桃属多年生草本。

分布状况： 怀柔区北部与中部山区。

中国生物多样性红色名录等级： 无危。

黄珠子草

拉丁学名： *Phyllanthus virgatus*

物种简介： 叶下珠科叶下珠属一年生草本。

分布状况： 沙河、雁栖河、怀柔水库等湿地。

中国生物多样性红色名录等级： 无危。

斑叶堇菜

拉丁学名： *Viola variegata*

物种简介： 堇菜科堇菜属多年生草本。

分布状况： 怀柔区北部与中部山区。

中国生物多样性红色名录等级： 无危。

北京堇菜

拉丁学名： *Viola pekinensis*

物种简介： 堇菜科堇菜属多年生草本。

分布状况： 怀柔区北部与中部山区。

中国生物多样性红色名录等级： 无危。

特有性： 中国特有种。

早开堇菜

拉丁学名： *Viola prionantha*

物种简介： 堇菜科堇菜属多年生草本。

分布状况： 怀柔区平原与低山区。

中国生物多样性红色名录等级： 无危。

田麻

拉丁学名：*Corchoropsis crenata*

物种简介：锦葵科田麻属一年生草本。

分布状况：怀柔区中部山区。

中国生物多样性红色名录等级：无危。

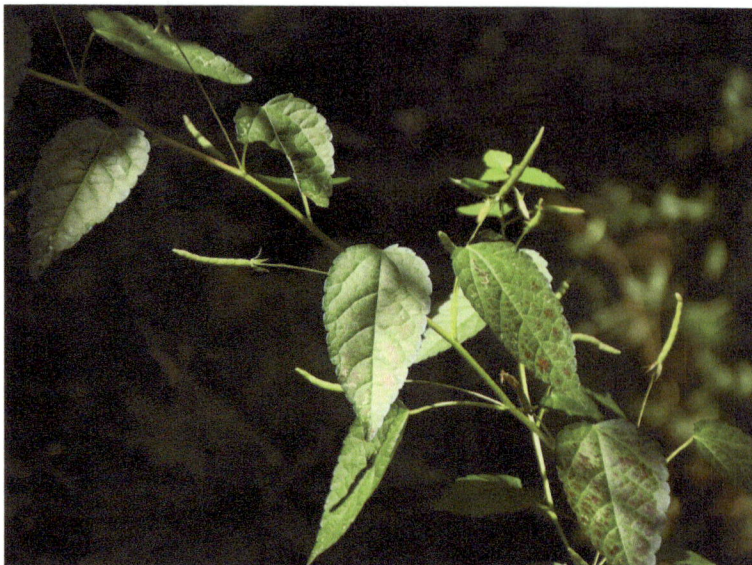

千屈菜

拉丁学名：*Lythrum salicaria*

物种简介：千屈菜科千屈菜属多年生草本。

分布状况：怀柔区各河流、水库湿地。

中国生物多样性红色名录等级：无危。

球穗扁莎

拉丁学名：*Pycreus flavidus*

物种简介：莎草科扁莎属一年生草本。

分布状况：汤河、白河等湿地。

中国生物多样性红色名录等级：无危。

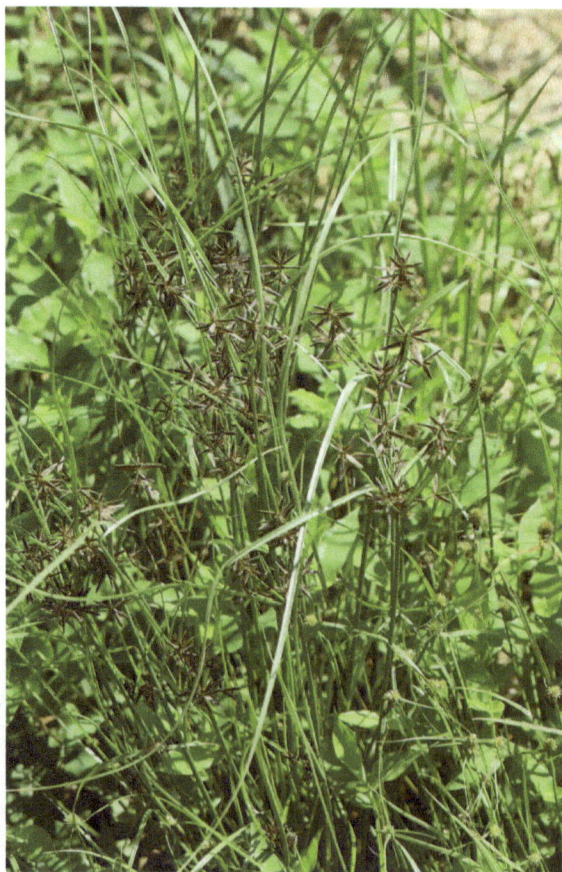

头状穗莎草

拉丁学名：*Cyperus glomeratus*

物种简介：莎草科莎草属一年生草本。

分布状况：怀柔区各河流、水库湿地。

中国生物多样性红色名录等级：无危。

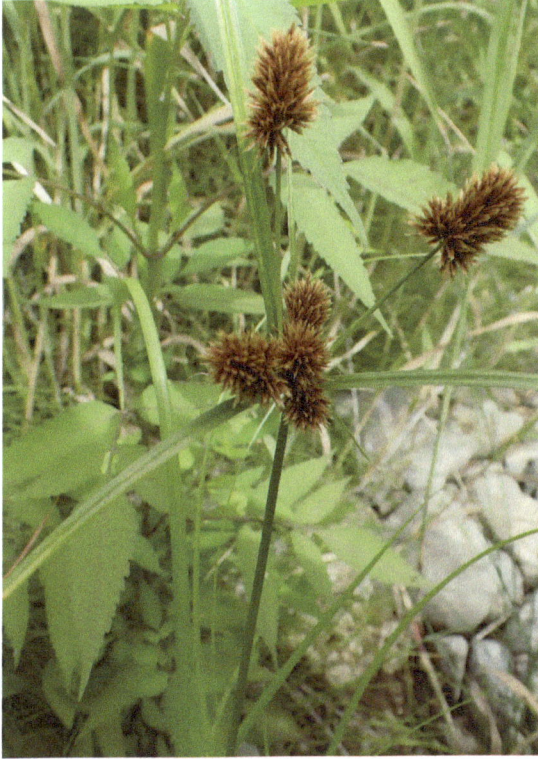

翼果薹草

拉丁学名：*Carex neurocarpa*

物种简介：莎草科薹草属多年生草本。

分布状况：怀柔区各河流、水库湿地。

中国生物多样性红色名录等级：无危。

白鳞莎草

拉丁学名：*Cyperus nipponicus*

物种简介：莎草科莎草属一年生草本。

分布状况：怀九河、雁栖河、怀柔水库等湿地。

中国生物多样性红色名录等级：无危。

长芒稗

拉丁学名：*Echinochloa caudata*

物种简介：禾本科稗属一年生草本。

分布状况：怀沙河、怀九河、雁栖河、怀柔水库、怀河等湿地。

中国生物多样性红色名录等级：无危。

无芒稗

拉丁学名：*Echinochloa crus-galli* var. *mitis*

物种简介：禾本科稗属一年生草本。

分布状况：白河、怀九河、怀柔水库、雁栖河等湿地。

中国生物多样性红色名录等级：无危。

荩草

拉丁学名：*Arthraxon hispidus*

物种简介：禾本科荩草属一年生草本。

分布状况：怀柔区平原与低山区。

中国生物多样性红色名录等级：无危。

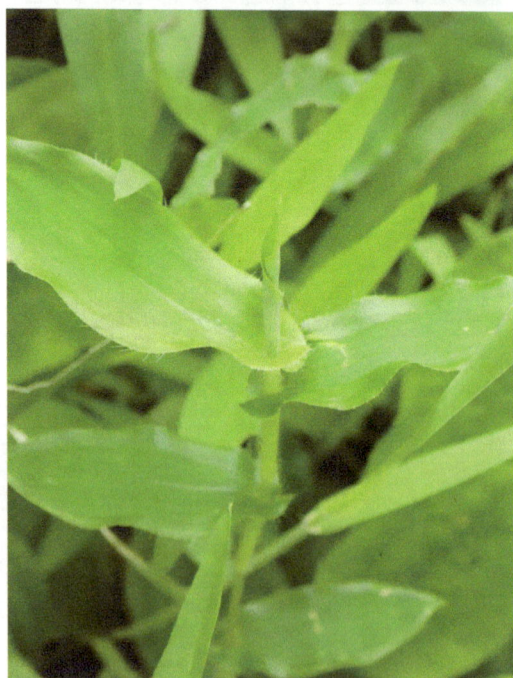

求米草

拉丁学名： *Oplismenus undulatifolius*

物种简介： 禾本科求米草属多年生草本。

分布状况： 怀柔区平原与低山区。

中国生物多样性红色名录等级： 无危。

雀稗

拉丁学名： *Paspalum thunbergii*

物种简介： 禾本科雀稗属多年生草本。

分布状况： 怀柔区北部山区。

中国生物多样性红色名录等级： 无危。

蝙蝠葛

拉丁学名： *Menispermum dauricum*

物种简介： 防己科蝙蝠葛属草质藤本。

分布状况： 怀柔区山区与平原区。

中国生物多样性红色名录等级： 无危。

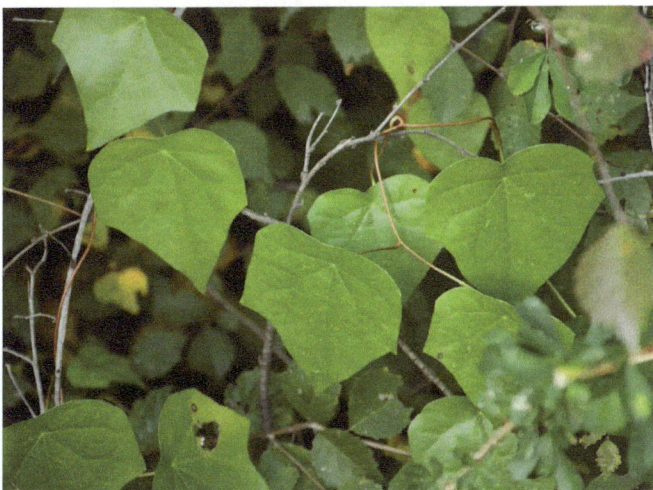

类叶升麻

拉丁学名： *Actaea asiatica*

物种简介： 毛茛科类叶升麻属多年生草本。

分布状况： 怀柔区北部与中部山区。

中国生物多样性红色名录等级： 无危。

唐松草

拉丁学名： *Thalictrum aquilegiifolium* var. *sibiricum*

物种简介： 毛茛科唐松草属多年生草本。

分布状况： 怀柔区北部与中部山区。

中国生物多样性红色名录等级： 无危。

棉团铁线莲

拉丁学名： *Clematis hexapetala*

物种简介： 毛茛科铁线莲属多年生草本。

分布状况： 怀柔区北部与中部山区。

中国生物多样性红色名录等级： 无危。

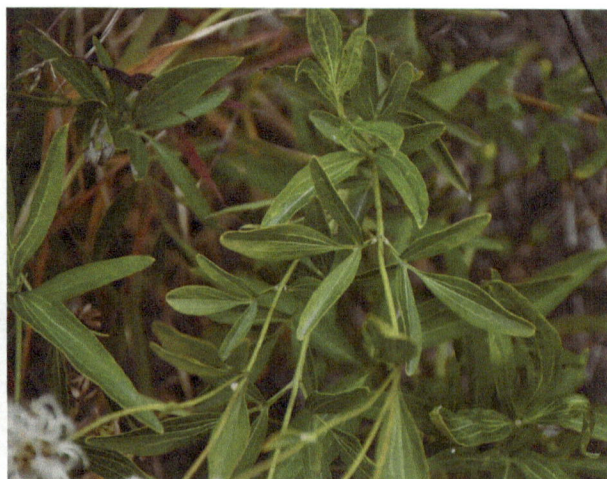

北乌头

拉丁学名：*Aconitum kusnezoffii*

物种简介：毛茛科乌头属多年生草本。

分布状况：怀柔区北部与中部山区。

中国生物多样性红色名录等级：无危。

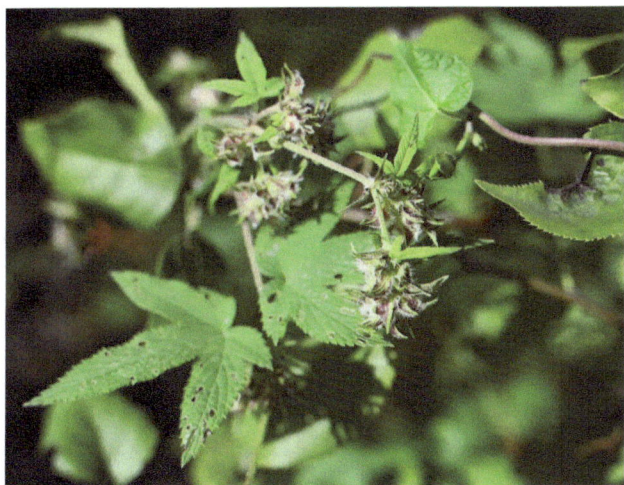

葎草

拉丁学名：*Humulus scandens*

物种简介：大麻科葎草属缠绕草本。

分布状况：怀柔区平原与低山区。

中国生物多样性红色名录等级：无危。

地榆

拉丁学名：*Sanguisorba officinalis*

物种简介：蔷薇科地榆属多年生草本。

分布状况：怀柔区北部与中部山区。

中国生物多样性红色名录等级：无危。

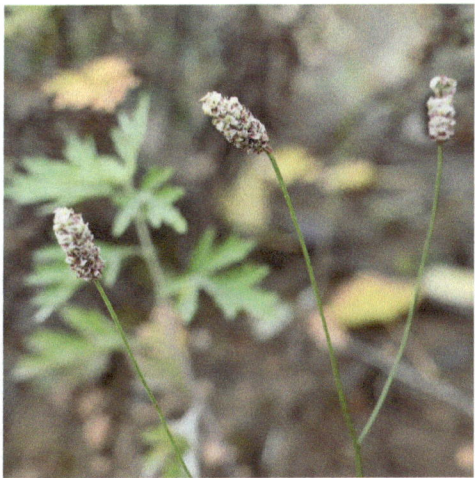

龙牙草

拉丁学名：*Agrimonia pilosa*

物种简介：蔷薇科龙牙草属多年生草本。

分布状况：怀柔区山区与平原区。

中国生物多样性红色名录等级：无危。

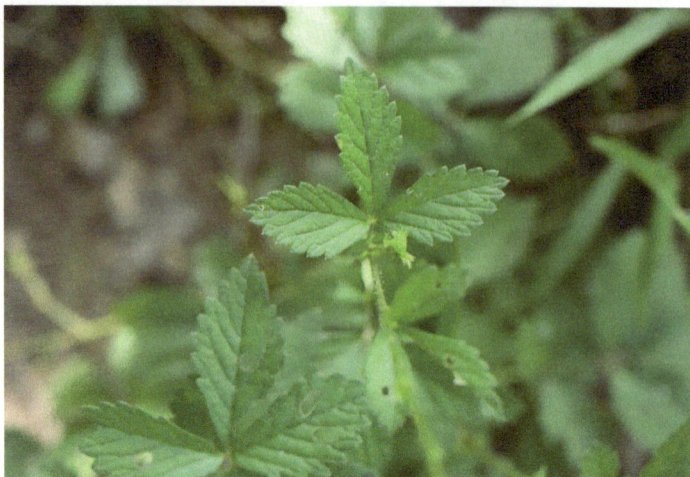

委陵菜

拉丁学名：*Potentilla chinensis*

物种简介：蔷薇科委陵菜属多年生草本。

分布状况：怀柔区山区与平原区。

中国生物多样性红色名录等级：无危。

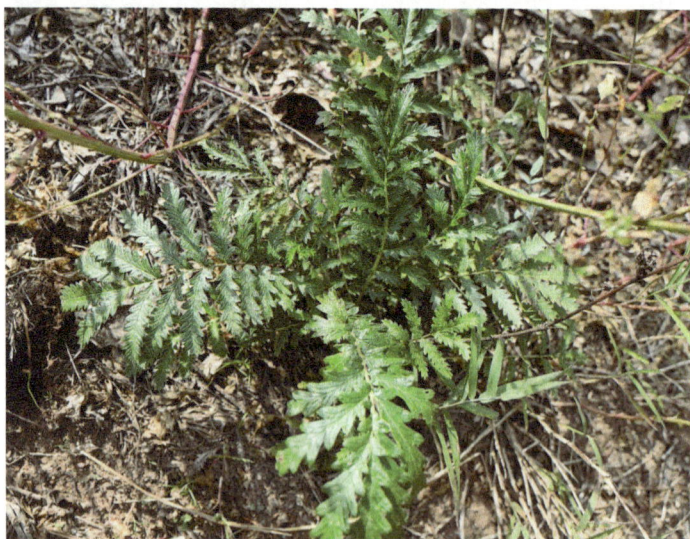

薄叶委陵菜

拉丁学名：*Potentilla dickinsii*

物种简介：蔷薇科委陵菜属多年生草本。

分布状况：怀柔区北部与中部山区。

中国生物多样性红色名录等级：无危。

蝎子草

拉丁学名：*Girardinia diversifolia* subsp. *suborbiculata*

物种简介：荨麻科蝎子草属一年生草本。

分布状况：怀柔区中部山区。

中国生物多样性红色名录等级：无危。

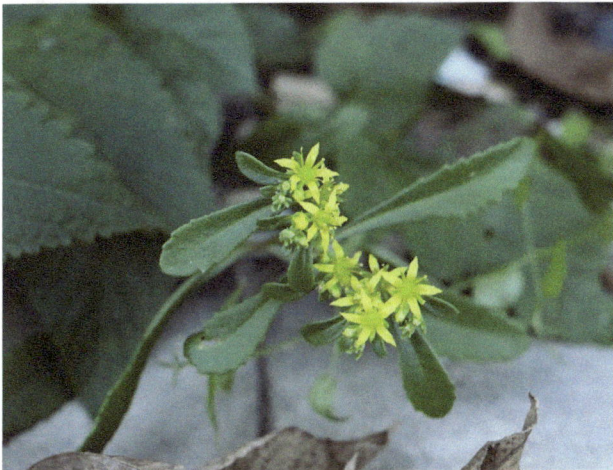

宽叶荨麻

拉丁学名：*Urtica laetevirens*

物种简介：荨麻科荨麻属多年生草本。

分布状况：怀柔区北部山区。

中国生物多样性红色名录等级：无危。

费菜

拉丁学名：*Phedimus aizoon*

物种简介：景天科费菜属多年生草本。

分布状况：怀柔区北部与中部山区。

中国生物多样性红色名录等级：无危。

瓦松

拉丁学名：*Orostachys fimbriata*

物种简介：景天科瓦松属一年生草本。

分布状况：怀柔区北部与中部山区。

中国生物多样性红色名录等级：无危。

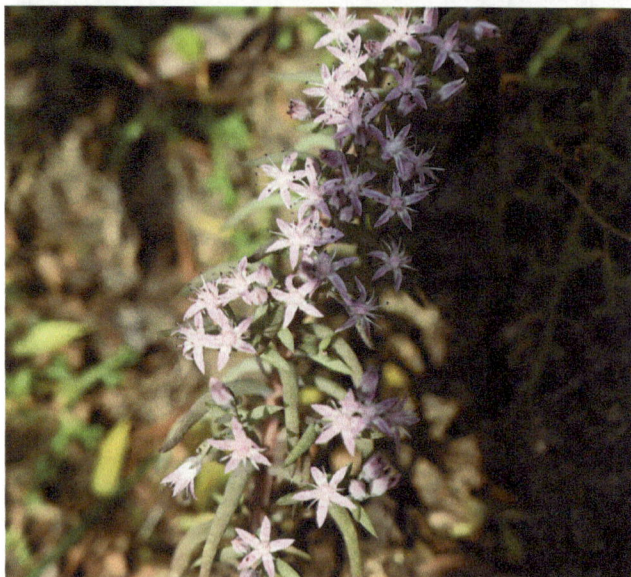

打碗花

拉丁学名：*Calystegia hederacea*

物种简介：旋花科打碗花属一年生草本。

分布状况：怀柔区平原与低山区。

中国生物多样性红色名录等级：无危。

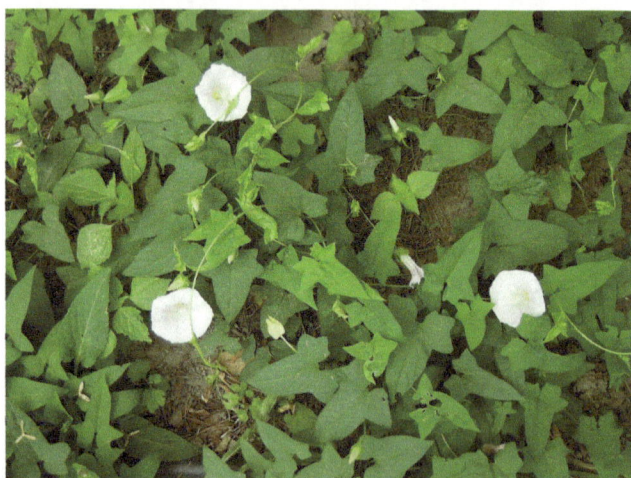

曼陀罗

拉丁学名：*Datura stramonium*

物种简介：茄科曼陀罗属一年生草本。

分布状况：怀柔区北部山区，白河、汤河、怀沙河等湿地。

中国生物多样性红色名录等级：无危。

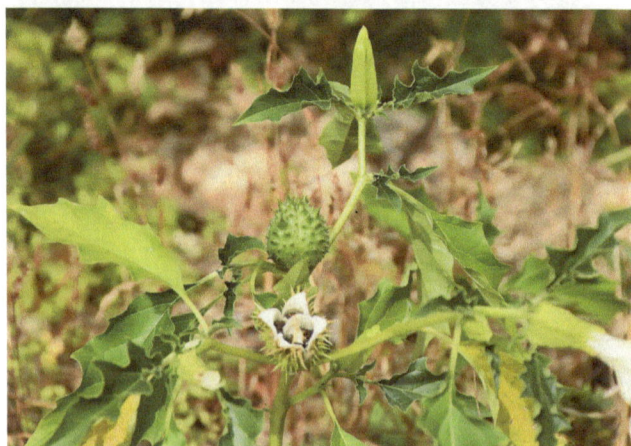

白英

拉丁学名： *Solanum lyratum*

物种简介： 茄科茄属草质藤本。

分布状况： 怀柔区北部山区。

中国生物多样性红色名录等级： 无危。

蒺藜

拉丁学名： *Tribulus terrestris*

物种简介： 蒺藜科蒺藜属一年生草本。

分布状况： 怀柔区平原与低山区。

中国生物多样性红色名录等级： 无危。

6. 水生草本

北京水毛茛

拉丁学名： *Ranunculus pekinensis*

物种简介： 毛茛科毛茛属沉水植物。

分布状况： 怀沙河、怀九河、白河。

保护等级： 国家二级保护。

中国生物多样性红色名录等级： 濒危。

特有性： 北京特有种。

水毛茛

拉丁学名：*Ranunculus bungei*

物种简介：毛茛科毛茛属沉水植物。

分布状况：白河、汤河、琉璃河、雁栖河、怀沙河、怀九河等湿地。

中国生物多样性红色名录等级：无危。

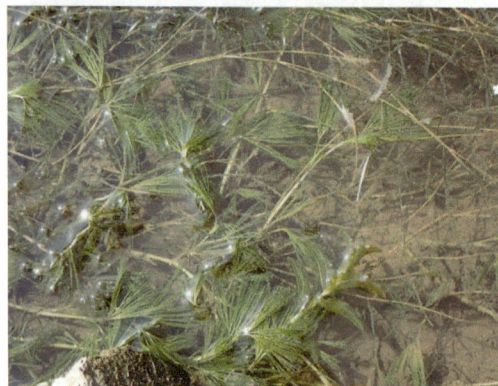

狐尾藻

拉丁学名：*Myriophyllum verticillatum*

物种简介：小二仙草科狐尾藻属沉水植物，有时生长于水岸上。近年来在北京已较少见。

分布状况：怀柔水库。

中国生物多样性红色名录等级：无危。

穗状狐尾藻

拉丁学名：*Myriophyllum spicatum*

物种简介：小二仙草科狐尾藻属沉水植物。

分布状况：白河、雁栖河、沙河、怀沙河、怀九河、怀柔水库等湿地。

中国生物多样性红色名录等级：无危。

黑藻

拉丁学名： *Hydrilla verticillata*

物种简介： 水鳖科黑藻属沉水植物。

分布状况： 白河、汤河、雁栖河、怀沙河、怀九河、怀柔水库、怀河等湿地。

中国生物多样性红色名录等级： 无危。

大茨藻

拉丁学名： *Najas marina*

物种简介： 水鳖科茨藻属沉水植物。

分布状况： 汤河、白河、雁栖河、怀九河、沙河、怀柔水库等湿地。

中国生物多样性红色名录等级： 无危。

穿叶眼子菜

拉丁学名： *Potamogeton perfoliatus*

物种简介： 眼子菜科眼子菜属沉水植物。

分布状况： 白河、汤河、怀九河、怀柔水库等湿地。

中国生物多样性红色名录等级： 无危。

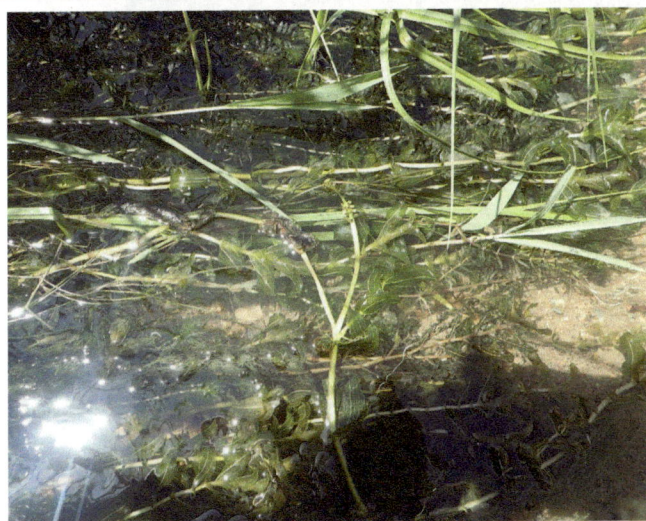

篦齿眼子菜

拉丁学名：*Stuckenia pectinata*

物种简介：眼子菜科眼子菜属沉水植物。

分布状况：白河、怀沙河、怀九河、怀河、怀柔水库等湿地。

中国生物多样性红色名录等级：无危。

紫萍

拉丁学名：*Spirodela polyrhiza*

物种简介：天南星科紫萍属浮水植物。

分布状况：琉璃河、雁栖河、怀九河、怀沙河、怀柔水库等湿地。

中国生物多样性红色名录等级：无危。

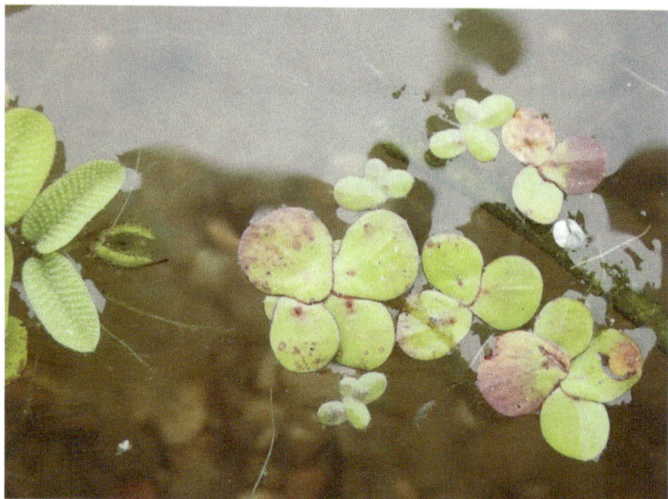

芡

拉丁学名：*Euryale ferox*

物种简介：睡莲科芡属浮水植物。

分布状况：怀九河。

中国生物多样性红色名录等级：无危。

荇菜

拉丁学名： *Nymphoides peltata*

物种简介： 睡菜科荇菜属浮水植物。

分布状况： 雁栖河、怀沙河、怀九河、怀柔水库、怀河等湿地。

中国生物多样性红色名录等级： 无危。

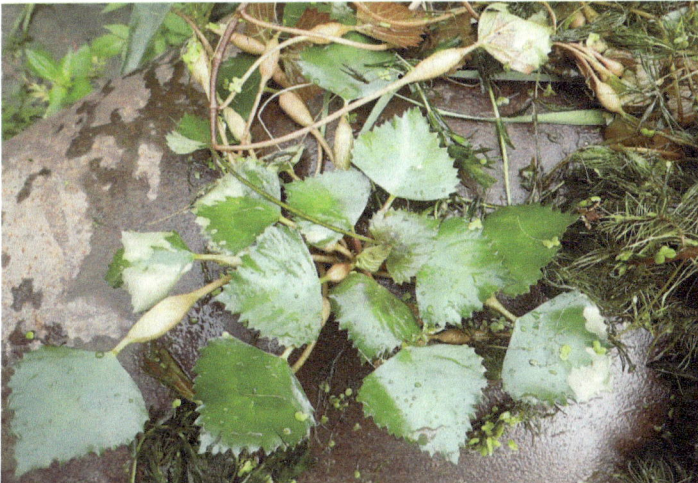

水鳖

拉丁学名： *Hydrocharis dubia*

物种简介： 水鳖科水鳖属浮水植物。

分布状况： 雁栖河、怀沙河、怀九河、怀柔水库、怀河等湿地。

中国生物多样性红色名录等级： 无危。

欧菱

拉丁学名： *Trapa natans*

物种简介： 千屈菜科菱属浮水植物。

分布状况： 白河、雁栖河、怀沙河、怀九河、怀柔水库等湿地。

中国生物多样性红色名录等级： 无危。

茶菱

拉丁学名：*Trapella sinensis*

物种简介：车前科茶菱属浮水植物。

分布状况：白河、雁栖河、怀沙河、怀九河等湿地。

中国生物多样性红色名录等级：数据缺乏。

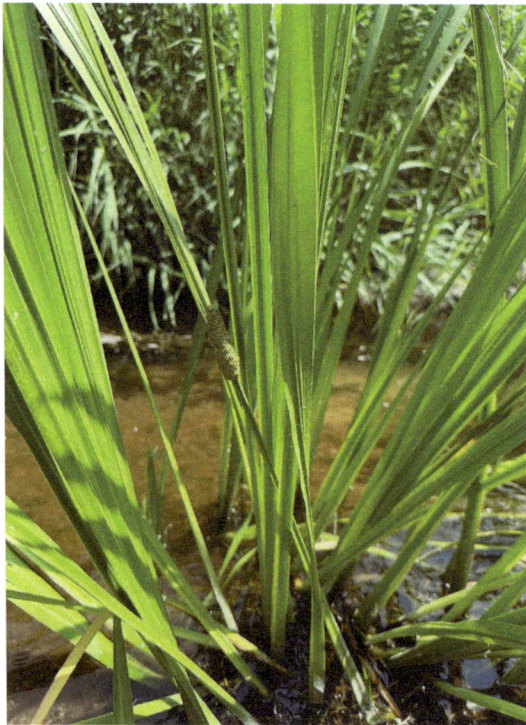

菖蒲

拉丁学名：*Acorus calamus*

物种简介：菖蒲科菖蒲属挺水植物。

分布状况：怀柔水库、怀九河、白河等湿地。

中国生物多样性红色名录等级：数据缺乏。

花蔺

拉丁学名：*Butomus umbellatus*

物种简介：花蔺科花蔺属挺水植物。

分布状况：白河、沙河、怀沙河、怀柔水库等湿地。

中国生物多样性红色名录等级：无危。

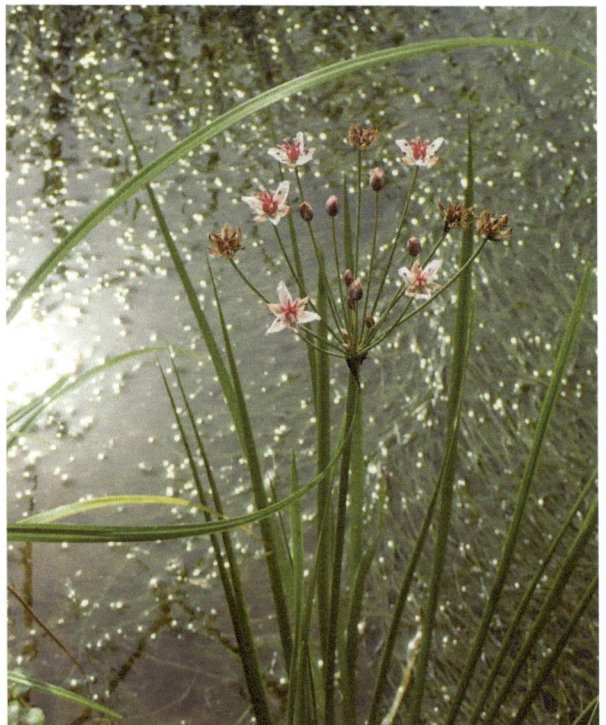

野慈姑

拉丁学名：*Sagittaria trifolia*

物种简介：泽泻科慈姑属挺水植物。

分布状况：怀柔水库、怀沙河、怀九河、怀河、白河等湿地。

中国生物多样性红色名录等级：无危。

特有性：中国特有种。

三棱水葱

拉丁学名：*Schoenoplectus triqueter*

物种简介：莎草科水葱属挺水植物。

分布状况：汤河、雁栖河、怀柔水库等湿地。

中国生物多样性红色名录等级：无危。

水葱

拉丁学名： *Schoenoplectus tabernaemontani*

物种简介： 莎草科水葱属挺水植物。

分布状况： 白河、琉璃河、雁栖河、怀九河、怀河等湿地。

中国生物多样性红色名录等级： 无危。

黑三棱

拉丁学名： *Sparganium stoloniferum*

物种简介： 香蒲科黑三棱属挺水植物。

分布状况： 白河、怀九河、怀沙河、怀河等湿地。

中国生物多样性红色名录等级： 无危。

水烛

拉丁学名： *Typha angustifolia*

物种简介： 香蒲科香蒲属挺水植物。

分布状况： 汤河、白河、怀沙河、怀九河、怀柔水库、怀河等湿地。

中国生物多样性红色名录等级： 无危。

达香蒲

拉丁学名：*Typha davidiana*

物种简介：香蒲科香蒲属挺水植物。

分布状况：汤河等湿地。

中国生物多样性红色名录等级：无危。

特有性：中国特有种。

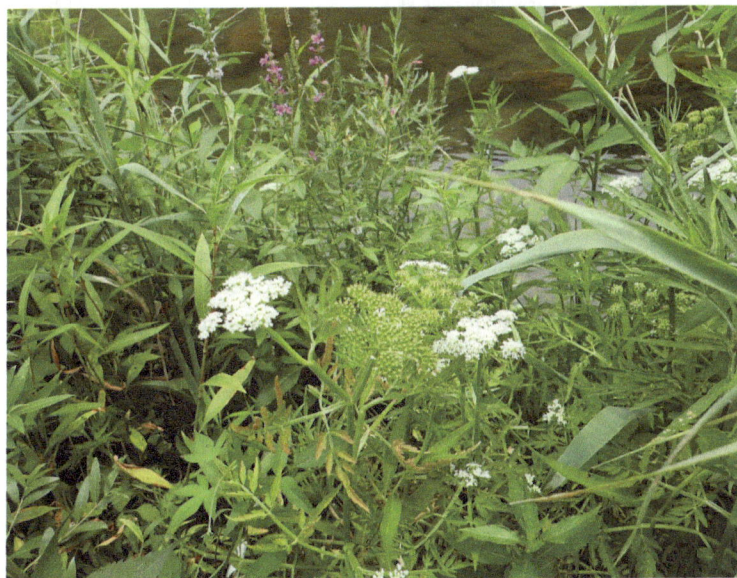

水芹

拉丁学名：*Oenanthe javanica*

物种简介：伞形科水芹属挺水植物。

分布状况：白河、天河、汤河、琉璃河、怀沙河、怀九河等湿地。

中国生物多样性红色名录等级：无危。

第十四章　大型真菌

一、怀柔区大型真菌多样性

怀柔区大型真菌共 18 目 65 科 113 属 261 种。其中，有 24 种鉴定到属。在已记录的大型真菌中，蘑菇目物种最多，有 151 种；多孔菌目物种数居第二位，有 31 种；红菇目物种数居第三位，有 26 种；牛肝菌目物种数居第四位，有 13 种；其他目的大型真菌物种数均不超过 10 种（表 23）。

表 23　怀柔区大型真菌分类群统计

目	科	属	种	目	科	属	种
锤舌菌目	1	1	1	鸡油菌目	1	2	4
刺革菌目	2	5	7	蘑菇目	24	51	140
地星目	1	1	4	木耳目	1	1	2
钉菇目	1	2	2	黏褶菌目	1	1	1
多孔菌目	11	20	30	牛肝菌目	7	10	13
伏革菌目	1	1	1	盘菌目	4	5	8
革菌目	2	2	2	绒泡菌目	1	1	1
鬼笔目	1	3	5	肉座菌目	1	1	1
红菇目	4	5	26	分类地位未定种			12
花耳目	1	1	1	合计	65	113	261

根据《中国生物多样性红色名录——大型真菌卷》，怀柔区已记录的大型真菌中有易危物种 1 种，为猴头菇（*Hericium erinaceus*）；近危物种 2 种，为树舌灵芝（*Ganoderma applanatum*）和白蜡蘑（*Laccaria alba*）；无危物种有蘑菇（*Agaricus campestris*）、黄斑菇（*Agaricus xanthodermus*）、毛头鬼伞（*Coprinus comatus*）等 111 种；数据不足物种有红鳞囊小伞（*Cystolepiota squamulosa*）等 34 种；未评估物种有北京蘑菇（*Agaricus beijingensis*）等 113 种。数据不足和未评估大型真菌总计 147 种，占比 56.32%，需加强调查与关注。

按大型真菌的食性与毒性划分，怀柔区已记录的大型真菌中仅具有食用价值的物种 15 种；食药兼用大型真菌 21 种；仅具药用价值的物种 24 种；有毒大型真菌 34 种，其中药毒兼用大型真菌 11 种、食药毒兼用大型真菌 6 种。

二、怀柔区大型真菌名录

	中文名	拉丁名		中文名	拉丁名
（一）	大型子囊菌			—	*Macropsalliota americanus*
1.	锤舌菌科	Leotiaceae		—	*Leucocoprinus vassiljevae*
	润滑锤舌菌	*Leotia lubrica*		—	*Leucocoprinus nivalis*
2.	绒泡菌科	Physaraceae		—	*Leucocoprinus albosquamosus*
	—	*Fuligo* sp.		—	*Leucocoprinus candidus*
3.	马鞍菌科	Helvellaceae		—	*Leucocoprinus* sp.
	东方马鞍菌	*Helvella orienticrispa*		红盖白鬼伞	*Leucocoprinus rubrotinctus*
	—	*Helvella bicolor*		—	*Leucocoprinus flammeotinctus*
	—	*Helvella* sp.		—	*Leucocoprinus virens*
4.	盘菌科	Pezizaceae	9.	鹅膏科	Amanitaceae
	耳状盘菌	*Peziza saniosa*		粉色鹅膏	*Amanita fense*
	—	*Paragalactinia michelii*		卵孢鹅膏	*Amanita ovalispora*
	—	*Paragalactinia succosa*		浅褐鹅膏	*Amanita franchetii*
5.	侧盘菌科	Otideaceae		球基鹅膏	*Amanita subglobosa*
	褐侧盘菌	*Otidea bufonia*		显鳞鹅膏	*Amanita clarisquamosa*
6.	肉杯菌科	Sarcoscyphaceae		—	*Amanita* sp.
	白色肉杯菌	*Sarcoscypha vassiljevae*		茶褐粘伞	*Limacella delicata*
7.	肉座菌科	Hypocreaceae	10.	粪伞科	Bolbitiaceae
	—	*Hypomyces microspermus*		—	*Conobolbitina dasypus*
（二）	大型担子菌		11.	杯伞科	Clitocybaceae
8.	蘑菇科	Agaricaceae		—	*Collybia nuda*
	北京蘑菇	*Agaricus beijingensis*	12.	丝膜菌科	Cortinariaceae
	迪尔多夫蘑菇	*Agaricus deardorffensis*		白膜丝膜菌	*Cortinarius hinnuleus*
	黄斑菇	*Agaricus xanthodermus*		白紫丝膜菌	*Cortinarius alboviolaceus*
	蘑菇	*Agaricus campestris*		散生丝膜菌	*Cortinarius disjungendus*
	西藏蘑菇	*Agaricus tibetensis*	13.	靴耳科	Crepidotaceae
	小棕蘑菇	*Agaricus parvibrunneus*		球孢靴耳	*Crepidotus cesatii*
	伊朗蘑菇	*Agaricus iranicus*	14.	粉褶蕈科	Entolomataceae
	中国双环林地蘑菇	*Agaricus sinoplacomyces*		—	*Clitopilus piperitus*
	—	*Agaricus latiumbonatus*		—	*Entoloma altaicum*
	—	*Agaricus* sp.		—	*Entoloma brunneorugulosum*
	—	*Agaricus thiersii*		—	*Entoloma pallescens*
	毛头鬼伞	*Coprinus comatus*		—	*Entoloma* sp.
	红鳞囊小伞	*Cystolepiota squamulosa*	15.	—	Galeropsidaceae
	锥鳞环柄菇	*Echinoderma jacobi*		红褐斑褶菇	*Panaeolus subbalteatus*
	冠状环柄菇	*Lepiota cristata*		环斑褶菇	*Panaeolus cinctulus*
	黄褐环柄菇	*Lepiota boudieri*		双孢斑褶菇	*Panaeolus bisporus*
	栎盘环柄菇	*Lepiota castaneidisca*	16.	轴腹菌科	Hydnangiaceae
	浅赭环柄菇	*Lepiota pallidiochracea*		白蜡蘑	*Laccaria alba*
	—	*Lepiota* sp.		红蜡蘑	*Laccaria laccata*
			17.	蜡伞科	Hygrophoraceae

中文名	拉丁名		中文名	拉丁名
—	*Hygrocybe singeri*	23.	小菇科	Mycenaceae
18. 层腹菌科	Hymenogastraceae		沟柄小菇	*Mycena polygramma*
脆柄黏滑菇	*Hebeloma pseudofragilipes*		洁小菇	*Mycena pura*
—	*Hebeloma alpinum*		—	*Mycena* sp.
—	*Hebeloma dunense*	24.	类脐菇科	Omphalotaceae
19. 丝盖伞科	Inocybaceae		—	*Collybiopsis biformis*
光亮丝盖伞	*Inocybe splendens*		—	*Collybiopsis carneopallida*
胡萝卜色丝盖伞	*Inocybe caroticolor*		—	*Collybiopsis dichroa*
丽孢丝盖伞	*Inocybe calospora*		—	*Collybiopsis luxurians*
污白丝盖伞	*Inocybe geophylla*		—	*Collybiopsis menehune*
星孢丝盖伞	*Inocybe asterospora*		—	*Collybiopsis subnuda*
—	*Inocybe carpinicola*		臭味裸柄伞	*Gymnopus dysodes*
—	*Inocybe dryadiana*		褐黄裸柄伞	*Gymnopus ocior*
—	*Inocybe furfurea*		金黄裸柄伞	*Gymnopus aquosus*
—	*Inocybe latibulosa*		栎裸柄伞	*Gymnopus dryophilus*
—	*Inocybe* sp.		杂色裸柄伞	*Gymnopus variicolor*
—	*Inocybe subfulva*		纯白微皮伞	*Marasmiellus candidus*
—	*Inocybe terrifera*		—	*Marasmiellus* sp.
—	*Mallocybe leucothrix*		斑盖红金钱菌	*Rhodocollybia maculata*
模糊裂盖伞	*Pseudosperma obsoletum*	25.	拟侧耳科	Phyllotopsidaceae
—	*Pseudosperma araneosum*		黄毛拟侧耳	*Phyllotopsis nidulans*
—	*Pseudosperma rimosum*	26.	泡头菌科	Physalacriaceae
—	*Pseudosperma* sp.		高卢蜜环菌	*Armillaria gallica*
20. 马勃科	Lycoperdaceae		蜜环菌	*Armillaria mellea*
—	*Bovista* sp.	27.	光柄菇科	Pluteaceae
大秃马勃	*Calvatia gigantea*		粉褶光柄菇	*Pluteus plautus*
头状秃马勃	*Calvatia craniiformis*		鼠灰光柄菇	*Pluteus ephebeus*
白刺马勃	*Lycoperdon wrightii*		—	*Pluteus bruchii*
白鳞马勃	*Lycoperdon mammiforme*		—	*Pluteus glaucotinctus*
	Sinoperdon caudatum		—	*Pluteus* sp.
	Utraria lambinonii		矮小苞脚菇	*Volvariella pusilla*
网纹马勃	*Lycoperdon perlatum*		—	*Volvariella pulla*
—	*Holocotylon rupicola*		—	*Volvariella* sp.
21. 离褶伞科	Lyophyllaceae	28.	小脆柄菇科	Psathyrellaceae
貂皮丽蘑	*Calocybe erminea*		白黄小脆柄菇	*Candolleomyces candolleanus*
	Calocybe decolorata		—	*Candolleomyces bivelatus*
荷叶离褶伞	*Lyophyllum decastes*		—	*Candolleomyces* sp.
22. 小皮伞科	Marasmiaceae		—	*Candolleomyces sulcatotuberculosus*
大型小皮伞	*Marasmius maximus*			
干小皮伞	*Marasmius siccus*		假小鬼伞	*Coprinellus disseminatus*
融合小皮伞	*Marasmius confertus*		晶粒小鬼伞	*Coprinellus micaceus*
硬柄小皮伞	*Marasmius oreades*		卷毛小鬼伞	*Coprinellus flocculosus*
—	*Marasmius brunneoaurantiacus*		庭院小鬼伞	*Coprinellus xanthothrix*
—	*Marasmius brunneospermus*		墨汁拟鬼伞	*Coprinopsis atramentaria*

中文名	拉丁名		中文名	拉丁名
泪褶毡毛脆柄菇	*Lacrymaria lacrymabunda*		粗环点革菌	*Punctularia strigosozonata*
—	*Parasola lilatincta*	42.	地星科	Geastraceae
29. 裂褶菌科	Schizophyllaceae		袋型地星	*Geastrum saccatum*
裂褶菌	*Schizophyllum commune*		粉红地星	*Geastrum rufescens*
30. 球盖菇科	Strophariaceae		尖顶地星	*Geastrum triplex*
平田头菇	*Agrocybe pediades*		毛嘴地星	*Geastrum fimbriatum*
田头菇	*Agrocybe praecox*	43.	粘褶菌科	Gloeophyllaceae
翘鳞伞	*Pholiota squarrosa*		密粘褶菌	*Gloeophyllum trabeum*
31. 口蘑科	Tricholomataceae	44.	钉菇科	Gomphaceae
褐黑口蘑	*Tricholoma ustale*		冷杉暗锁瑚菌	*Phaeoclavulina abietina*
黄褐口蘑	*Tricholoma fulvum*		—	*Ramaria* sp.
银盖口蘑	*Tricholoma argyraceum*	45.	锈革孔菌科	Hymenochaetaceae
皂腻口蘑	*Tricholoma saponaceum*		石榴层卧孔菌	*Fomitiporia punicata*
棕灰口蘑	*Tricholoma terreum*		粗毛纤孔菌	*Inonotus hispidus*
—	*Tricholoma* sp.		发火木层孔菌	*Phellinus igniarius*
32. 木耳科	Auriculariaceae		苹果木层孔菌	*Phellinus pomaceus*
角质木耳	*Auricularia cornea*		冷杉附毛孔菌	*Trichaptum abietinum*
皱木耳	*Auricularia delicata*	46.	锐孔菌科	Oxyporaceae
33. 牛肝菌科	Boletaceae		杨锐孔菌	*Oxyporus populinus*
网纹牛肝菌	*Boletus reticulatus*		银杏锐孔菌	*Oxyporus ginkgonis*
—	*Boletus* sp.	47.	鬼笔科	Phallaceae
血红园圃牛肝菌	*Hortiboletus rubellus*		十字散尾鬼笔	*Lysurus cruciatus*
—	*Leccinum albostipitatum*		五棱散尾鬼笔	*Lysurus mokusin*
苦粉孢牛肝菌	*Tylopilus felleus*		狗蛇头菌	*Mutinus caninus*
34. 铆钉菇科	Gomphidiaceae		—	*Mutinus* sp.
血红色钉菇	*Chroogomphus rutilus*		深红鬼笔	*Phallus rubicundus*
35. 圆孔牛肝菌科	Gyroporaceae	48.	齿毛菌科	Cerrenaceae
—	*Gyroporus subglobosus*		单色下皮黑孔菌	*Cerrena unicolor*
36. 桩菇科	Paxillaceae	49.	耳壳菌科	Dacryobolaceae
卷边桩菇	*Paxillus involutus*		—	*Amylocystis* sp.
37. 硬皮马勃科	Sclerodermataceae	50.	拟层孔菌科	Fomitopsidaceae
大孢硬皮马勃	*Scleroderma bovista*		—	*Fomitopsis malicola*
38. 乳牛肝菌科	Suillaceae		伊比利亚拟层孔菌	*Fomitopsis marianiae*
点柄乳牛肝菌	*Suillus granulatus*			
褐环乳牛肝菌	*Suillus luteus*	51.	树花菌科	Grifolaceae
39. 小塔氏菌科	Tapinellaceae		贝叶奇果菌	*Grifola frondosa*
耳状小塔氏菌	*Tapinella panuoides*	52.	囊耙菌科	Irpicaceae
黑毛小塔氏菌	*Tapinella atrotomentosa*		革质絮干朽菌	*Byssomerulius corium*
40. 齿菌科	Hydnaceae		—	*Vitreoporus dichrous*
杏茸鸡油菌	*Cantharellus anzutake*	53.	干朽菌科	Meruliaceae
—	*Cantharellus* sp.		山楂亚卧孔菌	*Physisporinus crataegi*
珊瑚状锁瑚菌	*Clavulina coralloides*	54.	原毛平革菌科	Phanerochaetaceae
皱锁瑚菌	*Clavulina rugosa*		烟色烟管菌	*Bjerkandera fumosa*
41. 点革菌科	Punctulariaceae	55.		Piptoporellaceae

中文名	拉丁名	中文名	拉丁名
一	*Pseudophaeolus soloniensis*	鸡冠红菇	*Russula risigallina*
56. 柄杯菌科	Podoscyphaceae	酒色红菇	*Russula vinosa*
二年残孔菌	*Abortiporus biennis*	蜡味红菇	*Russula cerolens*
57. 多孔菌科	Polyporaceae	蓝黄红菇	*Russula cyanoxantha*
鳞蜡孔菌	*Cerioporus squamosus*	美红菇	*Russula puellaris*
树舌灵芝	*Ganoderma applanatum*	拟蓖形红菇	*Russula pectinatoides*
有柄灵芝	*Ganoderma gibbosum*	拟怡人色红菇	*Russula pseudoamoenicolor*
一	*Ganoderma* sp.	桃红菇	*Russula persicina*
三色拟迷孔菌	*Daedaleopsis tricolor*	细皮囊体红菇	*Russula velenovskyi*
一	*Daedaleopsis septentrionalis*	香红菇	*Russula odorata*
木蹄层孔菌	*Fomes fomentarius*	一	*Russula cruentata*
漏斗韧伞	*Lentinus arcularius*	一	*Russula pauriensis*
桦革裥菌	*Lenzites betulinus*	一	*Russula recondita*
一	*Truncatoporia truncatospora*	一	*Russula* sp.
块茎形多孔菌	*Polyporus tuberaster*	62. 韧革菌科	Stereaceae
变色栓孔菌	*Trametes versicolor*	毛韧革菌	*Stereum hirsutum*
淡黄褐栓孔菌	*Trametes ochracea*	63. 烟白齿菌科	Bankeraceae
毛栓菌	*Trametes trogii*	一	*Hydnellum pecki*
膨大栓菌	*Trametes strumosa*	64. 革菌科	Thelephoraceae
柔毛栓孔菌	*Trametes pubescens*	头花革菌	*Thelephora anthocephala*
香栓菌	*Trametes suaveolens*	65. 花耳科	Dacrymycetaceae
硬毛栓菌	*Trametes hirsuta*	一	*Dacrymyces spathularia*
58. 斯氏菇科	Steccherinaceae	66. 地位未定种	
赭黄齿耳	*Steccherinum ochraceum*	一	*Lepista panaeola*
59. 刺孢多孔菌科	Bondarzewiaceae	白漏斗辛格杯伞	*Singerocybe alboinfundibuliformis*
美味粉孢菌	*Amylosporus succulentus*	黄褐疣孢斑褶菇	*Panaeolina foenisecii*
60. 猴头菌科	Hericiaceae	污白白伞	*Leucocybe houghtonii*
猴头菇	*Hericium erinaceus*	粪生黑蛋巢菌	*Cyathus stercoreus*
61. 红菇科	Russulaceae	碱紫漏斗杯伞	*Infundibulicybe alkaliviolascens*
盾形乳菇	*Lactarius aspideus*	漏斗伞	*Infundibulicybe gibba*
黄乳菇	*Lactarius scrobiculatus*	白柄铦囊蘑	*Melanoleuca leucopoda*
疝疼乳菇	*Lactarius torminosus*	普通铦囊蘑	*Melanoleuca communis*
松乳菇	*Lactarius deliciosus*	紫柄铦囊蘑	*Melanoleuca porphyropoda*
一	*Lactarius evosmus*	一	*Gerronema confusum*
一	*Lactarius mediterraneensis*	一	*Megacollybia marginata*
一	*Lactarius* sp.	一	*Fabisporus sanguineus*
臭红菇	*Russula foetens*		
非凡红菇	*Russula insignis*		

三、怀柔区大型真菌图集

（一）蘑菇目

裸香蘑

拉丁学名：*Lepista nuda*

物种简介：杯伞科香蘑属大型真菌。生长于林中、林缘地上，有时生长于果园或农地。

中国生物多样性红色名录等级：无危。

假小鬼伞

拉丁学名：*Coprinellus disseminatus*

物种简介：小脆柄菇科小鬼伞属大型真菌。有毒。

中国生物多样性红色名录等级：无危。

晶粒小鬼伞

拉丁学名：*Coprinellus micaceus*

物种简介：小脆柄菇科小鬼伞属大型真菌。生长于阔叶林中树根部地上。有毒。

中国生物多样性红色名录等级：无危。

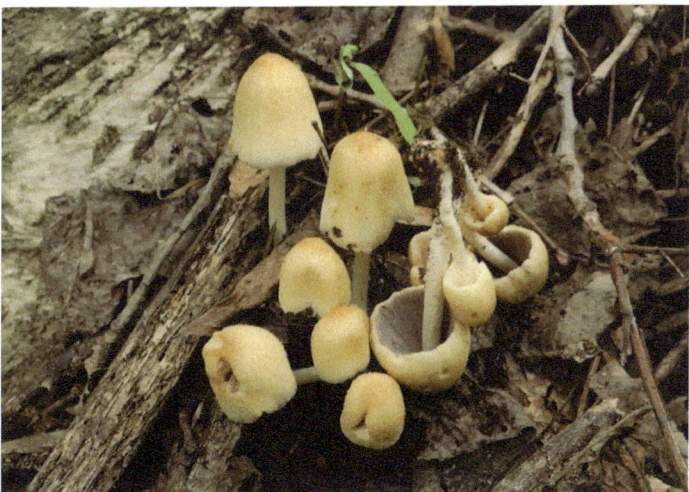

北京蘑菇

拉丁学名：*Agaricus Beijingensis*

物种简介：蘑菇科蘑菇属大型真菌。生长于针阔叶林或草地上。

中国生物多样性红色名录等级：未评估。

（二）木耳目

角质木耳

拉丁学名：*Auricularia cornea*

物种简介：木耳科木耳属大型真菌。生长于阔叶树枯木上。药食两用。

中国生物多样性红色名录等级：无危。

皱木耳

拉丁学名：*Auricularia delicata*

物种简介：木耳科木耳属大型真菌。生长于阔叶树腐木上。药食两用。

中国生物多样性红色名录等级：无危。

（三）地星目

毛嘴地星

拉丁学名： *Geastrum fimbriatum*

物种简介： 地星科地星属大型真菌。生长于林中腐枝落叶层地上。可药用。

中国生物多样性红色名录等级： 无危。

（四）钉菇目

冷杉暗锁瑚菌

拉丁学名： *Phaeoclavulina abietina*

物种简介： 钉菇科暗锁瑚菌属大型真菌。

中国生物多样性红色名录等级： 无危。

（五）鬼笔目

狗蛇头菌

拉丁学名： *Mutinus caninus*

物种简介： 鬼笔科蛇头菌属大型真菌。生长于林中地上。有毒。

中国生物多样性红色名录等级： 无危。

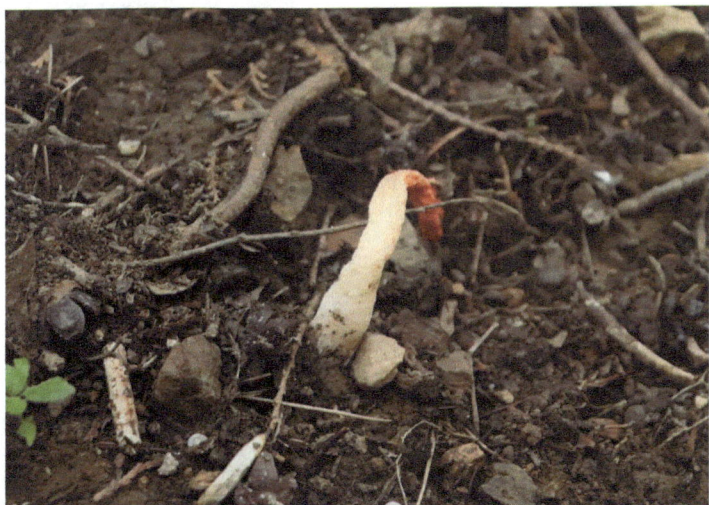

深红鬼笔

拉丁学名：*Phallus rubicundus*

物种简介：鬼笔科鬼笔属大型真菌。生长于菜园、屋旁、路边、竹林等地上。有毒。

中国生物多样性红色名录等级：无危。

（六）红菇目

臭红菇

拉丁学名：*Russula foetens*

物种简介：红菇科红菇属大型真菌。生长于松林或阔叶林地上。有毒。

中国生物多样性红色名录等级：无危。

（七）多孔菌目

梭伦小滴孔菌

拉丁学名：*Piptoporellus soloniensis*

物种简介：Piptoporellaceae 科小滴孔菌属大型真菌。

中国生物多样性红色名录等级：无危。

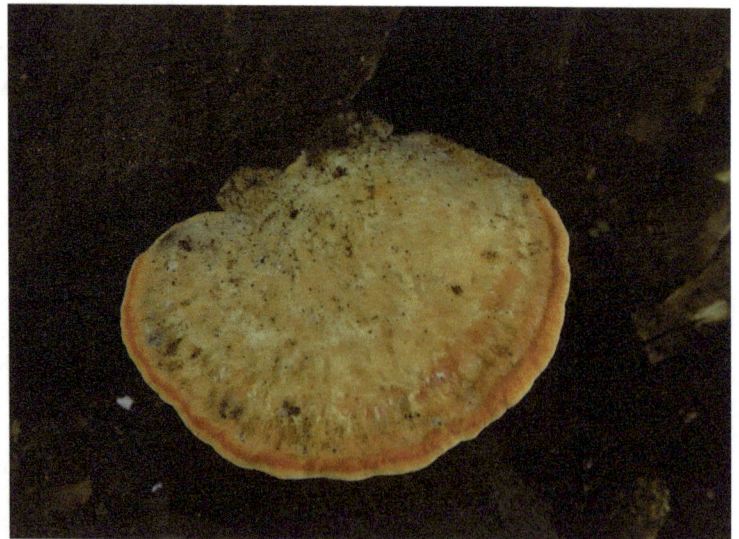

第十五章　大型底栖无脊椎动物

一、怀柔区大型底栖无脊椎动物多样性

怀柔区调查记录到大型底栖无脊椎动物共 3 门 6 纲 14 目 29 科 42 种。包括环节动物 5 种、节肢动物 25 种、软体动物 12 种（表 24）。其中，有 15 种鉴定到属，5 种鉴定到科。

表 24　怀柔区大型底栖无脊椎动物分类群统计

门	纲	目	科	种
环节动物门	2	3	3	5
节肢动物门	2	7	18	25
软体动物门	2	4	8	12
合计	6	14	29	42

根据大型底栖无脊椎动物耐污值的高低，将其分为三类：耐污值小于等于 3 的属于敏感类群；耐污值介于 3 ～ 7 的属于一般耐污类群；耐污值大于等于 7 的属于耐污类群。物种耐污值根据《水生态监测技术指南　河流水生生物监测与评价（试行）》（HJ 1295—2023）以及相关文献数据确定。怀柔区调查记录的大型底栖无脊椎动物中，敏感类群有 3 种，均为昆虫纲生物；一般耐污类群有 33 种，包括瓣鳃纲 2 种、腹足纲 10 种、软甲纲 1 种、昆虫纲 18 种、蛭纲 2 种；耐污类群有 6 种，包括寡毛纲 3 种、昆虫纲 3 种（表 25）。

表 25　怀柔区大型底栖无脊椎动物敏感类群与耐污类群统计

类别	物种数	占比 /%	代表种类
敏感类群	3	7.1	蜉蝣、短脉纹石蛾、萤科一种
一般耐污类群	33	78.6	扁蛭、石蛭、凸旋螺、大脐圆扁螺、膀胱螺、折叠萝卜螺、椭圆萝卜螺、赤豆螺、檞豆螺、方格短沟蜷、铜锈环棱螺、梨形环棱螺、河蚬、具角无齿蚌、指突隐摇蚊、红裸须摇蚊、多足摇蚊、直突摇蚊、单寡角摇蚊、蠓科一种、针长足虻、大蚊科一种、日本长蝎蝽、负子蝽、日假爱菲泥甲、善游山龙虱、中华细蜉、条纹角石蛾、沼石蛾科一种、长腹春蜓、蜻科一种、色丝螅、米虾
耐污类群	6	14.3	苏氏尾鳃蚓、霍甫水丝蚓、巨毛水丝蚓、菱跗摇蚊、前突摇蚊、羽摇蚊
总计	42	100.0	

二、怀柔区大型底栖无脊椎动物名录

	中文名	拉丁名		中文名	拉丁名
（一）	环节动物门	Annelida		前突摇蚊	*Procladius* sp.
1.	寡毛纲	Oligochaeta		指突隐摇蚊	*Cryptochironomus rostratus*
1）	颤蚓科	Tubificidae		红裸须摇蚊	*Propsilocerus kamusi*
	苏氏尾鳃蚓	*Branchiura sowerbyi*		多足摇蚊	*Polypedilum* sp.
	霍甫水丝蚓	*Limnodrilus hoffmeisteri*		直突摇蚊	*Orthocladius* sp.
	巨毛水丝蚓	*Limnodrilus grandisetosus*		菱跗摇蚊	*Clinotanypus* sp.
2.	蛭纲	Hirudinea		单寡角摇蚊	*Monodiamesa* sp.
2）	舌蛭科	Glossiphoniinae	13）	蠓科	Ceratopogonidae
	扁蛭	*Glossiphonia* sp.		蠓科一种	*Ceratopogonidae* sp.
3）	石蛭科	Herpodellidae	14）	长足虻科	Dolichopodidae
	石蛭	*Erpobdella* sp.		针长足虻	*Rhaphium* sp.
（二）	软体动物门	Mollusca	15）	大蚊科	Tipulidae
3.	腹足纲	Gastropoda		大蚊科一种	*Tipulidae* sp.
4）	扁蜷螺科	Planorbidae	16）	蝎蝽科	Nepidae
	凸旋螺	*Gyraulus convexiusculus*		日本长蝎蝽	*Laccotrephes japonensis*
	大脐圆扁螺	*Hippeutis umbilicalis*	17）	负子蝽科	Belostomatidae
5）	膀胱螺科	Planorbidae		负子蝽	*Diplonychus* sp.
	膀胱螺	*Physa* sp.	18）	溪泥甲科	Elmidae
6）	椎实螺科	Lymnaeidae		日假爱菲泥甲	*Pseudamophilus japonicas*
	椭圆萝卜螺	*Radix swinhoei*	19）	萤科	Lampyridae
	折叠萝卜螺	*Radix plicatula*		萤科一种	*Lampyridae* sp.
7）	豆螺科	Bithyniidae	20）	龙虱科	Dytiscidae
	赤豆螺	*Bithynia fuchsiana*		善游山龙虱	*Oreodytes natrix*
	檞豆螺	*Bithynia misella*	21）	蜉蝣科	Ephemeridae
8）	黑螺科	Melaniidae		蜉蝣	*Ephemera* sp.
	方格短沟蜷	*Semisulcospira cancellata*	22）	细蜉科	Caenidae
9）	田螺科	Viviparidae		中华细蜉	*Caenis sinensis*
	梨形环棱螺	*Bellamya purificata*	23）	纹石娥科	Hydropsychidae
	铜锈环棱螺	*Bellamya aeruginosa*		短脉纹石娥	*Cheumatopsyche* sp.
4.	瓣鳃纲	Lamellibranchia	24）	角石蛾科	Stenopsychidae
10）	蚬科	Cyrenidae		条纹角石蛾	*Stenopsyche marmorata*
	河蚬	*Corbicula fluminea*	25）	沼石蛾科	Limnophilidae
11）	蚌科	Unionidae		沼石蛾科一种	*Limnophilidae* sp.
	具角无齿蚌	*Anodonta angula*	26）	春蜓科	Gomphidae
（三）	节肢动物门	Arthropoda		长腹春蜓	*Gastrogomphus* sp.
5.	昆虫纲	Insecta	27）	蜻科	Libellulidae
12）	摇蚊科	Chironomidae		蜻科一种	*Libellulidae* sp.
	羽摇蚊	*Chironomus plumosus*	28）	丝蟌科	Lestidae
				色丝蟌	*Sympecma* sp.
			6.	软甲纲	Malacostraca
			29）	匙指虾科	Atyidae
				米虾	*Caridina* sp.

怀山柔水，万物共生：北京市怀柔区生物多样性

第十六章 浮游生物

一、怀柔区浮游植物多样性

怀柔区调查记录到浮游植物 7 门 9 纲 16 目 44 科 44 属 91 种。包括：硅藻门 40 种，占浮游植物总物种数的 44.0%；绿藻门 30 种，占 33.0%；裸藻门 9 种，占 9.9%；蓝藻门 5 种，占 5.5%；甲藻门 3 种，占 3.3%；隐藻门 3 种，占 3.3%；黄藻门 1 种，占 1.1%（表 26）。其中有 21 种鉴定到属。主要水体浮游植物密度在 $2.00×10^5 \sim 9.34×10^6$ cells/L，南部水体的浮游植物平均密度为 $5.82×10^6$ cells/L，北部水体的浮游植物平均密度为 $5.22×10^5$ cells/L；总生物量在 $0.20 \sim 6.97$ mg/L，南部水体的浮游植物平均生物量为 3.04 mg/L，北部水体的浮游植物平均生物量为 0.92 mg/L（图 15、图 16）。

表 26　怀柔区浮游植物分类群统计

门	纲	目	科	属	种
硅藻门	2	6	19	19	40
黄藻门	1	1	1	1	1
甲藻门	1	1	2	2	3
蓝藻门	1	3	5	5	5
裸藻门	1	1	3	3	9
绿藻门	2	3	12	12	30
隐藻门	1	1	2	2	3
合　计	9	16	44	44	91

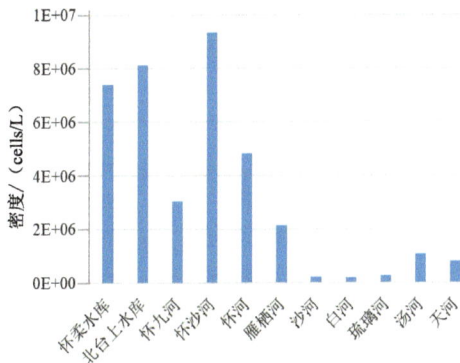

图 15　主要水体浮游植物平均密度

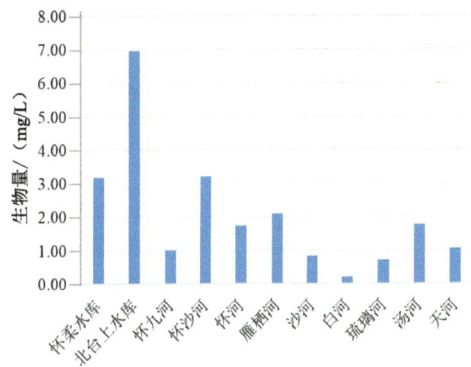

图 16　主要水体浮游植物平均生物量

二、怀柔区浮游动物多样性

怀柔区调查记录到浮游动物 9 目 15 科 27 属 44 种。其中：轮虫 34 种，占浮游动物总物种数的 77.3%；桡足类 5 种，占 11.4%；枝角类 4 种，占 9.1%；刺胞动物 1 种，占 2.3%（表 27）。主要水体浮游植物密度在 0.55 ～ 28.13 ind./L，平均密度为 9.56 ind./L；总生物量在 $2.71×10^{-3}$ ～ $1.03×10^{-1}$ mg/L，平均生物量为 $2.51×10^{-2}$ mg/L（图 17、图 18）。

表 27　怀柔区浮游动物分类群统计

类型	目	科	属	种
轮 虫	4	9	19	34
桡足类	3	3	4	5
枝角类	1	2	3	4
刺胞动物	1	1	1	1
合 计	9	15	27	44

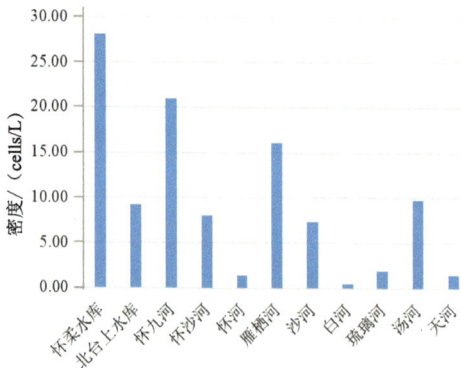

图 17　主要水体浮游动物平均密度

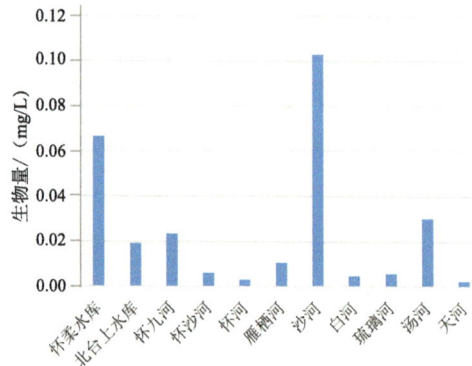

图 18　主要水体浮游动物平均生物量

三、怀柔区浮游生物名录

	中文名	拉丁名		中文名	拉丁名
（一）	浮游植物			虱形卵形藻	*Cpediculuspediculus*
1.	蓝藻门	Cyanophyta		曲壳藻	*Achnanthes* sp.
1）	颤藻科	Oscillatoriaceae	7）	菱形藻科	Nitzschiaceae
	巨颤藻	*Oscillatoria princeps*		谷皮菱形藻	*Nitzschia palea*
2）	席藻科	Phormidiaceae		菱形藻	*Nitzschia* sp.
	小席藻	*Phormidium tenue*		两栖菱形藻	*Nitzschia amphibia*
3）	念珠藻科	Nostocaceae		线形菱形藻	*Nitzschia linearis*
	卷曲鱼腥藻	*Anabaena circinalis*	8）	双菱藻科	Surirellaceae
4）	平裂藻科	Merismopediaceae		草鞋型波缘藻	*Cymatopleura solea*
	美丽隐球藻	*Aphanocapsa pulchra*		椭圆波缘藻	*Cymatopleura elliptica*
5）	微囊藻科	Microcystaceae	9）	短缝藻科	Eunotiaceae
	微囊藻	*Microcystis* sp.		篦形短缝藻	*Eunotia pectinalis*
2.	硅藻门	Bacillariophyta		短缝藻	*Eunotia* sp.
6）	曲壳藻科	Achnanthaceae	10）	桥弯藻科	Cymbellaceae
	扁圆卵形藻	*Cocconeis placentula*		近缘桥弯藻	*Cymhella affinis*

中文名	拉丁名		中文名	拉丁名
膨胀桥弯藻	*Cymbella tumida*		弓形藻	*Schroederia* sp.
新月形桥弯藻	*Cymbella cymbiformis*		硬弓形藻	*Schroederia robusta*
卵圆双眉藻	*Amphora ovalis*	18)	栅藻科	Scenedesmaceae
11) 异极藻科	Gomphonemaceae		小空星藻	*Coelastrum sphasricum*
异极藻	*Gomphonema* sp.		四角十字藻	*Crucigenia quadrata*
纤细异极藻	*Gomphonema gracile*		四足十字藻	*Crucigenia tetrapedia*
塔形异极藻	*Gomphonema turris*		十字藻	*Crucigenia* sp.
缢缩异极藻头状	*Gomphonema constrictum*		二形栅藻	*Scenedesmus dimorphus*
变种	var. *capitatum*		裂孔栅藻	*Scenedesmus perforatus*
12) 舟形藻科	Naviculaceae		龙骨栅藻	*Scenedesmus carinatus*
双头辐节藻	*Stauroneis anceps*		双对栅藻	*Scenedesmus bijuga*
卵圆双壁藻	*Diploneis ovalis*		四尾栅藻	*Scenedesmus quadricauda*
双壁藻	*Diploneis* sp.		小型栅藻	*Scenedesmus parvus*
大羽纹藻	*Pinnularia major*		爪哇栅藻	*Scenedesmus javaensis*
羽纹藻	*Pinnularia* sp.		栅藻	*Scenedesmus* sp.
放射舟形藻	*Navicula radiosa*	19) 衣藻科	Chlamydomonadaceae
简单舟形藻	*Navicula simples*		简单衣藻	*Chlamydomonas simplex*
瞳孔舟形藻	*Navicula pupula*		斯诺衣藻	*Chlamydomonas snowiae*
13) 脆杆藻科	Fragilariaceae		衣藻	*Chlamydomonas* sp.
脆杆藻	*Fragilaria* sp.	20) 鼓藻科	Desmidiaceae
钝脆杆藻	*Fragilaria capucina*		厚顶新月藻	*Closterium dianae*
中型脆杆藻	*Fragilaria intermedia*		莱布新月藻	*Closterium leibleinii*
等片藻	*Diatoma* sp.		纤细新月藻	*Closterium gracile*
普通等片藻	*Diatoma vulgare*		鼓藻	*Cosmarium* sp.
窗格平板藻	*Tabellaria fenestrata*		光滑鼓藻	*Cosmarium laeve*
尖针杆藻	*Synedra acus*		纤细角星鼓藻	*Staurastrum gracile*
肘状针杆藻	*Synedra ulna*	4. 裸藻门	Euglenophyta
针杆藻	*Synedra* sp.	21) 裸藻科	Euglenaceae
14) 圆筛藻科	Coscinodiscaceae		扁裸藻	*Phacus* sp.
梅尼小环藻	*Cyclotella meneghiniana*		长尾扁裸藻	*Phacus longicauda*
小环藻	*Cyclotella* sp.		裸藻	*Euglena* sp.
圆筛藻	*Coscinodiscus* sp.		梭形裸藻	*Euglena acus*
颗粒直链藻	*Melosira granulata*		尾裸藻	*Euglena caudata*
3. 绿藻门	Chlorophyta		血红裸藻	*Euglena sanguinea*
15) 盘星藻科	Pediastraceae		鱼形裸藻	*Euglena pisciformis*
四角盘星藻	*Pediastrum tetras*		细粒囊裸藻	*Trachelomonas granulosa*
16) 小球藻科	Chlorellaceae		囊裸藻	*Trachelomonas* sp.
镰形纤维藻	*Ankistrodesmus falcatus*	5. 隐藻门	Cryptophyta
狭形纤维藻	*Ankistrodesmus angustus*	22) 隐鞭藻科	Cryptomonadaceae
针形纤维藻	*Ankistrodesmus acicularis*		尖尾蓝隐藻	*Chroomonas acuta*
小球藻	*Chlorella vulgaris*		啮蚀隐藻	*Cryptomonas erosa*
纤细月牙藻	*Selenastrum gracile*		卵形隐藻	*Cryptomonas ovata*
月牙藻	*Messastrum* sp.	6. 甲藻门	Pyrrophyta
17) 小桩藻科	Characiaceae	23) 多甲藻科	Peridiniaceae

	微小短甲藻	*Parvodinium pusillum*	6）	鼠轮科	Trichocercidae
24）	裸甲藻科	Gymnodiniaceae		等刺异尾轮虫	*Trichocerca stylata*
	薄甲藻	*Glenodinium pulvisculus*		细异尾轮虫	*Trichocerca gracilis*
	光薄甲藻	*Glenodinium gymnodinium*		圆筒异尾轮虫	*Trichocerca cylindrica*
7.	黄藻门	Xanthophyta	7）	疣毛轮科	Synchaetidae
25）	黄丝藻科	Tribonemataceae		长肢多肢轮虫	*Polyarthra dolichoptera*
	小型黄丝藻	*Tribonema minus*		广布多肢轮虫	*Polyarthra vulgaris*
（二）	浮游动物			尖尾疣毛轮虫	*Synchaeta stylata*
1.	轮虫	Rotifera		梳状疣毛轮虫	*Synchaeta pectinata*
1）	旋轮科	Philodinidae		长圆疣毛轮虫	*Synchaeta oblonga*
	巨猎轮虫	*Rotaria macroceros*	8）	聚花轮科	Conochilidae
	懒轮虫	*Rotaria tardigrada*		团状聚花轮虫	*Conochilus hippocrepis*
	红眼旋轮虫	*Philodina erythrophthalma*		独角聚花轮虫	*Conochilus unicornis*
2）	臂尾轮科	Brachionidae	9）	胶鞘轮科	Collothecidae
	方块鬼轮虫	*Trichotria tetractis*		敞水胶鞘轮虫	*Collotheca pelagica*
	角突臂尾轮虫	*Brachionus angularis*		无常胶鞘轮虫	*Collotheca mutabilis*
	萼花臂尾轮虫	*Brachionus calyciflorus*	2.	枝角类	Cladocera
	剪形臂尾轮虫	*Brachionus forficula*	10）	象鼻溞科	Bosmindae
	壶状臂尾轮虫	*Brachionus urceus*		长额象鼻溞	*Bosmina longirostris*
	梨状须足轮虫	*Euchlanis piriformis*		简弧象鼻溞	*Bosmina coregoni*
	螺形龟甲轮虫	*Keratella cochlearis*		颈沟基合溞	*Bosminopsis deitersi*
	管形弯弓轮虫	*Cyrtonia tuba*	11）	盘肠溞科	Chydoridae
3）	腔轮科	Lecanidae		肋纹平直溞	*Pleuroxus striatus*
	长圆腔轮虫	*Lecane ploenensis*	3.	桡足类	Copepoda
	月形腔轮虫	*Lecane luna*	12）	伪镖水蚤科	Pseudodiaptomidae
	尖爪腔轮虫	*Lecane cornuta*		球状许水蚤	*Schmackeria forbesi*
	新月腔轮虫	*Lecane lunaris*	13）	老丰猛水蚤科	Laophontidae
4）	椎轮科	Notommatidae		模式有爪猛水蚤	*Onychocamptus mohammed*
	暖昧前翼轮虫	*Proales fallaciosa*	14）	剑水蚤科	Cyclopidae
	粘岩侧盘轮虫	*Pleurotrocha petromyzon*		中型小剑水蚤	*Microcyclops intermedius*
	圆盖柱头轮虫	*Eosphora thoa*		双色小剑水蚤	*Microcyclops bicolor*
	冷淡索轮虫	*Resticula gelida*		广布中剑水蚤	*Mesocyclops leuckarti*
	凸背巨头轮虫	*Cephalodella gibba*	4.	刺胞动物	Cnidaria
	大头巨头轮虫	*Cephalodella megalocephala*	15）	笠水母科	Olindiidae
5）	腹尾轮科	Gastropodidae		索氏桃花水母	*Craspedacusta sowerbyi*
	没尾无柄轮虫	*Ascomorpha ecaudis*			

参考文献

[1]   Baumgartner J B, Esperón-Rodríguez M, Beaumont L J. Identifying in situ climate refugia for plant species[J]. Ecography, 2018, 41: 1-14.

[2]   Chao A. Estimating the population size for capture-recapture data with unequal catchability[J]. Biometrics, 1987, 43: 783-791.

[3]   Heltshe J, Forrester N. Estimating species richness using the jackknife procedure[J]. Biometrics, 1983, 39: 1-11.

[4]   Kreft H, Jetz W. Global patterns and determinants of vascular plant diversity[J]. Proceedings of the National Academy of Sciences, 2007, 104: 5925-5930.

[5]   Phillips S J, Anderson R P, Schapire R E. Maximum entropy modeling of species geographic distributions[J]. Ecological Modelling, 2006, 190(3-4): 231-259.

[6]   Raaijmakers J G W. Statistical analysis of the Michaelis-Menten equation[J]. Biometrics, 1987, 43: 793-803.

[7]   Reid W V. Biodiversity hotspots[J]. Trends in Ecology & Evolution, 1998, 13: 275-280.

[8]   Shen H J, Xu M Y, Yang X Y, et al. A new brown frog of the genus *Rana* (Anura, Ranidae) from North China, with a taxonomic revision of the *R. chensinensis* species group[J]. Asian Herpetological Research, 2022, 13(3)：145-158.

[9]   Smith A T，解焱 . 中国兽类野外手册 [M]. 长沙：湖南教育出版社，2009.

[10] Smith E P, van Belle G. Nonparametric estimation of species richness[J]. Biometrics, 1984, 40：119-129.

[11] 蔡其侃 . 北京鸟类志 [M]. 北京：北京出版社，1988.

[12] 陈邦杰，等 . 中国藓类植物属志（上册）[M]. 北京：科学出版社，1963.

[13] 陈卫，高武，傅必谦 . 北京兽类志 [M]. 北京：北京出版社，2002.

[14] 陈青君，刘松 . 北京野生大型真菌图册 [M]. 北京：中国林业出版社，2013.

[15] 陈耀东，马欣堂，杜玉芬，等 . 中国水生植物 [M]. 郑州：河南科学技术出版社，2012.

[16] 崔国发，邢韶华 . 北京喇叭沟门自然保护区综合科学考察报告 [M]. 北京：中国林业出版社，2009.

[17] 费梁，胡淑琴，叶昌媛，等 . 中国动物志两栖纲（中卷）无尾目 [M]. 北京：科学出版社，2009.

[18] 高谦 . 中国苔藓志第一卷泥炭藓目黑藓目无轴藓目曲尾藓目 [M]. 北京：科学出版社，1994.

[19] 高谦 . 中国苔藓志第二卷凤尾藓目丛藓目 [M]. 北京：科学出版社，1996.

[20] 高谦，曹同 . 云南植物志第十七卷（苔藓植物：苔纲、角苔纲）[M]. 北京：科学出版社，2000.

[21] 高谦.中国苔藓志第九卷藻苔目美苔目叶苔目 [M]. 北京：科学出版社，2003.

[22] 高谦，吴玉环.中国苔藓志第十卷叶苔目裂叶苔科 - 新绒苔科 [M]. 北京：科学出版社，2008.

[23] 韩红香，薛大勇.中国动物志昆虫纲第五十四卷鳞翅目尺蛾科尺蛾亚科 [M]. 北京：科学出版社，2011.

[24] 贺士元，邢其华，尹祖堂，等.北京植物志 [M]. 北京：北京出版社，1987.

[25] 胡人亮，王幼芳.中国苔藓志第七卷灰藓目 [M]. 北京：科学出版社，2005.

[26] 胡淑琴.中国动物图谱两栖类 - 爬行类（第二版）[M]. 北京：科学出版社，1987.

[27] 蒋书楠，陈力.中国动物志昆虫纲第二十一卷鞘翅目天牛科花天牛亚科 [M]. 北京：科学出版社，2001.

[28] 康乐，刘春香，刘宪伟.中国动物志昆虫纲第五十七卷直翅目螽斯科露螽亚科 [M]. 北京：科学出版社，2014.

[29] 黎兴江.中国苔藓志第三卷紫萼藓目葫芦藓目四齿藓目 [M]. 北京：科学出版社，2000.

[30] 黎兴江.中国苔藓志第四卷真藓目 [M]. 北京：科学出版社，2006.

[31] 李玉，杨祝良，李泰辉，等.中国大型菌物资源图鉴 [M]. 郑州：中原农民出版社，2015.

[32] 李竹，杨定，李枢强.北京地区常见昆虫和其他无脊椎动物 [M]. 北京：北京科学技术出版社，2011.

[33] 刘冰，林秦文，李敏.中国常见植物野外识别手册北京册 [M]. 北京：商务印书馆，2019.

[34] 刘晶磊，王小爽，牛洋，等.北京喇叭沟门自然保护区大型真菌多样性调研 [J]. 河南科技大学学报（自然科学版），2006，1：54-56.

[35] 路端正，成克武，王建中，等.北京喇叭沟门林区苔藓植物新 [J]. 北京林业大学学报，2000，22（4）：118-122.

[36] 沐先运，张志翔，张钢民，等.北京重点保护野生植物 [M]. 北京：中国林业出版社，2014.

[37] 任静，王科，牛彩云，等.燕山地区大型真菌物种多样性及区系组成 [J]. 菌物学报，2024，43（11）：240184.

[38] 宋闪闪，邵小明.城市习见苔藓植物——以北京为例 [J]. 生物学通报，2012，47（3）：19-21.

[39] 王备新，杨莲芳.我国东部底栖无脊椎动物主要分类单元耐污值 [J]. 生态学报，2004，24（12）：2768-2775.

[40] 王鸿媛.北京鱼类和两栖爬行动物志 [M]. 北京：北京出版社，1994.

[41] 王鸿媛.北京鱼类志 [M]. 北京：北京出版社，1984.

[42] 王建国，黄恢柏，杨明旭，等.庐山地区底栖大型无脊椎动物耐污值与水质生物学评价 [J]. 应用与环境生物学报，2003，9（3）：279-284.

[43] 王兴民，陈晓胜.中国瓢虫图鉴 [M]. 福州：海峡书局，2021.

[44] 吴鹏程 . 中国苔藓志第六卷油藓目灰藓目 [M]. 北京：科学出版社，2002.

[45] 吴鹏程，贾渝 . 中国苔藓志第八卷灰藓目烟杆藓目金发藓目藻苔目 [M]. 北京：科学出版社，2004.

[46] 吴鹏程，贾渝 . 中国苔藓志第五卷变齿藓目 [M]. 北京：科学出版社，2011.

[47] 武春生 . 中国动物志昆虫纲第五十二卷鳞翅目粉蝶科 [M]. 北京：科学出版社，2010.

[48] 武春生，徐堉峰 . 中国蝴蝶图鉴 [M]. 福州：海峡书局，2017.

[49] 夏武平 . 中国动物图谱兽类 [M]. 北京：科学出版社，1988.

[50] 邢树威，王俊才，丁振军，等 . 辽宁省大型底栖无脊椎动物耐污值及水质评价 [J]. 环境保护科学，2013，39（3）：29-33.

[51] 徐景先，赵良成，林秦文 . 北京湿地植物 [M]. 北京：北京科学技术出版社，2009.

[52] 徐维启，李玥，李海蛟，等 . 北京市大型真菌物种多样性调查与资源评价 [J]. 生物多样性，2023，31（10）：136-143.

[53] 杨星科，葛斯琴，王书永，等 . 中国动物志昆虫纲第六十一卷鞘翅目叶甲科叶甲亚科 [M]. 北京：科学出版社，2016.

[54] 印象初，夏凯龄 . 中国动物志昆虫纲第三十二卷直翅目蝗总科槌角蝗科剑角蝗科 [M]. 北京：科学出版社，2003.

[55] 虞国跃 . 北京蛾类图谱 [M]. 北京：科学出版社，2016.

[56] 虞国跃，王合 . 北京林业昆虫图谱（Ⅰ）[M]. 北京：科学出版社，2017.

[57] 虞国跃，王合 . 北京林业昆虫图谱（Ⅱ）[M]. 北京：科学出版社，2018.

[58] 虞国跃 . 北京访花昆虫图谱 [M]. 北京：电子工业出版社，2019.

[59] 虞国跃，王合 . 北京林业昆虫图谱（Ⅲ）[M]. 北京：科学出版社，2023.

[60] 袁锋，袁向群，薛国喜 . 中国动物志昆虫纲第五十五卷鳞翅目弄蝶科 [M]. 北京：科学出版社，2015.

[61] 约翰·马敬能，卡伦·菲利普斯，何芬奇 . 中国野生鸟类手册 [M]. 长沙：湖南教育出版社，2000.

[62] 张春光，赵亚辉，邢迎春，等 . 北京及其邻近地区野生鱼类物种多样性及其资源保育 [J]. 生物多样性，2011，19（5）：597-604.

[63] 张浩淼 . 中国蜻蜓大图鉴 [M]. 重庆：重庆大学出版社，2019.

[64] 赵尔宓，赵肯堂，周开亚，等 . 中国动物志爬行纲第二卷有鳞目蜥蜴亚目 [M]. 北京：科学出版社，1999.

[65] 赵守歧，姜春燕，张润志 . 黄花城昆虫生态图册 [M]. 武汉：科学技术出版社，2021.

[66] 郑葆珊 . 中国动物图谱鱼类（第二版）[M]. 北京：科学出版社，1987.

[67] 郑作新，寿振黄，傅桐生，等 . 中国动物图谱鸟类 [M]. 北京：科学出版社，1987.

[68] 朱弘复，王林瑶 . 中国动物志昆虫纲第十一卷鳞翅目天蛾科 [M]. 北京：科学出版社，1997.